全球变化，
你感受到了吗？

彭少麟　周　婷　主编

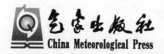

气象出版社
China Meteorological Press

内容简介

全球变化是当前各国政府、科学界和民众广泛关注的问题，作者基于多年的研究成果，同时整合国内外最新研究进展，编著了这部关于全球变化的科普著作，旨在深入浅出地向公众介绍全球变化的现象与机理。本书内容涵盖了全球变化的各个方面，分为六个部分展开论述。前四编主要讲述全球变化的现象，包括全球变化引发的大气化学成分的变化、气候变化、资源与生态变化以及生物多样性变化；第五编论述全球变化对人类社会的影响；第六编则主要阐述应对全球变化所采取的措施。

本书是向公众宣传全球变化知识的读物，可作为全球变化的科普教材，或供从事生态环境保护等专业的科技、管理人员参考。

图书在版编目(CIP)数据

全球变化，你感受到了吗？/彭少麟，周婷主编. —北京：气象出版社，2009.4
ISBN 978-7-5029-4690-6

Ⅰ.全… Ⅱ.彭… Ⅲ.全球环境-普及读物 Ⅳ.X21-49

中国版本图书馆 CIP 数据核字(2009)第 013460 号

全球变化，你感受到了吗？
Quanqiu Bianhua Ni Ganshou Daole Ma？

出版发行：气象出版社			
地　　址：北京市海淀区中关村南大街 46 号		**邮政编码**：100081	
总 编 室：010-68407112		**发 行 部**：010-68409198	
网　　址：http://www.cmp.cma.gov.cn		**E-mail**： qxcbs@263.net	
责任编辑：郭彩丽 张 斌		**终　　审**：黄润恒	
封面设计：王 伟		**责任技编**：吴庭芳	
印　　刷：北京中新伟业印刷有限公司			
开　　本：710 mm×1000 mm 1/16		**印　　张**：21	
字　　数：340 千字			
版　　次：2009 年 4 月第 1 版		**印　　次**：2009 年 4 月第 1 次印刷	
印　　数：1—6000		**定　　价**：45.00 元	

序

    在漫漫的地球历史发展演化过程中,讲不清发生过多少次全球范围的沧海桑田演化事件,它既促成了谜一般的生物进化"大爆炸"(寒武纪),又导致了生物"大灭绝"(白垩纪)。所谓全球变化,古已有之。

    然而,当今谈论的全球变化,却是人类干预与自然演变双重胁迫下的更加复杂的含义。由于人类活动对地球系统的影响迅速扩大,全球变化加剧,大气成分变化、气候变暖、土地利用格局变化、生物多样性锐减,其结果对人类社会带来了前所未有的挑战,甚至危及人类自身的生存。这一事实已被大量的科学研究所揭示。

    联合国政府间气候变化专门委员会(IPCC)主席帕乔里指出,如果我们对全球变化不作出应有的反应,战争、瘟疫和饥荒将接踵而来。科学界也将气候变化认之为塑造世界的九大科学思想之一。《京都议定书》更是使全球变化由自然生态问题突出地转变为生态、经济与社会问题。可以说,全球变化问题是各国政府、公众和科技界极为关注的重大问题,应对全球变化已成为当代人类为维持自身生存和持续发展而必须认真对待的紧迫任务。

    作为负责任的世界大国,中国政府高度重视全球变化对自然、社会和经济的影响,采取了一系列行之有效的政策和技术措施。胡锦涛总书记在中共中央政治局2009年第六次集体学习时强调,坚定不移走可持续发展道路,加强应对气候变化能力建设。温家宝总理指出:"虽然《京都议定书》对于发展中国家并没有规定必须执行的指标,但是中国政府还是本着对世界负责的态度,认真地履行自己应尽的国际义务。"

    然而,当前公众大多对于全球变化的了解比较片面,大部分仅限于气候变暖等方面的气候问题。事实上,许多自然生态问题,以及由此产生的社会与经济问题,都或多或少与全球变化相关。例如我国南方2008年初发生的罕见的低温雨雪冰冻灾害;大量外来种入侵造成生态系统的灾害;暖冬造成的流行病问题等等,都与全球变化不无关系。另外,许多民众对全球变化的机理缺乏认识,仅仅停留在表面现象。这种现状无疑有碍于公众自发地开展减缓全球变化影响的活动,无法营造全民应对全球变化的良好环境。

鉴于此,非常有必要对全球变化这一关系到人类生存的科学问题开展科普教育工作,一本专题科普读物亟待问世。为了本项工作顺利开展,广州市科学技术协会组织专家学者进行研讨论证,由广州市南山自然科学学术交流基金会对《全球变化,你感受到了吗?》一书提供专项经费资助。

作为承担撰写这本科普专著的团队,我们多年来承担主持多项与全球变化相关的项目,已有良好的研究积累,多项研究取得丰硕成果。主持的国家自然科学基金重大项目"我国东部陆地生态系统与全球变化相互作用研究"取得了突出进展,被评为 2000 年度中国科技基础研究十大新闻;主持的研究成果"全球变化与我国主要农业生态系统的相互作用研究"获 2005 年广东省科学技术奖一等奖。对全球变化生态学广泛而深入的研究为撰写这部科普专著奠定了坚实的基础。

全球变化涉及的范围很广,本书仅集中于生态系统响应与社会经济影响方面的描述。主编策划本书的框架,对各章内容提出建议,在成文后提出修改意见,但文责仍由各章节作者自负。作为面对公众的科普读物,作者试图深入浅出,但有部分仍未能如愿;此外,由于作者知识局限与时间匆促,错漏之处在所难免。恳请读者对书中的不妥之处予以批评指正,并将意见予以反馈,以便再版时更正与提高。

谨以此书向广州市科学技术协会成立 50 周年献礼。

彭少麟

2009 年 1 月 26 日

目　　录

第一编

全球变化之
大气化学成分的变化

天破与补天

彭少麟

一、我们的天空破了一个洞

1982 年英国科学家法尔曼(Joseph Farman)在考察南极时发现,他的仪器的指针没有来由地摆动。这引起了他的兴趣。他想,一定是出现了他所不知的能量在驱动着仪器指针的摆动。经过反复研究,他终于弄清楚了,是南极上空紫外辐射的增加产生了额外的能量,驱动仪器的指针摆动。综合分析之后,他认为南极上空的臭氧层已经变薄,犹如出现了一个臭氧洞(图 1)。这一结果于 1984 年由美国科学家加以研究验证,并于 1985 年发表在《自然》(Nature)杂志上,称我们的天空破了个大窟窿,而且这个窟窿每年都在加深;定量的结论是南极上空的臭氧减少了约 30%。

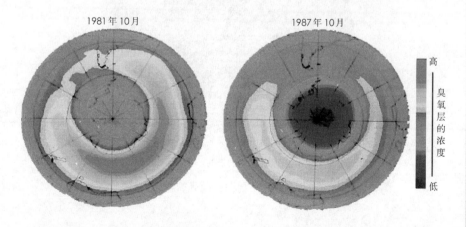

图 1　南极上空臭氧层的变化(图片来源:NASA)

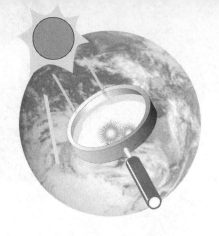

　　科学家们从 1985 年开始对地球臭氧层进行观测,发现南极上空在每年的冬季(南半球的夏季)都会出现臭氧洞。图 2 是由美国国家航空航天局(NASA)提供的卫星图像,南极上空的臭氧洞就像一个巨大的蓝色水滴。NASA 2006 年 9 月 21—30 日卫星图像显示,臭氧洞(蓝色区域)正在日益扩大(图 2),并破了此前的纪录,达 2740 万平方千米;而之前发现的最大臭氧洞为 2710 万平方千米,是在 2003 年观测到的。世界气象组织(WMO)于 2005 年曾宣布,南极上空的臭氧洞已经严重到前所未有的程度,在个别地区甚至达到了"崩溃的边缘"。

　　据观测,北极上空也出现了臭氧洞,甚至比南极还大,约占北极面积的三分之一。

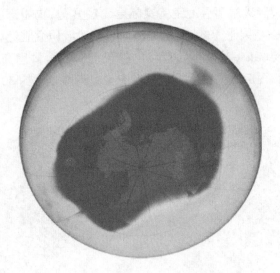

图 2　2006 年 9 月南极上空再次出现臭氧洞(图片来源:NASA)

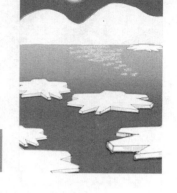

二、天"破"了会怎么样？

1. 天"破"了,有害短波辐射增加了

围绕地球的大气层厚约 1000 千米,自下而上分为对流层、平流层、中间层、热层和外逸层(图 3)。其中对流层为大气的最低层,其下为地球表面,其上为平流层,上边界为对流层顶。对流层的厚度随纬度和季节而变化:从赤道地区的 16～18 千米到两极的 7～10 千米,而中纬度地区则约为 10～12 千米,一般冬季薄而夏季厚。大气中对流层顶之上到大约 50 千米高度之间的大气层叫平流层,其特点是温度随高度的增加而不变或升高,而且是垂直稳定的。其增温是臭氧吸收太阳紫外辐射的结果。从平流层顶到约 80～85 千米为中间层,该层的特征是温度随高度的增加而降低,说明臭氧对太阳紫外辐射的吸收随高度而减少。从中间层顶向上伸展至 800 千米左右的大气层为热层。在热层内部,大气的温度随高度总是增加的。在太阳短波、微粒辐射和宇宙射线的作用下,该层大气已被离解为电子和离子,所以又是电离层的一部分,其主要特征是反射无线电波,对地面无线电波传播与远距离通信有重要影响。大气的最上层为外逸层,那里的大气密度非常非常低,只有在这里大气中的气体才能够逃逸到外层空间。

大气中的臭氧在大约 15～60 千米的高度范围内浓度较高,在大约 20～25 千米处达到最大值。这一区域的臭氧生成是由于氧分子的光解,而臭氧层的破坏则是通过涉及氮、氯、氢、溴的氧化反应造成的。臭氧层同人类的关系极为密切,由于臭氧的强紫外吸收光谱,所以臭氧层能吸收 99% 以上对人类有害的太阳紫外线,尤其是波长在 280～320 纳米之间的紫外线 B(UV-B),从而保护地球上的生命,成为地球生物的天然屏障。根据世界气象组织(1998)对臭氧减少的科学评估,大气臭氧减少会导致紫外辐射增加。大气臭氧层变薄,甚至出现了"洞",会使生物因受过量的紫外辐射而受害,人类也将无法幸免。

人造卫星

外逸层距地 500~1000 km，
人造卫星运行在这一层

极光

陨星

热层距地 80~500 km
这里你可以看到黎明的
光亮，航天飞机和陨星

O₃

臭氧层出现在距地 50~80 km
的中间层

超音速客机飞行在距地 12~50 km
的平流层

气象探测气球

影响我们的天气都发生在距地 12 km
以内的对流层

图3　大气分层示意图(设计:彭少麟;绘图:庞俊晓)

2. UV-B 增加对人类健康的伤害

科学家研究表明,UV-B 对人类健康能造成多方面的危害(图 4)。臭氧层的削弱会导致癌症发病率升高。目前已有许多在 20 世纪 60—70 年代喜欢在强烈阳光下进行日光浴的人被诊断出患有皮肤癌,这是因为这些人的皮肤细胞因受强烈紫外线的照射而发生了癌变。科学家认为,大气中的臭氧含量每减少 1%,太阳紫外线的辐射量就会增加 2%,患皮肤癌的人就会增加 5%~7%。

图 4　臭氧层破坏对人类健康的影响(设计:彭少麟;绘图:梁静真)

紫外辐射的增加还会产生其他效应。例如,由于紫外辐射损伤 DNA,所以紫外辐射的增加会使生活在南半球的人罹患不育症的可能性增加,白内障的患病率也会增加。此外,紫外辐射的增加还会使人们的生活受到很大的影响。2003 年南极上空的臭氧洞扩大到智利南部城市蓬塔阿雷纳斯上空,使当地居民处于强度极高的紫外辐射之下。这座距离智利首都2240 千米远的城市宣布进入紧急状态。据气象部门的监测报告,蓬塔阿雷纳斯地区的紫外辐射程度已经逐渐减弱,但仍处于危险水平。为了确保

当地 12 万居民的健康,蓬塔阿雷纳斯市卫生部门启动了二级警报,告诫市民不要在中午 11 时到下午 3 时之间外出,因为在阳光下曝晒 7 分钟左右皮肤就会受伤。紫外辐射的增加使当地市民的生活陷入混乱。

紫外辐射对人类健康有负面影响,如何防范它的伤害也引起了广泛的注意。首先要了解 UV-B 辐射的变化原理,进行户外活动时可设法从时间和空间上避开高 UV-B 强辐射的地方。现在许多城市的天气预报都包括 UV-B 强度报告的内容,旅游时可以认真参考。如果不得不到 UV-B 辐射强的地区,则应采取必要的保护措施,如涂抹防晒霜、戴上防紫外线的太阳镜等。

3. UV-B 增加对其他生物的伤害

UV-B 辐射增强对小至生物分子、大至生态系统都会有不同程度的影响,它可以打乱生态系统中复杂的食物链和食物网,导致一些主要生物物种灭绝,使地球上三分之二的农作物减产。虽然植物拥有缓解和修补这些影响的机制,在一定程度上可以适应 UV-B 辐射的变化,但对大多数植物来说,过度的 UV-B 辐射会削弱它们的光合能力,使农作物的植株矮小,产量降低,叶绿素、光合系统 II(PSII)受损,并改变植株器官的碳库分配平衡。对森林和草地来说,UV-B 辐射增强还可能改变群落物种的组成,进而影响生态系统生物多样性。

瑞士和德国科学家的实验结果表明,高剂量的 UV-B 可导致烟草和水芹的 DNA 损伤及突变。在一部分数量虽不大但也足以引起瞩目的植物中,突变发生在生殖细胞内,这意味着这些变化会遗传给后代。虽然以前的研究认为,紫外线会破坏绿叶中的叶绿素以及阻碍植物的生长,但是没有证据表明植物后代会受到影响。美国的科学家也认为,臭氧层的消失至少可能会对某些植物产生可测量的影响。

中国学者彭少麟教授的研究团队利用野外盆栽实验方法,在模拟南亚热带地区地面 UV-B 辐射增强 20% 和 30% 的条件下,辐射 60 天和 160 天,研究南亚热带不同演替过程中的植被——恢复先锋树种、演替前期树种、演替中后期树种——对 UV-B 辐射增强的响应。结果表明,先锋树种光合

作用对 UV-B 辐射增强的响应明显大于演替中后期树种。因此,UV-B 辐射增强可能会导致南亚热带地区群落的先锋树种和演替前期树种加速衰退,而演替中后期树种由于较能忍耐 UV-B 而能竞争到更多的资源以利于其在群落竞争中占优势,从而保持更稳定的状态。这说明 UV-B 辐射增强可能会改变原自然演替的进程。

三、谁把天捅"破"了?

人们不禁要问,是谁把天捅"破"了?

关于地球上空臭氧层的耗减与臭氧洞形成的原因,绝大多数科学家认为是人类活动造成的。不少化学物质均会引起臭氧层的耗减,但 20 世纪 30 年代以来人类大量使用的氯氟碳化物(CFCs)——一种普遍存在于冰箱和空调中充当制冷剂的化合物——却是臭氧层耗减的主要原因。CFCs 的生产仅 60 年,有关研究表明,最近 40 年来大气中的氯已增长了 600%,其释放出的氯离子破坏臭氧分子,从而使臭氧浓度急剧减少(图 5)。1987 年,著名的《蒙特利尔议定书》致力于削减与破坏平流层臭氧有关的化合物的生产和使用(包括氯氟碳化物和哈龙(halons))。以后,国际社会对该议定书又做了一系列的补充和调整(伦敦 1990,哥本哈根 1992,维也纳 1995,蒙特利尔 1997,北京 1999),增加了限制的化合物的种数,并促进停止生产这些物质,但过去几十年排放到大气中的这类物质的危害却还要持续数十年之久。也有一些臭氧洞形成的不同说法,如太阳风假说。中国学者杨学祥教授 2006 年发表在《科学美国人》杂志的论文指出,人类使用的 CFCs 是南极臭氧洞形成的主要原因这一观点证据不足,太阳风才是地球臭氧洞的"元凶"。太阳风是从太阳向外流出的高速(平均约 400 千米/秒)、高能量粒子流,主要由质子和电子加上少量重元素核组成。杨教授认为,太阳风穿越地球磁层后,会沿磁力线集中到南北两极,并与臭氧结合成水,进而破坏极地臭氧层。太阳风的压力使地球南极上空的大气层变薄;处于开裂期的地球南半球由于火山爆发释放出大量有害气体而破坏臭氧层;太阳高能粒子进入地球大气层后消耗了两极的臭氧。

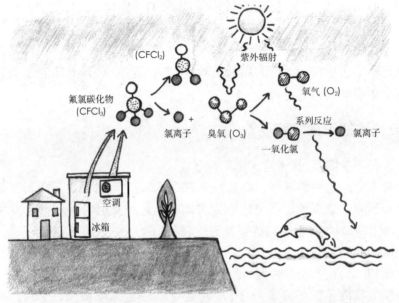

(CFCl₂)

紫外辐射

氟氯碳化物
(CFCl₃)

氧气 (O₂)

氯离子 + 臭氧 (O₃)

系列反应

氯离子

一氧化氯

空调

冰箱

图 5　破坏臭氧层的氯氟碳化物（如 CFCl₃）（设计：彭少麟；绘图：梁静真）

根据计算，进入南极的太阳粒子比进入北极的多 6.6%。还有资料表明，近百年来，地磁偶极矩减少了 5%，使南极上空的臭氧洞逐年扩大。根据杨学祥的研究，地球南半球是个逐渐开裂的半球（北半球则是压缩半球），因地壳的开裂喷发出大量包括卤素在内的地下气体，更直接地消耗了南半球的臭氧含量。地球产生的卤素比人类制造的氯氟碳化物多得多，我国天山火山六千多年前的一次喷发释放出相当于人类 170 多年制造的氯氟碳化物的总量。他强调说："这并不是说，人类就可以肆无忌惮地制造和使用氯氟碳化物。事实上，人类减少使用氯氟碳化物，更好地保护环境，会对臭氧层保护起到积极的影响。"

四、能把天补好吗？

天破了能补好吗？中国有一成语叫"补天浴日"，其中补天就是引自女

娲补天的典故。《淮南子·览冥训》中有:"于是女娲炼五色石以补苍天"。《红楼梦》开篇也提到女娲氏炼石补天之时,于大荒山无稽崖练成高经十二丈、方经二十四丈顽石三万六千五百零一块。娲皇氏只用了三万六千五百块,只单单的剩了一块未用,便弃在此山青埂峰下。

女娲用五色石补天是古代的一个神话传说,那么现在我们能否拾起那块遗弃的"石头"把天上的臭氧洞补好呢(图6)?

国际社会很早就提出人类应该共同关注臭氧层的修复,1981年联合国环境署(UNEP)开始启动保护臭氧层的政府间协商。2000年南极上空的臭氧洞扩大到智利南部城市蓬塔阿雷纳斯上空,2002年欧洲上空出现过臭氧低值区,我国青藏高原上空也出现过臭氧浓度低值,但都自然修复了。而极地的臭氧洞却未见修复,整个臭氧层浓度的减少也还在继续。许多国家观测到臭氧的浓度变稀,日本近十年臭氧下降6%,中国几个城市测定近十年臭氧下降3%~5%。

图6 女娲补天新传(设计:彭少麟;绘图:梁静真)

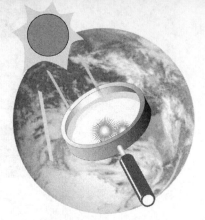

　　然而美国亚拉巴马大学的大气科学家纽丘奇（Michael Newchurch）教授认为，南极洲 2006 年的温度要低于以往，这也造成 2006 年的臭氧洞特别的大，所以这一趋势并不一定会继续发展下去。他认为，CFCs 对臭氧层作用的下降将抵消寒冷气候造成的影响，从而使臭氧洞的面积逐渐减小。

　　近几年的研究发现，平流层的臭氧层耗减有相对减缓的趋势，这主要与人类排放的几种臭氧前体物气体有关，尤其是与减少排放 CFCs 有关。臭氧洞的修复，首先在于大气中的氯、溴和臭氧含量恢复到接近自然水平。根据现在的恢复状况，科学家估计，在全球共同努力下，地球的臭氧层要想完全复原，至少还需要 60 年甚至几百年。

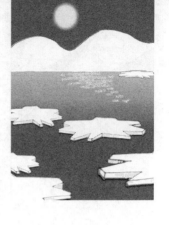

二氧化碳与温室效应

梁力尹

一、一群南蝶往北"飞"

2003年5月,8000只来自云南的花蝴蝶飞舞在全国最大的温室蝴蝶园——沈阳百鸟生态园,翩翩起舞的异域蝴蝶吸引了当地众多游人的眼光。这些长期生活在炎热湿润条件下的南方蝴蝶将要在寒冷干燥的北方度过它们的第一个冬天,而且还将会在这个温室中继续繁衍。也许你要担心它们会"水土不服",其实,你完全可以放心,因为它们都住在人工的温室蝴蝶园里,它们会非常的安全。温室蝴蝶园的温度常年保持在20～35℃,非常适合这些南国蝴蝶的生存。那为什么在东北地区寒冷的冬天,温室蝴蝶园内还能保持适宜南国蝴蝶生活的条件呢?秘密就在建造温室蝴蝶园的玻璃上。因为覆盖温室的玻璃允许阳光进入温室加热室内的空气,同时它也能阻止温室内的热量向外散发,从而使室内温度高于外界,这就是平常所说的"温室效应"了。

正是由于这种温室效应,南国的蝴蝶才可以正常地生活在寒冷北方的人工温室中。实际上,我们人类也每时每刻生活在大自然的温室中——那就是地球。地球表面大气中的二氧化碳(CO_2)、甲烷(CH_4)等温室气体的作用就像温室的玻璃一样,让来自太阳的热量温暖地球的表面,而阻止地球发射的长波辐射回到太空中去,从而使地球表面的温度保持在一个比较稳定的范围之内(图1)。

据科学家估算,如果不存在大气温室效应,地球表面的温度本应该低得多,大约低到-17℃左右,而事实上地球表面的年平均温度是15℃左右。正是由于大气的"温室效应",地球上的生命才得以在适宜的环境中生存,才造就了地球这颗在太阳系中绝无仅有的、具有勃勃生机的行星。但

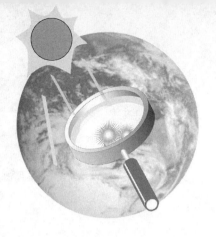

图1 自然温室效应的理想模式(设计:梁力尹;绘图:刘丽萍)

是,并不是所有的大气组分都具有温室效应——如大气中含量最高的气体氮气(干燥大气中的含量为78%)和氧气(含量为21%)就不能产生温室效应。

温室效应的产生主要来自那些分子结构相对复杂而且在空气中含量相对较少的气体。水汽(H_2O)是最重要的温室气体,其次是二氧化碳(CO_2)、甲烷(CH_4)、氧化亚氮(NO_x)、臭氧(O_3)和少量存在于大气中的若干其他气体。虽然这些温室气体在大气中的含量不高,但正是由于这些温室气体的存在产生了温室效应让地球保持适宜的温度,地球上的生命才能生存在一个温暖舒适的环境中。可以说,温室气体的作用就像是一个"恒温器",让地球表面的温度保持着相对的平衡。

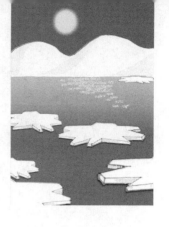

二、二氧化碳的"功"与"过"

温室气体就像是地球的一件"外衣",通过发挥温室效应的"保暖作用"让地球保持着适宜的温度,从而使地球上的生命得以在适宜的环境中生存,而对这种"保暖作用"贡献最大的"功臣"就数二氧化碳了。二氧化碳对现代人来说并不陌生,我们每天呼出的气体中大约就有5%是二氧化碳,而且它也是植物进行光合作用不可或缺的原料;同时,它还是一种重要的灭火剂;此外,它还可以作为致冷剂用于人工降雨,也经常在舞台上用来制造"烟雾"。可以说,在人类社会的生存和发展过程中,二氧化碳可算得上是功劳显赫了。然而在近期,人类却送给这位"功臣"许多臭名昭著的外号——温室效应的"罪魁祸首"、全球变暖的"元凶"等。是什么原因使得这位与人为善的朋友在近代却开始"作恶"了呢?

常言道"物极必反"。长期以来,自然温室气体的排放和吸收基本是平衡的,温室气体与大气中的其他气体成分一直保持着相对稳定的比例,温室效应对地球上的气候变化没有产生过大的影响。但是工业革命以来,矿物燃料燃烧向大气中排放出了大量的温室气体,再加上大规模农业生产和植被遭受大面积破坏,大大提高了地球大气中温室气体的含量,二氧化碳在大气中的含量更是与日俱增。如今,由于大气中二氧化碳含量的剧增,越来越剧烈的温室效应让地球面临着气候变暖的威胁(图2)。

首先,温室效应产生的直接后果就是全球温度上升,极冰将大幅度融化,加上海洋的热膨胀,最终将导致海平面大幅度上升,地球上的一些岛屿国家和沿海城市将没入海水之中。海平面上升拉响警报绝非耸人听闻,由于海平面上升,2002年,太平洋岛国图瓦卢1.1万国民不得不放弃家园,举国迁往新西兰。其次,二氧化碳增加不仅使全球变暖,还将造成全球大气环流的调整和世界气候带向极地扩展,这将使降水状况也发生变化。中纬度地区降水将减少,加上升温使蒸发加大,因此气候将趋于干旱化。此外,还可能造成世界其他地区的气候异常和灾害,例如,低纬度台风强度将增强,台风源地将向北扩展等。

图 2　二氧化碳浓度升高导致地球升温(设计:梁力尹;绘图:刘丽萍)

更令人担心的是,大气中二氧化碳浓度增加导致温度上升还会引起和加剧病虫害发生和传染疾病的流行,从而威胁生物的生存以及人类本身的健康。美国哈佛大学新病和复发病研究所的爱泼斯坦(Paul Epstein)教授指出,植物随雪线而移动,在全球变暖的大趋势下,全世界山峰上的植物都在上移。随着山峦顶峰的变暖,海拔较高处的环境也越来越有利于蚊子或其他昆虫和它们所携带的疟疾病原之类的微生物生存。这就意味着,全球变暖将改变那些能携带传染病的昆虫的分布地区和范围,这将进一步扩大

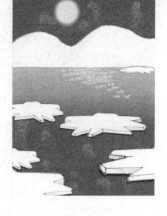

某些传染病的传染范围,从而对生态系统的稳定及人类健康造成更大的危害。

此外,温室效应还具有更惊人的危害潜力。科学家认为,温室效应的加剧可能会导致埋藏在南、北极冰川下的史前致命病毒再次祸害人间。美国科学家曾在《科学家》(Scientist)杂志上发表论文指出,他们发现一种植物病毒,由于这种病毒在大气中的存在非常普遍,而且传播途径十分广泛,科学家们由此想到在南、北极的冰层也可能找到这种病毒存在。实验结果也的确证实了科学家们的猜想。他们在远古年代的冰层样品中发现了TOMV病毒。由于病毒的表层一般都具有比较坚固的蛋白质外壳,因而保证病毒能在逆境具有繁殖生长的能力。科学家相信,曾在地球上出现过的一些史前病毒也可能"冰封"在南、北极的巨大冰层之中,一旦全球变暖面导致冰川融化,那些被冰封了几千年、上万年甚至更长时间的病毒"恶魔"就会重现人间,将给人类带来不可预料的灾难。

当然,大气中二氧化碳浓度上升带给人类的也不总是坏事,科学研究表明,大气二氧化碳浓度上升为植物光合作用提供了更充足的原料,使得植物光合作用有所增强。可见,二氧化碳这位"有功之臣"一直都在为人类默默地贡献着自己的一份力量。总体说来,二氧化碳就像是一把双刃剑,一方面它为人类社会的发展立下了赫赫"战功",同时也给人类带来各种各样的麻烦与灾难。是让二氧化碳"建功"还是让它"闯祸",其实全在人类自身去把握。

三、都是人类自己惹的"祸"

2004年5月上演的好莱坞科幻巨片《后天》让人类实实在在地感受到来自全球变暖的威胁。影片中描述了由于温室效应而造成地球气候变异,让人类遭受了各种各样的灾难,龙卷风、海啸、暴风雪和疾病相继出现,脆弱的人类在大自然出现气候巨变后陷入了一场空前的绝世浩劫。电影虽然夸张地表述了温室效应产生的后果,但是二氧化碳浓度上升已经使全球气候发生了根本的变化,而且未来全球气候还将继续变暖,这是一个不争

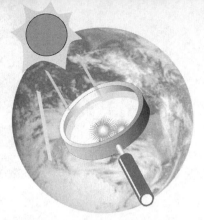

的事实。2007年,由世界几千名科学家共同完成的政府间气候变化专门委员会(IPCC)第四次气候变化评估报告明确指出,近50年全球气候变暖有超过90%的可能性是由人类活动引起的。原来,由温室效应带来的各种"后天天灾",归根结底却都是"今天人祸"。

工业革命以来,人类社会以前所未有的速度向前发展,同时,对地球的污染也达到了空前的程度。工业发展过程中大量使用矿物燃料,再加上大规模的农业生产和植被大面积破坏等因素的影响,地球大气中温室气体的含量增加到前所未有的高水平。在众多人为排放的温室气体中,二氧化碳的排放量最为引人注目。IPCC第四次评估报告表明(图3),自1750年以来,二氧化碳浓度已经增加了近100 ppm,其浓度的急速上升是导致全球变暖的重要原因。

二氧化碳含量的增加已经给人类带来了不少的麻烦,然而,近年来,二氧化碳又给人类出了一道大难题,那就是它的增长速率越来越快了。《科

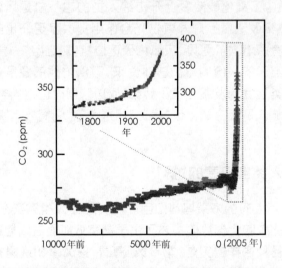

图3　过去10000年(大方框图)和自1750年以来(插入的小方框图)
全球大气中二氧化碳的浓度变化(IPCC 2007)

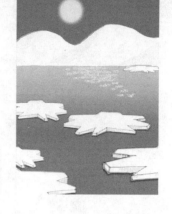

技日报》曾在 2004 年发表文章指出,与过去相比,目前大气中二氧化碳浓度的年平均增长率已经明显地提高了,从以前的每年 1.3 ppm 上升到近期的每年 2.54 ppm,增长速率提高了将近 1 倍。由此可以看到,大气中二氧化碳浓度正在加速增长,这将进一步促进全球平均温度上升速率的加快。IPCC 第四次评估报告中的数据也证明了这一现象。

《科技日报》在其报道中还引用了英国政府前环境保护顾问汤姆·伯克(Tom Burke)对这一现象的看法,他认为,测量二氧化碳在大气中的浓度,就像给世界装了一个气候钟,但现在气候钟开始走快了,这就意味着人类用于稳定全球气候的时间不多了,政府和企业都必须加大投资力度,才能避免出现全球变暖的灾难性后果,"后天"才永远不会到来。

四、任重而道远

古语云,"解铃还需系铃人"。工业化时代以来,特别是最近 50 年中,人类活动导致二氧化碳浓度迅速增加,加剧了地球上的温室效应,使全球气温不断升高。如今,二氧化碳浓度的上升速率正在加快,越来越剧烈的温室效应让人类时刻面临着来自气候变暖的各种威胁。英国气象学家声称,全球变暖就像恐怖主义一样没有固定国界,它以多种形式在全球范围内引发各种各样的自然灾难,它给人类带来的危害并不逊色于核武器。因此,降低大气中二氧化碳的浓度成了解决全球变暖危机的一个重要举措(图 4)。那么,二氧化碳的浓度能降下来吗?

很多人认为,降低大气中二氧化碳的浓度一点也不难,减排就行,却不知减排仅仅是"治标不治本"。科学研究表明,任何微量气体在大气中的浓度变化都取决于它的排放量是如何随时间变化的。如果排放量随时间增加,则其在大气中的浓度也将随之增加。但是,这却并不意味着单纯地采取行动减少温室气体的排放,其在大气中的浓度就会降低。IPCC 评估报告指出,对于有些温室气体来说,减少排放量会马上让其在大气中的浓度减少;而另一些温室气体,即使是从目前的水平上降低了排放量,其浓度可能在数百年内还会继续增加,这又是为什么呢? 这就涉及到了温室气体的

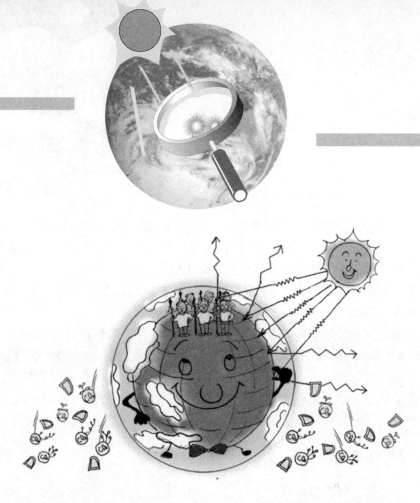

图 4　清除过多的二氧化碳以减缓温室效应（设计：梁力尹；绘图：刘丽萍）

生命期及其清除过程。

　　温室气体的生命期是指将某种温室气体在大气中的含量减小到该气体初始量的 37% 时所花费的时间。对于甲烷、氧化亚氮和其他微量气体，其生命期能够合理地确定（甲烷约为 12 年，氧化亚氮约为 110 年），其在大气中的消除过程也比较简单。对于这类生命期较短的气体，通过减排就能有效地降低其在大气中的浓度。例如，对臭氧层有耗减作用的氯氟碳化物（CFCs）在《蒙特利尔议定书》的制约下，各国都进行了减排，目前，氯氟碳化物在大气中的浓度已经大大地降低了。

　　但对于二氧化碳来说，事情便要复杂得多了。由于二氧化碳通过许多过程在大气、海洋和陆地之间不停地循环，如大气—海洋间的气体输送、化学过程（如风化作用）、生物过程（如光合作用）等，因而无法确定其生命期。再加上二氧化碳通过多种方式在地球的大气、海洋和陆地生物圈之间进行交换，这就使得二氧化碳的清除过程显得十分复杂，因此，要降低二氧化碳

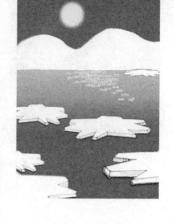

在大气中的浓度就变得非常困难了。

　　IPCC 第四次评估报告指出，目前二氧化碳的排放速率远超过其清除速率，缓慢和不完全的清除意味着从少量到中等程度的减排不会导致二氧化碳浓度稳定，而只能在未来几十年内减少其增长速率。科学研究表明，预期减少 10％的二氧化碳排放将使增长速率减少 10％；同样，减少 30％的排放量可能使大气二氧化碳浓度的增长速率减少 30％；减少 50％的排放量有可能使大气中的二氧化碳浓度处于稳定水平而不会上升，但持续时间不会超过十年；如果完全消除二氧化碳的排放则可以使其在大气中的浓度在 21 世纪缓慢下降约 40 ppm 的幅度。正所谓"砍树容易种树难"，同样，污染容易治理难。由此可见，降低二氧化碳浓度，减缓全球变暖，任重而道远。

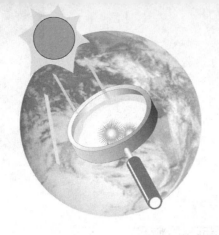

"泄漏"甲烷的秘密

王冬梅

　　一提到全球气候变暖,人们自然就会想到二氧化碳这个罪魁祸首,却忽略了甲烷这种痕量气体,虽然它只占全部温室气体的 5%,但其单分子的增温潜势却是二氧化碳分子的 23 倍,它在全球变暖危机中绝对是不可忽视的"加速器"。目前各国政府所采取的对策都偏重在减少二氧化碳的排放,却忽略了甲烷等温室气体。甲烷是一种相当"险恶"的气体,它不仅是一种强温室气体,而且会增加地面上的臭氧污染,危害人体健康。大气中的甲烷浓度如果高到使氧气浓度降至 19.5% 以下时,就会产生使人窒息的危险。甲烷的浓度持续增高,将会与空气混合形成高度易燃并具有爆炸性的气体。

　　不过,一直被视为有害气体的甲烷,也可以人为地加以利用,有人说这种可以人工制造而又可燃的气体在石油用完之后将会成为重要的能源。而甲烷到底能为我们带来什么呢? 就让我们一起进入甲烷的世界来一探究竟吧。

一、认识甲烷

　　甲烷的分子式为 CH_4,是一种简单的有机物,有丰富的天然来源,它大量存在于开采石油的天然气及煤矿中,植物在水中或潮湿的地方发生腐烂时也会产生甲烷,所以甲烷又名沼气。人们很早就发现了甲烷并对其加以利用。甲烷的排放,除了来自自然界,如海洋、多年冻土和一些湿地之外,还来自一些人类活动。人类活动——尤其是生物质燃烧和畜牧业——所产生的甲烷是当前最大的甲烷排放源。

　　最初的甲烷排放并非现在这么严重,但随着人类活动的加剧,矿物能源开采过程中会产生煤炭瓦斯(主要成分即为甲烷),天然气泄漏会排放甲

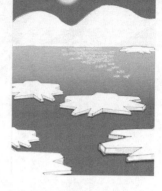

烷,水稻田、牛羊等反刍动物消化过程排放甲烷,废弃物也会排放甲烷。人类燃烧煤、石油、天然气和树木会产生大量二氧化碳和甲烷,这些气体进入大气层后使地球升温,使碳循环失衡,改变了地球生物圈的能量转换形式。大气甲烷浓度的增加是 20 世纪 80 年代发现的,80 年代初世界气象组织(WMO)设在世界各地不同纬度的 23 个大气污染本底监测站开始连续监测不同纬度上大气甲烷浓度的变化。

二、生活中甲烷的释放

1. 衣食住行

人类生活的方方面面都在排放甲烷:除了与生活息息相关的煤、石油、天然气的使用及废弃物、废水的处理之外,与农业相关的水稻等农作物的生产、牛羊等家畜的肠胃消化、发酵过程和生物燃烧等都会排放甲烷,这些生产及生活过程产生的甲烷如不加以控制将有不可估量的负面作用。众所周知,牛、羊等家畜作为我们取食的主要动物脂肪,其副产品也不可或缺,如奶制品、皮毛等。据日本一个研究小组的报告,牛、羊等反刍动物打嗝、放屁会排出甲烷,甲烷是这些反刍动物胃中的微生物在分解、发酵植物纤维的过程中产生的。我们可千万不要小看这些甲烷的排放,据日本环境省的统计数据显示,2006 年日本国内甲烷排出量换算成二氧化碳约为2380 万吨,这其中仅牛排出的就占了约 28%。那么,全球约饲养有 30 亿头牛、羊等反刍家畜,它们排放的甲烷在全球甲烷排放量中就占了不小的比重(图 1)。正如美国加州大学伯克利分校"全球环境健康"教授史密斯(Kirk Smith)博士所言,畜牧业才是最严重的人类活动甲烷排放源。他说:"我们所有吃肉的人和喝牛奶的人,包括我自己,必须指出,都难辞其咎"。

水稻也向大气中排放大量的甲烷。全球稻田甲烷排放量据统计为200 万～1000 万吨/年,国际水稻所甲烷协调员诺伊(H V Nene)博士说,占水稻总产量 95% 的浸水稻田每年排放的甲烷约占大气甲烷的四分之一。

图1　牛、羊打嗝、放屁释放甲烷(设计:王冬梅;绘图:梁静真)

2.全球变暖引发"隐身"甲烷的释放

甲烷的排放加速了全球气候变暖,而这一过程又会导致更多的甲烷被释放,从而进一步加剧全球变暖,造成恶性循环(图2)。目前,关于大气甲烷含量变化的实测资料长度只有几十年,而冰芯包裹气体中的甲烷不仅能反映过去大气甲烷含量随时间的变化,而且能很好地揭示陆地甲烷向大气中的释放随时间及空间的分布。南极冰芯长时间序列资料表明,在过去数十万年的冰期—间冰期旋回中,大气甲烷含量变化趋势是相同的,即在冰期期间大气甲烷含量低(320~350 ppb[①]),而在间冰期期间大气中甲烷含量高(650~770 ppb)。这两支冰芯记录同时揭示,现阶段1800 ppb的全球平均大气甲烷含量已大大超出过去几十万年来的自然变率。

(1)海底天然气水合物

全球气候变暖会降低海底天然气水合物的稳定性导致水合物分解,反

---

① 1 ppb 等于十亿分之一。

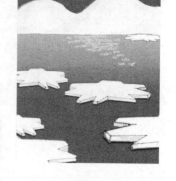

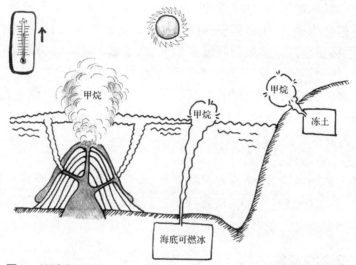

图2 地球升温引发冻土和海底可燃冰以及海底火山喷发释放甲烷

（设计:王冬梅;绘图:梁静真）

过来天然气水合物分解释放出的大量甲烷,又会对全球气候变化产生巨大的影响,二者的发生和发展又是互为因果的。

（2）海底火山喷发

全球气候变暖也诱发了海底火山的活动,喷发出的大量泥浆和甲烷将可能对地球环境造成威胁。大洋海床上的火山持续喷出甲烷,而甲烷及其衍生物与引起全球变暖的温室效应密切相关。因此,必须对由海底火山喷发产生的、最终到达大气中以及进入浮游生物生态系统的甲烷数量进行监控。

（3）海底可燃冰

自20世纪60年代以来,人们陆续在冻土带和海洋深处发现了一种可以燃烧的物质,这种物质在地质上称为天然气水合物,它是一种由天然气（主要是甲烷）和水组成的外形像冰的白色固体物质,由于它含有大量甲烷气体可以直接燃烧,因而俗称可燃冰。海底可燃冰的能量是巨大的,如果可以收集起来将会造福人类,解决能源紧张的问题,但其分解出来的甲烷

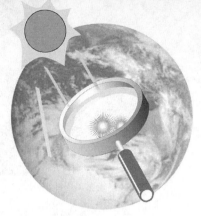

很难聚集在某一地区内收集,而且一离开海床便迅速分解,容易发生井喷意外。更重要的是,释放分解出来的甲烷气体如收集不当,则由海水释放到大气层,将使全球温室效应问题更趋严重,造成大陆架边缘动荡而引发海底塌方,甚至导致大规模海啸,带来灾难性后果。目前已有证据显示,过去这类气体的大规模自然释放,在某种程度上导致了地球气候急剧变化。八千年前在北欧造成浩劫的大海啸,也极有可能是由于这种气体大量释放所致。

(4)冻土释放

据美国科学家论证,随着气温的上升,甲烷气体正在不断地从解冻的多年冻土层中大量释放出来,其释放出的数量之大将出乎人们的预料,有可能引爆气候变化上的"定时炸弹"。

三、甲烷的危害

对大气甲烷浓度的观测研究表明,甲烷的年增加速率表现出波动特征,20世纪80年代的增加速率呈减慢趋势,1993年又开始上升,现以大约每年1.0%的速率在增加。目前全球每年排放的甲烷总量为5.35亿吨,其中人类活动产生的甲烷排放量为3.75亿吨。甲烷从工业革命前的0.6~0.8 ppm[①]增加到1992年的1.72 ppm,增加了大约145%,其结果直接导致了地表温度上升和海平面上升。大气中甲烷含量的变化直接反映陆地甲烷源的排放强度。甲烷通过气候系统控制着自然能量的流向,即借助于大气的运动,加速全球气候变暖的可能性,从而影响全球气候的变化。

自19世纪以来,全球平均气温上升了0.3~0.6℃。世界气象组织宣布,20世纪10个最暖的年份都在1983年以后,其中7个年份发生在90年代,1998年不仅是20世纪最暖的年份,还是近千年来最暖的年份。全球平均气温比基准时间的平均值高0.58℃。无论是二氧化碳还是甲烷导致的地球升温都直接影响到动植物的生活。研究人员援引《自然》

---

① 1 ppm 等于百万分之一。

（*Nature*）杂志的一份研究成果，大约有 1700 种动植物向极地方向迁徙。在 20 世纪的后 50 年里，迁徙速度达每十年 6 千米左右。在北半球，由于冰块和积雪加速融化，暴露出来的土地和岩石吸收更多的太阳能，导致温度进一步上升，因而全球变暖的迹象更为明显。科学家发现，印度洋和西太平洋的温度也在上升，海洋升温对气候的变化有着更深远的影响，可能导致更多的厄尔尼诺事件发生。

四、如何应对我们释放的甲烷

史密斯博士认为，气候学家应该多强调甲烷所造成的可怕后果："我们当然必须解决二氧化碳排放的问题，但如果我们想要在未来二十年内扭转气候变迁，则应设法减少在大气中寿命较短的温室气体，其中最重要的就是甲烷。"那么如何减少甲烷的浓度呢？

1. 生活方式的改变

人类改变生活习惯就可以减少温室气体的排放。首先是膳食改变，要想真正减少动物的甲烷排放，只有所有人全部素食，减少牛、羊等动物蛋白的摄入，这样就可以间接地减少甲烷的排放。美国地球物理学会 2007 年发表的一份报告证实，摄取植物性饮食所消耗的能源，只有肉食的 25%。所以肉食改为素食，也可以为减缓气候变化作贡献。不知道人类能否为保护气候而改变自己的口味呢？政府在制定减少温室气体排放的策略时，应将不含动物成分的饮食方式列为首要重点。但值得庆幸的是，我们每个人现在都能善尽一份心力，通过减少吃肉和奶制品来降低甲烷在大气中的含量。针对这点，史密斯教授直言不讳地证实道："即刻见效的方法就是少吃肉"。

简言之，如今科学已告诉我们，甲烷的温室效应比二氧化碳的威力强许多倍，为了地球村中的所有居民着想，我们必须立刻大幅度降低甲烷的排放。而要实现这一目标，人人都能采取的最快又最有效的方法，就是采取素食方式。

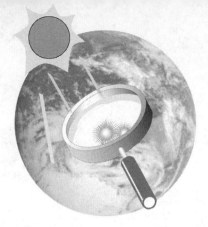

2. 动物的"责任"

　　人类活动对大气温室气体的影响是科学家及公众普遍关注的问题。关于人类自身的饮食习惯问题一时不太好解决，而属于动物的"责任"却可以在不损害利益的条件下加以减轻，例如把牛排放的甲烷收集并加以利用（图3）或者改善反刍动物的"饮食结构"。据日本专家在研究因食用含有硝酸盐的饲料而中毒的家畜时发现，食用含有大量硝酸盐的牧草的奶牛打嗝时，几乎不排出甲烷。他们进一步研究发现，如果在含硝酸盐的牧草中掺入一种半胱氨酸，就可以既防止动物中毒又不会影响到牛奶和动物肉的品质。英国的畜牧专家也发现，给牛喂食稻草和干草，可帮助它们更好地消化，使甲烷排放量减少20％。然而，牛不喜欢吃稻草和干草。为此，专家把稻草和干草剪成6～7厘米长，与青贮饲料、小麦、玉米、大豆、甜菜等配成混合饲料喂食，情况则有所好转。一头奶牛只需每天进食2千克混合饲料，便能有效减少甲烷的排放，推而广之，如果英国所有养牛场都改喂混

图3　牛背罐子收集释放的甲烷气体（设计：王冬梅；绘图：梁静真）

合饲料,可相当于每年减排 160 万吨二氧化碳。混合饲料先在英国部分奶牛场实验。结果显示,生产 1 升牛奶产生的甲烷由原来的 30 升下降为 24 升。同时,牛奶产量提高 15％,比原来的 24 升提高了 3～4 升。动物学家比弗(David Beef)说,"切碎的稻草和粗糙的干草给饲料添加了重要纤维"。这样做既可以减少有害气体排放,又可以提高牛奶产量,何乐而不为呢?

3. 改变农业的生产方式

农业生产中的水稻也向大气中排放可观的甲烷,如何减少这类甲烷的排放呢?同样的改良方法也被应用到稻田减少甲烷产生上,如改变施肥方法,增加水稻土壤中甲烷的氧化,在浸水土壤中部分氧气用来分解甲烷分子,这样,我们既需要有高的氧化能力又需要高产的水稻品种,它们能够减少甲烷的产生而又不影响农民的收入。最近的研究结果显示,最大限度地增加作物产量不仅可以提供更多食物,而且还能减少甲烷的生成量。据报告,花少的植株贮存光合作用生成的碳的能力较低。在这种情况下,碳转而被贮存在土壤中,土壤中的细菌又将碳转化成甲烷。因此,培育能贮存更多碳的水稻品种也会有助于减少甲烷的生成量。

4. 工业甲烷的生物"疗法"

工业是温室气体的重要排放源。控制甲烷水平的各项措施,比如石油和天然气管道及贮存设备的防泄漏修复,能够有效地控制和减少向大气中释放的甲烷量,另外煤矿等主要甲烷的源的排放量由于措施得力,增速也在趋缓甚至下降。美国、德国和俄罗斯的科学家发现了一种细菌能吸收甲烷,从而减缓温室效应。但是,近年来这种细菌的生存环境却受到工业污染的毒害,使得它在酸性潮湿土壤中的生长繁殖受到限制。这种能吸收甲烷的细菌对保护大气环境起着极为重要的作用,正是由于这种细菌的存在,使得过去产生的甲烷只有预料中的一半那么多。但这种细菌对来自工业和运输业产生的废弃物——如氮化物和硫化物——特别敏感,容易致死,因此数量正在日益减少。由于吸收甲烷细菌的减少,现在欧洲一些沼

泽地的潮湿土壤排出的甲烷比工业革命前要高。

资料还显示,从 1978 到 1987 的 10 年间,大气中的甲烷水平骤增了11%。20 世纪 80 年代末,甲烷增长速度放缓,每年上升约 0.3%~0.6%。进入 90 年代,出现过几次大的向上波动,科学家们认为这与几次大的环境事件有关,比如 1991 年菲律宾皮纳图博火山爆发。1995 年诺贝尔化学奖获得者罗兰(Sherwood Rowland)曾说,甲烷水平连续 7 年保持平稳表明甲烷对于全球变暖的威胁可能已经没有此前人们认为的那么严重了,并且也证明大气中的甲烷水平是可以控制的。罗兰认为,如果坚持控制甲烷排放量,从现在起再过十年,甲烷水平就会开始下降。如果甲烷的问题解决了,那么控制全球变暖就取得了关键进展。

没错,经济发展和环境保护永远是矛盾的两个方面,"鱼和熊掌不可得兼",到底人类应该如何决断?是否要放任自流,等到结果无法挽回再去处理呢?也许我们只有将目光放长远一些,把这一问题提升到关系子孙后代的生存与发展的高度去对待,则答案不言自明。如果现在觉醒,我们有能力去改变目前的状态,全球变暖是我们每个人造成的,解决它也是我们每个人的道德责任。我们的地球还在受着各种各样的折磨,不要轻易去触动她的极限,是我们拿出实际行动的时候了,不为别的,只为世世代代能继续居住在这颗星球上,因为地球是我们唯一的家园!

谁污秽了大地女神华丽的外衣？

梁力尹

一、大地女神下凡

美国著名的医学家、生物学家和科学院院士托马斯博士（Lewis Thom-as）在其著作《细胞生命的礼赞》中写道，"高高地飘浮于天际，包裹着那层湿润的、发光的、由蓝天构成其膜的，是那正在升起的地球。在茫茫宇宙的这一方，唯它才是生机四溢的活物。"这个活物正是我们的大地女神——盖娅（Gaia）（图1）。在古人的眼里，地球就像是一个和人类一样拥有生命力的生物。实际上，把地球看成为生命体的思想可以说是源远流长，世界各民族的历史都记载有各种各样的神话故事。除了希腊神话中的大地女神之外，中国的创世神话——盘古开天辟地的故事更是一个经典。在科学发展不太发达的远古年代，人类只能通过最原始的认知来表达他们对大自然的敬畏之情，通过历史的积累便发展成了神话故事，他们不可能也无法从根本上对地球作为生命体这样一个事实作出科学的解释。

随着人类在科学领域的不断探索，人们开始觉得"盖娅"只不过是神话故事里的一个代表人物而已，只是古人先辈们对地球的最原始的认识，而且这种认识是模糊的，是没有任何科学依据的，有时候甚至被认为是一种迷信的表达方式，因为现代天文学的知识告诉我们，地球只不过是浩瀚缥缈宇宙中的一个星体，仅此而已。

后来，到了20世纪60年代，英国科学家罗维洛克（James Lovelock）博士根据地球表面远离平衡态的大气结构及其超强的稳定性提出了一个假说，认为地球本身是一个活的生物体，并以希腊神话中代表大地的神灵"盖娅"的名字来命名地球，于1968年在美国普林斯顿大学举行的关于地球生命起源的科学大会上首次提出"盖娅假说"。"盖娅假说"经过美国生物学

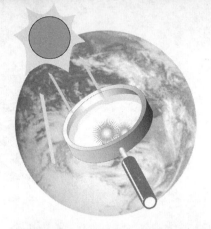

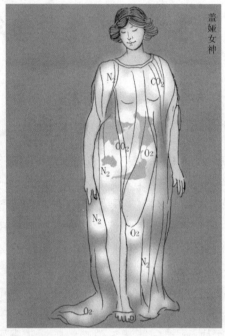

图 1　大地女神——盖娅（设计：梁力尹；绘图：刘丽萍）

家马古利斯（Lynn Margulis）的补充，在科学的意义上更加完善。其核心思想认为，地球本身是一个超级有机体，是一个有生命的、系统化的活体。

如罗维洛克所言："地球表面上的一切生命以及一切物质构成了一个系统，这个星球是一个庞大的'有机体'，是一个'具有生命力'的星球。它能够调节自身的气候变化及其大气成分，为居住在其上的生物提供适宜的环境。"

千百年来，地球的身份从来都没有被清晰地表达出来，如今，"盖娅学说"的提出撩开了其神秘面纱，大地女神从天上下凡到了人间，让人们更清楚地了解到其本质——地球和我们一样，都是一个生命体。

二、女神的漂亮外衣

一切生物都有求生的天性和本领,地球作为一种生物也不例外。为了保护自己,大地女神自有妙法,那便是她的"仙术"——为自己编织了一件美丽的外衣。这件外衣就是大气层。这层大气就像盾牌一样保护着生活在地球表面的一切生物免受来自宇宙线的伤害。如果从宇宙空间观察地球,就可以看到这一层包围在地球外部美丽而又千变万化的气体(图2)。

图2　美丽的地球大气(中国国家航天局 2000)

这层大气除了为地球上的生物提供呼吸用的氧和合成养分所必需的氮之外,它还与陆地表面、雪和冰、海洋和其他水体,以及地球上的生物构成了一个复杂的、各部分相互作用的气候系统。气候系统各个组成部分之间的相互作用,共同决定着地球上的气候状态。

气候系统的变化非常复杂,除了受到自身规律的影响外,更大部分的影响来自于外界因子的变化,如火山爆发、太阳变化等自然强迫和人类活动强迫。人类社会出现之前,地球上的气候系统只受到自然强迫的作用而发生变化,组成气候系统的各组分间的相互作用和相互影响处于相对平衡和稳定的状态。

在人类社会出现的最初阶段,人类通过开垦土地和构建住所等方式改变了陆地表面的面貌,从而改变了陆地表面的粗糙度、反射率和水热平衡等,进一步引起局地气候的变化。随着人类社会的发展,特别是工业革命以后,人类活动对气候影响的广度和深度日益增加,人类活动的影响也就显得愈益重要了。

人类活动强迫引起的气候变化主要是通过人类活动改变大气中各种气体组分之间的比例而造成的,此外,大气中气溶胶的变化以及土地利用的变化等也是气候变化的原因。例如,在工业、交通和人们日常生活中,矿物燃料的燃烧向大气中排放了大量的温室气体,导致了全球气候变暖;同时,矿物燃料燃烧排出的硫化物和氮化物以及烟尘微粒还导致了大气降水pH值的变化以及降水频率的变化。时到如今,大气中各种气体组分之间的长期平衡状态已经被打破,人类活动已成为影响气候变化的一个主要强迫。

三、漂亮的外衣风光不再

大气在没有污染的情况下是透明、无色、无味的。一般来说,干洁空气的主要成分是氮、氧、氩、二氧化碳等,其体积含量占全部干洁空气的99.99%以上,其余还有少量的氢、氖、氦、氙、臭氧等。"女神的外衣"原本非常的洁净,但是,随着人类社会的不断发展,人类活动,尤其是工业生产和交通运输向大气中排放了许多额外的物质,空气因此变浑浊了,地球原本洁净的大气外衣被蒙上了一层"灰",女神漂亮的外衣被弄"脏"了(图3)。弄脏女神外衣的除了污染外,还有酸雨、气候变化等。

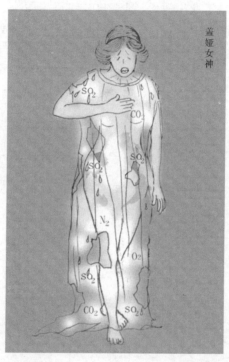

图 3　受污损的女神外衣（设计：梁力尹；绘图：刘丽萍）

1. 全球气候变暖

"女神的外衣"本来是非常合适的,它保护着地球上的生物,并为生物生存提供适宜的生存环境,但是由于人类活动向大气中排放了大量的温室气体,增强了地球本身的温室效应,从而导致了全球气候变暖。这就好像是给"女神的外衣"加厚了,让"女神"觉得温度上升而变热了。

联合国政府间气候变化专门委员会(IPCC)发布的第四次评估报告明确指出,近50年来全球气候变暖有超过90%的可能性是由人类活动引起的。人类活动引起的全球气候变暖主要是由于大气中温室气体浓度上升造成的,此外大气中气溶胶的变化以及土地使用的变化等也是影响全球气

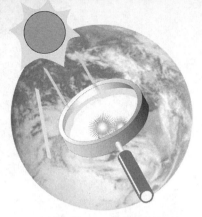

候变化的原因。自从工业化时代（约 1750 年）开始以来,人类活动对气候的总体影响是使气候变暖。在这个时期,人类活动对气候的影响超过了太阳活动、火山爆发等自然过程的变化带来的影响。人类活动导致四种主要温室气体的排放:二氧化碳(CO_2)、甲烷(CH_4)、氧化亚氮(N_2O)和卤烃。这些气体在大气中的浓度逐步上升。工业化时代以来,所有这些气体在大气中的含量都有明显的增长(见图 4)。

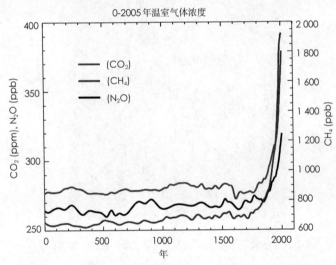

图 4　过去的 2000 年里,重要的长寿命温室气体在大气中的浓度(IPCC 2007)

　　温室气体浓度上升导致了全球气候变暖,而全球气候变暖则会引发一系列严重的环境问题,如海平面上升、自然灾害发生的频率增加、传染性疾病范围向高纬度和高海拔地区扩展等等。其中,热浪、干旱、洪水、飓风等极端事件在近年来更是频频发生。近年来看到过很多这样的极端事件,如澳大利亚的持续干旱、欧洲 2003 年极端炎热的夏季、2004 年和 2005 年强烈的北大西洋飓风季节以及 2005 年 7 月印度孟买的极端降雨事件等等。最近的一项研究估计,20 世纪人类的影响使欧洲出现 2003 年那样炎热夏季的风险增加了一倍以上;如果没有人类活动的影响,这种风险在几百年

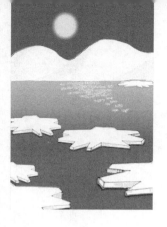

当中或许只发生一次。

2. 臭氧层破坏

人类活动一方面污秽了"女神的外衣",另一方面又在"女神的外衣"上捅出一个又一个的"洞"。南极上空的"臭氧洞"对许多人来说并不是什么新鲜事儿了。早在 1985 年,美国国家航空和航天管理局(NASA)的斯多拉斯基就已经通过对卫星观测的浩繁数据进行分析,证实了早年由英国南极科学家福曼等人发现的南极上空每年春季的臭氧含量比过去有大幅度下降的事实,并形象地提出了"臭氧洞"的概念。

目前,关于臭氧洞的形成原因有多种假说,其中占主导地位的是人类活动化学假说。该假说认为,人类大量使用的氯氟碳化物等化学物质(用作制冷剂、发泡剂、清洗剂等)在大气对流层中不易分解,当其进入平流层后受到强烈紫外线照射时同臭氧发生化学反应,使臭氧浓度减少,从而造成臭氧层的严重破坏。

臭氧层被耗减后,天空就"破"了,吸收紫外辐射的能力也大大地减弱了,这将导致到达地球表面的紫外辐射 B(UV-B)明显增加,给人类健康和生态环境带来多方面的危害。目前,已受到人们普遍关注的主要有对人体健康、陆生植物、水生生态系统、生物化学循环、材料,以及对流层大气组成和空气质量等方面的影响。

3. 光化学烟雾

大气污染最典型的事件是 20 世纪 50 年代发生在英国伦敦冬季的烟雾污染事件。根据当时的报道,在伦敦烟雾发生的短短四天内,有 4000 多居民丧生。工业革命以来,伦敦市内建造了大量的工厂,再加上当地居民主要以烧煤取暖,煤烟排放量更是急剧增加,污染情况十分严重。到了 1952 年,由于长期的煤烟问题得不到解决,最后在 12 月 5 日的一场浓雾中,发生了历史上著名的"伦敦烟雾污染"事件。

光化学烟雾则是由汽车、工厂等污染源排入大气的碳氢化合物和氮氧化物(NO_x)等一次污染物,在阳光的作用下发生化学反应,生成臭氧(O_3)、

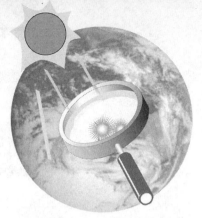

醛、酮、酸、过氧乙酰硝酸酯（PAN）等二次污染物，参与光化学反应过程的一次污染物和二次污染物的混合物所形成的烟雾叫做光化学烟雾。它和前述伦敦烟雾有着本质的区别。伦敦烟雾事件属于煤烟型污染，是由于空气中的固体颗粒物（如烟尘）浓度增高而引起的，污染物并没有在阳光的作用下发生化学反应。

1943 年，美国加利福尼亚州的洛杉矶市发生了世界上最早的光化学烟雾事件。光化学烟雾不仅在美国出现，到后来，在日本的东京、大阪、川崎，澳大利亚的悉尼，意大利的热那亚和印度的孟买等许多汽车众多的城市都先后出现过，在我国的兰州也曾出现过光化学烟雾的污染事件。

光化学烟雾的成分非常复杂，其在阳光的作用下发生反应后生成的二次污染物，如丙烯醛、甲醛等，对动植物及人类都具有明显的危害作用，其对人类最直接的危害就是对人眼睛的刺激作用。据报道，在美国加利福尼亚州，光化学烟雾的作用曾使该州四分之三的人发生红眼病。日本东京 1970 年发生光化学烟雾时期，有 2 万人患红眼病。同时，这些二次污染物对鼻、咽喉、气管、肺等呼吸器官也有明显的刺激作用，并使人头痛，使呼吸道疾病恶化，对老人、儿童及体弱者影响尤为严重。在 1952 年洛杉矶的光化学烟雾事件中，两天内有 400 余名 65 岁以上的老人死亡。

光化学烟雾对植物的损害也是十分严重的，它会造成作物减产甚至绝收，严重的还能导致植物体本身死亡。据报道，在美国光化学烟雾影响时，当时的农作物减产遍及 27 个州。据有关当局统计，仅加利福尼亚州 1959 年由光化学烟雾引起的农作物减产损失就达 800 万美元。据洛杉矶市调查，由于光化学烟雾的毒害作用，大片树林枯死，葡萄减产 60% 以上，柑橘也严重减产。此外，光化学烟雾还能造成橡胶制品的老化、脆裂，使染料褪色，并损害油漆涂料、纺织纤维和塑料制品等。

4. 酸雨

雨水对于生命的存在是非常重要的，因为它给地球上的生命提供了生存所必需的水分，但是，现今在世界上的许多地方，雨水却变成了一种威胁。工厂、汽车和民用生活中的矿物燃料燃烧向大气排放出了大量的污染

气体,使得降雨在许多地区变成了一件对地球生命有危害的事情,这种雨就是我们所熟知的"酸雨"。

酸雨现象是由英国化学家史密斯(Robert Angus Smith)在 19 世纪中叶发现的。但是,史密斯的发现并没有引起当时人们的注意。直到 20 世纪 60 年代,酸雨对生态系统产生了极大的破坏才让科学家们开始广泛地观察和研究酸雨现象。

目前通常认为 pH 值小于 5.6 的大气降水即为酸雨,这是根据大气中 CO_2 在平衡时蒸馏水的 pH 值确定的。工业革命以来,人类活动向大气中排放出大量的酸性气体,如氯化氢(HCl)、硫氧化物(SO_x)和氮氧化物(NO_x)等,这些酸性气体与大气中的水分结合形成酸雨再降落到地面,给地球生态环境和经济社会都带来严重的影响和破坏。随着工业的发展,大气中的酸性气体成分越来越多,酸雨的强度也越来越强,对地球生态系统及人类社会的危害也越来越严重。

例如,河流、湖泊或海洋中水的酸度增加,就会杀死水中的浮游生物,减少鱼类的食物来源,破坏了原本平衡的食物链,从而破坏水生生态系统。据报道,在瑞典的 9 万多个湖泊中,已有 2 万多个遭到酸雨危害,4000 多个成为无鱼湖。美国和加拿大许多湖泊成为死水,鱼类、浮游生物甚至水草和藻类均一扫而光。酸雨除了污染河流和湖泊外,还会对地下水造成污染,这将直接或间接地危害人类的健康。

酸雨对地表植被的危害更是不容忽视,酸雨淋洗植物表面,直接伤害或通过土壤间接伤害植物,促使森林中的树木枯萎甚至死亡,还可使农作物产量大幅度降低甚至绝收。据报道,在北美酸雨区已发现大片森林死于酸雨;德国、法国、瑞典、丹麦等国已有 700 多万公顷森林正在衰亡;而在我国四川、广西等省、自治区有 10 万多公顷的森林也正在衰亡。

另外,酸雨对人类文明的成果——名胜古迹等人文景观——也具有严重的危害。世界上许多古建筑和石雕艺术品都因遭到酸雨的腐蚀而严重损坏,如我国的乐山大佛、卢沟桥石狮,印度的泰姬陵,埃及的金字塔,以及美国的自由女神像等等。

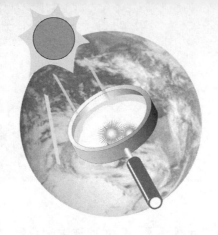

四、还女神一件"新衣"

　　世界卫生组织（WHO）和联合国环境规划署（UNEP）曾发表一份报告说："大气污染已成为全世界城市居民生活中一个无法逃避的现实。"1972年,瑞典政府给联合国人类环境会议提交的报告《穿过国界的大气污染:大气和降水中硫的影响》引起各国政府普遍关注。随着环境日益恶化,世界各国都逐渐认识到,大气无国界,防治大气污染是一个国际性的环境问题,不能仅仅依靠一个国家单独解决,必须共同采取对策,加强国际合作,协调各方行动来减少大气污染物的排放量。在这样的背景下,各国政府签订了一系列的合约来限制大气污染物的排放量。如 1979 通过了《控制长距离越境空气污染公约》,并于 1983 年生效。该公约规定,到 1993 年底,缔约国必须把二氧化硫排放量削减为 1980 年排放量的 70%。欧洲和北美(包括美国和加拿大)等 32 个国家都在公约上签了字。

　　为了实现许诺,多数国家都已采取了积极对策,制定了减少大气污染物排放的法规。例如,美国的《酸雨法》规定,密西西比河以东地区,二氧化硫排放量要由 1983 年的 2000 万吨/年,经过十年减少到 1000 万吨/年;加拿大二氧化硫排放量由 1983 年的 470 万吨/年,到 1994 年减少到 230 万吨/年,等等。

　　此后,1992 年联合国政府间谈判委员会还就气候变化问题达成了世界上第一个为全面控制二氧化碳等温室气体排放,以应对全球气候变暖给人类经济和社会带来不利影响的国际公约——《联合国气候变化框架公约》(UNFCCC),并于 1994 年 3 月 21 日正式生效。截至 2004 年 5 月,公约已拥有 189 个缔约方。1997 年 12 月 11 日,第 3 次缔约方大会在日本京都召开,149 个国家和地区的代表通过了公约的《京都议定书》,并于 2005年 2 月 16 日正式生效。

　　这些公约的签订在一定程度上制约了各缔约国大气污染物的排放量,减缓了全球大气污染的程度,另一方面,也增强了人们治理好大气环境的信心。控制大气污染,保护环境,还大地女神一件洁净明亮的"新衣",已成

为当代人类的一项重要事业（图5）。

图 5　女神的"新衣"（设计：梁力尹；绘图：刘丽萍）

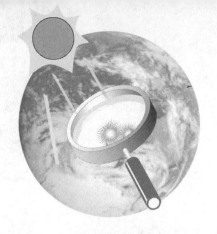

氮循环失衡与全球变化

彭少麟/周　婷

活性氮的增加是当前全球变化的重要现象之一,人类活动所产生的氮化合物含量已经大大超出了自然循环的水平和能力,对全球氮循环产生了严重影响。越来越多的科学家认为,氮化合物的增加对环境造成的破坏可能比二氧化碳更为严重,不仅会造成全球变暖,影响到大气中的臭氧含量,还会影响人类健康和自然生态系统生物多样性的结构。

一、全球氮循环失控啦!

1. 氮与氮循环

氮是生物过程的基本元素;它存在于所有组成蛋白质的氨基酸中,是构成诸如 DNA 等核酸的四种基本元素之一。空气中含有大约 78% 的氮气,但这些气态的游离态氮只有转变为可被有机体吸收的化合态氮后才能进入生命过程。完成这种转变有三方面的途径,即物理固氮、生物固氮和人工合成氮。一部分氮素由闪电和火山爆发等物理过程所固定,绝大部分的氮素是由非共生或共生的固氮细菌所固定,而人工合成氮肥的数量也在不断增加(图 1)。

氮循环是地球系统的一个自然过程。自从地壳形成,地球上出现了大气圈和水圈的分异,以及生命出现和土壤形成以来,氮循环就启动了。在自然界中,氮的循环转化过程是生物圈内基本的物质循环之一,是指自然界生态系统中氮单质和含氮化合物之间相互转换过程的物质循环。大气中的氮经过微生物等的作用、闪电等物理作用和人工合成而进入土壤,为动植物所利用,最终又在微生物的参与下返回到大气中,如此往复循环,称为氮循环(图 2)。

图1　气态的游离态氮转变为化合态氮的三种途径(设计:彭少麟;绘图:梁新)

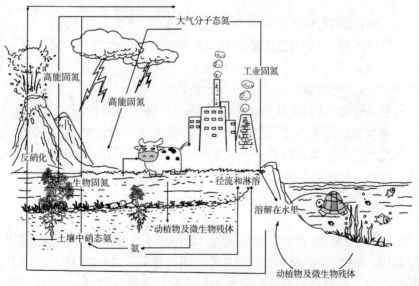

图2　氮循环示意图(设计:彭少麟;绘图:梁新)

43

　　一些细菌拥有可促进氮气(N_2)和氢(H)化合成为氨(NH_3)的固氮酶，生成的氨再被这种细菌通过一系列转化而形成它们自身组织的一部分。另一些固氮细菌(如根瘤菌)寄生在豆科植物(如豌豆或蚕豆)的根瘤中，它们与植物建立了一种互利共生的关系，为植物生产氨以换取糖类。人工合成的氮肥通过生产活动进入土壤。植物利用根系从土壤中吸收硝酸根离子(NO_3^-)或铵离子(NH_4^+)以获取氮素。动物体内的所有氮素则均由在食物链中进食植物所获得。动植物死后，由于细菌的作用，含氮化合物又转变为氮单质返回大气，从而完成循环。

2. 氮循环正在失衡

　　20世纪50年代以前，人们对氮循环的研究及其后果的考虑都是从农业角度出发的。这是因为氮素是生命必需的营养元素，氮肥是增加农作物产量最有效的因素之一。对于硝化反硝化、氨挥发和硝酸盐淋洗所造成的氮素损失，人们较多考虑的是农业中损失了多少氮，而很少担心排放到大气中的N_2O、NO_x和NH_3，以及迁移到水体的NO_3^-等会对环境产生多大后果。

　　自工业化以来，特别是到了20世纪50年代，全球人口急剧增长，工农业生产急速发展，化学氮肥和矿物燃料的消耗量也陡然升高。氮循环过程中形成的N_2O、NO_x、NO_3^-，以及NH_3和NH_4^+等氧化态和还原态氮化合物也大大增加，从而严重扰乱了自然界的氮循环。

　　科学家研究表明，全球每年借助细菌的反硝化作用返回大气的氮量，要少于每年生物固氮、工业固氮、光化学固氮和火山活动固氮的总量。美国新罕布什尔大学负责研究和公共事务的副校长阿伯尔(John Aber)认为，与其他任何一种基本元素的循环相比，氮循环变化更大。这种不平衡主要是由工业固氮量的日益增长所引起的，而且这种氮失衡随着人类氮肥生产量的增加而正在不断加剧。

　　过去50年里，欧洲大陆氮氧化物(NO_x)的排放量增长了7倍，导致氮沉降增加。欧洲大部分较大河流中氮的浓度提高了2~20倍。北美洲的情况也类似。亚洲活性氮的总产量目前居全球各洲之首，其中氮肥产量比

北美和欧洲氮肥产量的总和还多。但人均氮产量仍以北美和欧洲为高。当西方农业生产中化肥应用趋于饱和的同时,发展中国家的化肥使用仍将继续增加。中国在 1960 年以前很少使用化肥,但此后化肥的生产不断增加。国家发展和改革委员会估计,2005 年中国化肥产量达 4770 万吨,是目前世界上氮肥使用量最多的国家,约占世界氮肥年使用总量的三分之一,已成为除欧洲和北美之外的第三大氮沉降区。

大量有活性的含氮化合物进入土壤和各种水体,其范围可能已经从局域性发展为全球性的,深至地下水,高达平流层,对环境产生着重大的影响,其中有些是威胁人类在地球上持续生存的生态问题。

据《新科学家》(New Scientist)报道,德国科学家绘制的一张有关大气层中二氧化氮(NO_2)浓度的世界地图(图 3),可以让我们对全球氮污染的热点地区一目了然。这张地图是依照一颗卫星在 18 个月内所搜集的数据制成的,它清楚地显示出,在欧洲、北美和中国北方大部地区的重要城市上空,大气层中的二氧化氮浓度非常高。同时由于燃烧草木,东南亚和非洲上空的大气层里也积聚了浓度很高的二氧化氮。《自然》(Nature)杂志公布卫星遥感观测数据,称中国北京及东北地区是世界上二氧化氮污染最严重的地方。

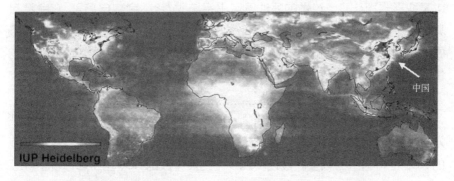

图 3　全球二氧化氮污染的世界地图(来源:《新科学家》)

(链接 http://www.newscientist.com/article/dn6515-worlds-pollution-hotspots-revealed-from-space.html)

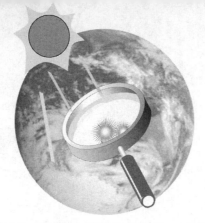

应该说，人类从合成氮肥中获得巨大好处，人工固氮对于养活世界上不断增加的人口作出了重大贡献。但同时，它也带来了许多不良的后果。然而迄今为止，人类对于这些不良后果仍然注意不够，远不如对大气温度升高的关注。

二、氮循环失衡意味着什么？

全球氮失衡的加剧意味着氮污染的增加，其后果是对自然生态系统和经济社会系统造成严重影响，并危害人类的健康。

1. 土壤酸化与酸雨

由氮转化的氨在微生物的作用下会形成硝酸盐和酸性氢离子，当这些离子过量时，会造成土壤和水体生态系统酸化，从而使生物多样性下降。

地球生态系统中营养物质的额外增加，往往会影响生态系统的平衡，引起那里的物种发生变化，并导致生态系统多样性的损失。活性氮在土壤中与水、空气和其他物质一样，一方面增进植物生长，另一方面也在土壤中积累。然而，植物吸收氮的数量是有限的，土壤积累氮的数量也是有限的。当土壤不能再吸收更多氮的时候，就称为"饱和"。饱和的土壤会让过量的氮以某种形式"流出"。过量的活性氮滤出系统时，它不会独自离开，它会携带其他营养物，最终造成土壤酸化。它还携带镁、钙等一类物质进入水中，最后形成一个严重失衡的系统。表面上看起来，额外增加的活性氮能使植物生长得更好，但其对生态系统造成的影响也是严重的，而且最终会影响植物的生长。

从土壤流出的活性氮形成的 NH_3 和 NO_x，以及土壤的脱氮（活性氮转变为 N_2）过程产生 NO_x，也会挥发到大气中。热带雨林砍伐后生物质焚烧形成的 NO_x 也有相当的数量。最近发现农田土壤排放的 NO_x 也不可忽视。除了地面来源之外，矿物燃料燃烧形成的 NO_x 会排入大气，飞机也会将 NO_x 直接排入大气。随着这些人类活动的不断增加，大气中的 NH_3 和 NO_x 含量也在进一步增加。

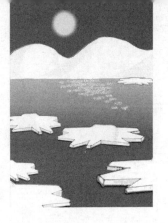

不是所有的 NO_x 都会留在高空中。NO_x 在大气层接触到水汽后会转变为硝酸,通过大气湿沉降分配到陆地和水体,这就是酸雨中的氮成分。科学家研究表明,硝酸已开始成为酸雨中越来越重要的成分。20 世纪 70 年代,硫酸占到雨水总酸度的大约 70%,硝酸大约占 15%;而目前硫酸约占 50%,硝酸大约占 40%。如果这种趋势延续下去,预计到大约 2012 年,硝酸将成为酸雨的主导性来源。国内外对酸雨的研究表明,雨水的酸化有日益严重的趋势。酸雨对森林、湿地、水体等生态系统,以及人类健康均有严重的危害(图 4)。

图 4　酸雨现象严重(设计:徐雅雯;绘图:刘丽萍)

2. 水体富营养化

氮污染还会引起水域富营养化。大气中活性氮形成的 NH_3 和 NO_x,通过大气干湿沉降分配到水体中。动物养殖、肥料生产、腐败物系统或者其他

来源的活性氮,通过不同的途径进入水体中,增加了硝酸盐类的浓度。据报道,在不到十年的时间里,挪威1000条湖泊的硝酸盐浓度增加了1倍。而在美国东北部和欧洲大部分的河流里,硝酸盐浓度在过去的100年里增加了10~15倍。中国湖泊和河流的硝酸盐浓度也明显增加了。由于硝酸盐类具有高度的可溶性,在土壤中会迅速进入植物根部地带以下,并污染地下水,因此要对这方面加以控制非常困难,而且费用昂贵。水体富营养化的直接后果是破坏水资源,降低水的使用价值。水体富营养化还导致鱼类及水生动物大量死亡,破坏水产资源(图5)。

图5 水污染严重,鱼儿"宁死不屈"(设计:徐雅雯;绘图:刘丽萍)

水体富营养化会引发"藻华"和"赤潮"等现象,我国近期出现的太湖"蓝藻水华"和近海岸"赤潮"现象都与之有关。严重的地方还会出现"死亡带"。在沿海地带和海湾区,过量的氮污染提供了一个稳定的营养物质来源,刺激了藻类过度茂密地生长。当藻类死亡后下沉腐败而消耗太多氧气时,水体便会成为一个不能再支持带鳍水生动物、有壳水生动物或其他更多水生生

命成长的地区,这就是水体"死亡带"。氧匮乏地区出现在波罗的海、亚得里亚海、泰国海湾、黄海以及美国的切萨皮克湾。最典型的死亡带是墨西哥湾,密西西比河将富硝酸盐类注入墨西哥湾,形成的死亡带范围约 3000～8000 平方英里。

3. 温室效应与臭氧层破坏

大气中的 NO_x 是一种相当强的温室气体,它是大气层中寿命最长的温室气体。在大气的中间层,NO_x 吸收红外辐射的能力特别强,每个 NO_x 分子吸收的辐射量约为二氧化碳的 200 多倍(图 6)。此外,挥发到大气中的 NH_3 消耗了大气层中的羟基(OH),从而影响到另一重要温室气体甲烷(CH_4)的转化,使大气中的甲烷不断增加,加剧了温室效应。

图 6 N_2O 是重要的温室气体(设计:徐雅雯;绘图:刘丽萍)

在对流层低层,活性氮会增加臭氧的浓度。高浓度的 NO_x 在车辆拥有率很高的城市、地区很普遍,它可以产生近地面臭氧,从而污染我们的生态环境。但一般人并不知道臭氧污染是由氮污染引起的,如果没有氮污染,就不会有臭氧污染。

在平流层高层,紫外辐射分解 N_2O,产生 NO,而 NO 可作为催化剂破坏臭氧分子,从而使臭氧层耗减。臭氧层耗减会使更多的紫外辐射到达地球表面,从而影响生物的生长发育和人类的健康。

4. 造成人类健康与社会公共问题

氮污染对人类健康的影响是多方面的。

——空气活性氮污染对健康的影响。存在于大气中的 NO_x 和 NH_3 等含氮气体,可以产生足够小的细小颗粒物,它能扩散进入人的肺部,导致心血管疾病、呼吸系统疾病、哮喘、肺功能障碍等疾病。低空氮污染会增加臭氧的浓度,从而导致或加重哮喘、咳嗽、刺激性呼吸道疾病、呼吸道炎症和慢性呼吸系统疾病。高浓度的 NO_x 还会加重病毒性感染,比如常见的感冒。

——水活性氮污染对健康的影响。氮肥的硝酸盐类和家畜的排泄物以各种方式进入溪水、河流、湖泊和地下水,使地下水源的硝酸盐类浓度超过世界卫生组织 10 ppm 的限值。高浓度的硝酸盐类会导致婴儿罹患高铁血红蛋白症,即"婴儿青紫疾病"。患该病时,硝酸盐离子削弱了血红细胞的携氧能力。流行病学研究还表明,在饮用水硝酸盐类浓度高于 10 ppm 时,患膀胱和卵巢肿瘤的危险性会增加。

——食物活性氮污染对健康的影响。人们一旦从受污染的瓜果蔬菜和饮用水中摄取过量的硝酸盐,有可能患上高血压、先天性中枢神经系统残疾和非霍金氏淋巴瘤。大量医学研究证明,肝癌、胃癌等症的发病率也与人体摄入的硝酸盐量密切相关(图7)。其他氮污染的间接健康效应,还包括为霍乱的发生创造条件,以及促进携带西尼罗河病毒、疟疾和脑炎病毒的蚊子的繁殖等。

氮污染使我们不得不面对地下水和饮用水中 NO_3^- 超标、健康水平下降、医疗费用增加、环境质量整治等一系列的公共卫生问题。

5. 氮污染的两面性

活性氮污染在全球已经达到非常严重的程度,但不同地区的差异很大,主要的热点地区是世界上所有的工业化国家。美国、欧洲和亚洲大部分地

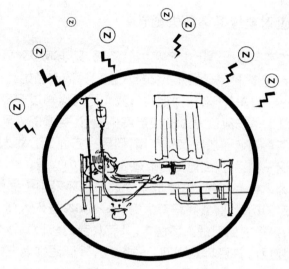

图7　氮污染对人体健康造成极大伤害（设计:徐雅雯;绘图:刘丽萍）

区（包括中国）活性氮的过度生产和使用导致污染在惊人地增长。有些地区的大气氮沉降物是有人类活动之前的十倍或更多,有些地区则相对较慢。

　　但活性氮的增加并不全都是负面的,它也发挥着有益的作用,比如在减少世界上许多地方的饥饿和营养不良方面发挥了重大的作用。预计到2050年,全球人口将达到90亿,而且很多地区的人均资源与粮食消耗量将增加。绝大部分活性氮的增加都与食物生产有关,据估计,全球氮肥产量到2050年将达到1.35亿吨/年。随着人口的持续增加,减少人为固氮量将非常困难。人类需要集约农业以支持人口的不断增长,集约农业需要大量的活性氮,通过氮肥的增加来促进粮食产量的增长。

　　目前,氮肥生产和应用增长最快的地区是一些人口增长最快的发展中国家,特别是在近十年中人口密集的亚洲和非洲。据瑞典《Ambio》杂志在2002年3月刊上的报道,氮肥的使用使世界人口最多的国家的至少三分之一的人口摆脱了营养不良,享有足够的食物。

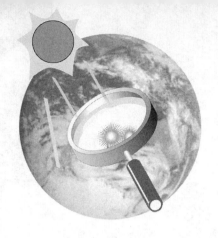

四、如何应对全球氮循环失衡？

如何使氮的利用既能满足生产和生活需要，又能减少对环境的负面影响，这是一个新的重大挑战。虽然氮循环失控已经造成了如此严重的后果，但是俗话说得好，"亡羊补牢，未为迟也"，我们仍可以通过自身的不断努力来挽救这场灾难。首先应该通过各种宣传渠道，让更多的人了解到活化氮的增加一方面能有效地增加农产品产量，但另一方面又会对人类生存环境产生严重影响这一事实，提高对氮污染造成的危害的认识。

要想使氮循环恢复正常，关键是减少进入到环境中的活性氮的数量。用于保证粮食产量的氮肥，最终只有大约 2%～10% 进入人体，比例的大小随地区而不同，剩下的氮则进入环境中。所以，我们应该采取有效途径，使活性氮发生脱氮反应并使其返回到分子态 N_2，降低活性氮在大气层、地下水、土壤、生物区系等环境中的累积。

美国斯坦福大学地球科学系梅森（Pamela Matson）教授说，一个更实际、低技术难度、低成本的解决方法是改进农民轮种作物和土地施肥的方法。她举的是美国中西部农民秋天施肥的例子。在那些天气无法预测的地区，许多农民都故意过量施肥，而不会去冒因肥料缺乏而歉收的风险。这样，冬季积雪在春季融化时冲刷掉的肥料的数量远远超过留在土壤中的肥料的数量。如果农民使用的方法比较恰当，在需要的时候添加适量的氮肥，就能大大降低氮肥的污染。

减少氮污染必须采取综合措施才能取得真正的效果。美国制定的养猪场减少氮损失制度，强制建造一个放置废弃物的污泥塘以减少排入水源的活性氮。废弃物被贮存在这些大的污泥塘中，然后暴露于空气中释放氨，随后将烂泥播撒到种植作物的土地上。这样能有效地使氮不释放到河流中去，但是它使氮转移到了大气层。所以氮污染的管理需要有综合性的政策，要像管理其他污染物一样管理氮。在欧美，已经有不少氮污染管理的法律法规，但在发展中国家尚有很长的路要走。

除了制定规章制度，还要下大气力研究，了解氮循环的规律，通过高科

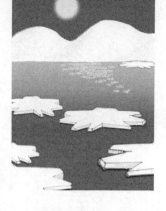

技方法来控制氮污染。已有人提出,有朝一日或许可以用转基因工程处理共生菌的技术,直接赋予谷物固氮能力,并能控制微生物将活性氮脱氮并使其还原到分子态 N_2。

　　人类正在全球性地改变氮循环,其速率超过任何一种主要的生物化学循环。我们真应该下大气力采取行动了。随着对氮污染研究的深入和相关科学技术的发展,人类一定能够做到在采取相应措施进行治理的同时,避免对社会经济系统产生重大影响。

第二编

全球变化之
气候变化

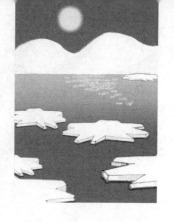

冬雪若成追忆　那时已是惘然

周　婷

什么叫冰？堆雪人又是什么？在未来的某一个冬天，孩子们会不会发出这样的疑问？

暖冬，越来越多地成为大家谈论的话题。"三九四九冰上走"的时节渐渐留在了我们的记忆里。午后，冬日的阳光照在身上，宛如置身明媚的春天。电视镜头里，北极冰原、内陆冰川大块大块地融化，北极熊无处立足，岛国居民无家可归……我们的心灵受得了极大的震撼，沉重的担忧随之而来——寒冷会不会终有一天离我们远去？

一、春节到哪里去看雪？

"忽如一夜春风来，千树万树梨花开"。未来的孩童，会不会在将来某一天无法去体会这千古名句的真正含义？暖冬正在世界许多地方出现，而且趋势愈演愈烈。

来自美国的报道，暖冬就像美国国家海洋和大气管理局（NOAA）预报的那样如期上演了，华盛顿特区的樱花提前开了，国家动物园的动物不肯冬眠，冬日滑雪无着无落……圣诞无雪、新年无雪，在失望中进入 2007 年的时候，美国人对雪的渴望抑制不住地表达了出来，"冬天在哪里？"（图1）。2006 年冬天美国东部地区出现了异常的暖冬现象，以往这个时候，纽约等地应该是一片白雪皑皑的景象，但那一年的纽约却温暖如春。此外，原本应该在初春绽放的水仙、樱花都提前在新年期间开放了。

日本气象厅 2007 年 3 月 2 日的观测数据显示，日本 2006 年 12 月至 2007 年 2 月全国平均气温达 5.92 ℃，比往年平均气温高 1.52 ℃。到新宿御苑赏樱是居住在东京的人们乐此不疲的事情。通常 2 月 20 日前后，苑内最早开花的品种"寒樱"就迎来了怒放期。2007 年 2 月 17 日适逢周

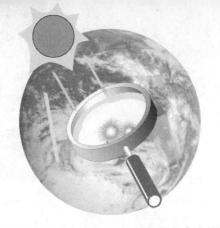

何为暖冬?	当某年 12 月至次年 2 月三个月的平均气温比近 30 年间期的平均气温高出 0.5 摄氏度以上,这个冬季可视为"暖冬"。
判断暖冬 四个依据	一是入秋以来气温持续偏高 二是秋冬旱情严重、降水少温度低 三是出现灰霾的天数较多 四是秋冬平均风力较小

图 1 圣诞节温暖如春

六,期望着"寒樱"开得正好,一大早就有游人陆续来到新宿御苑,却失望地看到满地樱花瓣铺成的地毯……

根据法国气象台发表的报告,法国 2007 年元旦以来出现罕见的暖冬,全国平均气温比往年同期高 8 ℃左右。而且法国东部和中部许多城市的夜间最低气温都创了新高。瑞士气象局发布消息说,该国 2006—2007 年

冬季 3 个月的月平均气温比 140 多年以来有正式记录的冬季月平均气温高出约 3 ℃,创下历史纪录。俄罗斯水文气象局专家称,莫斯科 2006—2007 年冬季气温的反常不仅在于创下历史新高,而且高温天气持续时间长,这在莫斯科市有气温记录以来的 120 年中还是头一次。加拿大环境局 2007 年 3 月 20 日公布的数据显示,2006—2007 年冬季,加拿大大部分地区平均气温高出正常年份 3 ℃,为有气象记录以来的第二暖冬。往年到圣诞节时,德国早已经下过好几场雪,到处都是银装素裹;而 2006 年圣诞节前,德国大部分地区只下过两场小雪,而且下过之后很快就融化了。2006 年冬天是德国自 19 世纪中期有气象记录以来最暖和的一个冬天,气温比多年平均值高出大约 4.5 ℃。

20 世纪末期我国已经连续经历了 14 个暖冬;21 世纪以来除 2007 年华南地区外,也是全国性暖冬。中国气象局的预测显示,2008 年冬天将成为我国自 20 世纪 80 年代中期以来的第 23 个持续暖冬。据新华社乌鲁木齐 2009 年 1 月 10 日电,受全球气候变暖的影响,素有中国第二"寒极"之称的新疆富蕴,近 20 年来出现 16 次暖冬天气,尤其是近三年来,这里接连出现异常暖冬年,以往近 -50 ℃的酷寒如今很难再现。据介绍,近年来富蕴年平均气温均异常偏高,过去年平均气温只有 1.9 ℃,目前年平均气温已达 2.6 ℃,这种异常偏暖的冬季在有气象记录以来均很少见。另有报道,连续的高温暖冬现象使沈阳冰雪节的冰雕、雪雕融化严重,大部分已开始倒塌变形。南方也不例外,2009 年 1 月,广州人仿佛仍然生活在初夏,街头不时可见到身着短袖衫的市民,暖冬静风使广州的春节笼罩在轻度的灰霾之中。而像这样的暖冬,广州人已经连续经历十几个年头了。

从世界各国的情况不难看出,如今的冬季,在世界许多地方已经是名副其实的"全球暖冬"。事实上,从气象学上来说,"暖冬"并不是最近几年的现象。根据德国波茨坦气候变化影响研究所的统计数据,在过去 30 年里,暖冬出现的频率大大超过以往,已成为普遍现象。只不过近些年的"暖冬"让人切身感受到实在太过温暖,如今的冬天太不像"冬天"了。

亲身经历这样反常的冬季,全世界人们的普遍第一反应就是"全球果

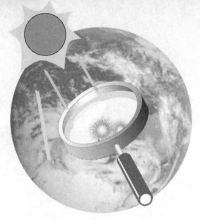

真变暖了"。那么,失去了雪花飘飘的冬日为我们带来的除了暖阳还有什么呢?

二、几家欢喜几家愁

1. 享尽冬日暖阳

没有凛冽的寒风,我们尽情地享受着冬日的阳光,暖冬的确为社会生活带来了一些便利。

暖冬有利于节约能源,一定程度上降低了交通运输、农田水利建设、居民采暖设施和大棚蔬菜等方面的建设成本,中国气象局国家气候中心对2005—2006年冬季北方采暖能耗进行的评估表明,北京、河北、山西、陕西、甘肃和青海冬季偏暖,采暖能耗相应较常年同期减少2%～5%,其中青海冬季偏暖明显,采暖能耗减少了21%。能耗减少,供暖排放也会相应减少,从而使大气污染程度减轻。

温暖的气候还为人们的户外作业、户外活动和外出旅游提供了有利的气候条件。气温偏高还有利于牧区牲畜安全越冬,促进农作物的生长发育。

2. 心忧炭贱愿天寒

温暖如春的冬日,却温暖不了靠寒冷天气赚钱的商家,滑雪场无雪可滑,公园的冰场变成了水塘,各大商场冬装滞销。美国联邦储备委员会公布的报告显示,受异常暖冬天气的影响,美国公共事业企业生产下降了2.6%。

最令人关注的是,由于暖冬,原油需求减少,美国汽油、燃油及柴油的库存都增加了,纽约、伦敦全球两个主要交易所油价大幅下跌,世界经济也与之同冷暖。

尽管暖冬对全球经济的影响尚缺乏系统研究,然而这位"不速之客"无疑改变了原有的经济环境。暖冬对经济影响比较明显的现象有油价下降、耐寒商品滞销、滑雪等旅游业不景气等,但其对全球经济新秩序的影响更为深远。世界银行前首席经济学家斯特恩爵士(Sir Nicholas Stern)主持的

一份研究报告称,气候变暖将使世界国民生产总值减少20%,全球可能因此而陷入经济衰退。他建议今后应花更大的气力来应对气候变暖对经济的影响。

3."病毒宝宝"成功越冬

不少人以为,"气温高了,天气暖和了,生病的人就会减少"。其实不然。全球变暖和暖冬,反而会导致人的御寒能力和抗病能力明显减弱!

冬季不冷,就不易冻死那些越冬的病菌,包括那些飘浮于空气中以及散落在灰尘、物体上的微生物。在条件恶劣、不适合生存的寒冬,它们会以不同的生命形态休眠;然而一旦感受到适宜的温度、湿度等有利环境,它们就会马上生长繁殖。此外,目前室内普遍同时使用空调和加湿器,空气中的水汽增多,加上合适的温度,一些霉菌、细菌都会有所萌动(图2)。空气中有害微生物进入呼吸道,人就会染上疾病。对老人、儿童等体弱者而言更是如此。

图2 暖冬时节病毒"肆虐"(设计:周婷;绘图:全海)

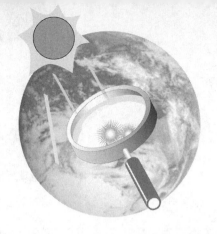

4. 动物失眠

暖冬在某种程度上还会打乱动物的生物钟,比如在爱沙尼亚,由于出现 200 年来最温暖的冬季,有些野生熊提前从冬眠中醒来。俄罗斯一家动物园中也出现类似现象,还有的熊干脆没有冬眠(图 3)。上海野生动物园里,几条国家一级保护动物扬子鳄也是迟迟不见打洞冬眠。

图 3　失眠的熊和迟迟未迁徙的野鸭(设计:周婷;绘图:全海)

许多候鸟是根据温度来启动越冬迁飞的,如果冬天变暖,气温无法低至一定程度,它们得不到温度信号,其迁飞行为就会推迟。如在中国,大批野鸭因为气温过高迟迟没有迁徙(图 3),而北京什刹海野鸭岛上的野鸭开始提前下蛋。这种气候条件下,如气温突然变冷,这些动物就会有被冻死的危险。

暖冬对昆虫的繁殖同样会产生影响。例如,蝗虫等昆虫一般会在冬天产下最后一批卵,而这些卵本应在来年春天发育成成虫。当冬天气温过高时,这些卵就可能提前发育成成虫,并进行交配,结果导致该种类昆虫多出一代,最终可能导致该种类的数量激增。暖冬导致虫卵提前发育,还可能

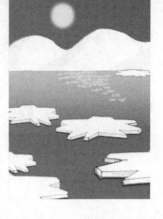

造成另一种结果:如果虫卵在发育过程中突然遭遇寒流,那么它们就很可能被冻死,结果导致该种类昆虫少了一代,最终可能造成该种类的灭绝。

5.暖冬的其他效应

暖冬的效应不仅局限于前文所述,对社会系统和自然生态系统还有多方面的影响。

农作物的"揠苗助长":持续温暖的气候条件使有些地区的作物生长过快,从而影响作物的产量和质量。气温持续偏高,促使北方冬小麦旺长,南方油菜旺苗,抗寒能力降低,赶上春季低温就容易受冻害。除此之外,随着气温明显偏高,会造成蒸发量增大,不利于土壤保墒,使干旱加剧。

生态系统"贫富不均":中山大学彭少麟教授的研究团队的相关研究表明,暖冬会加剧外来种的入侵和有害植物的暴发。温度升高对薇甘菊、金钟藤等的种子萌发和幼苗生长有明显的促进作用,对外来物种的化感作用有强化效应,从而有利于这些外来物种的成功入侵。

物种的"性别错乱":蛇、蛙、鳄鱼、海龟等两栖类和爬行类动物的后代性别是由温度决定的,当气温上升到一定程度后,就可能出现一些动物的后代全是雄性或全是雌性的现象,结果某些动物的繁殖能力就可能特别强,而某些动物的繁殖能力则会特别弱。

城市大气环境"雪上加霜":汽车尾气、工厂废气等的排放日益严重地污染着城市的空气,而在温度高、冷空气活动弱的天气情况下,从地面到1500米空中会形成"逆温层",就像一个隔离层,阻挡了地面发射辐射的热量以及污染物的扩散。如果碰上空气湿度比较大,污染物还会附着在水分子表面形成雾,使大气透明度降低。

三、谁夺走了我的雪人?

儿时,堆雪人无疑是我们最美好的回忆之一。而今,不管你愿不愿意承认,堆雪人也许渐渐会成为一种奢望(图4)。是谁带走了我们的雪人?

暖冬的频繁出现并非偶然,它与全球变化以及海洋、大气等因素的关系异常密切。

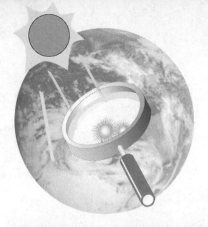

图 4　雪人是否会消失不见（设计：周婷；绘图：全海）

在全球气候变暖中，冬半年的增暖要比夏半年明显，而高纬度地区的增暖要比低纬度地区明显，所以暖冬就成为大家感受比较明显的气候现象，而北方的暖冬要比南方更明显。

据气象部门统计，我国气温存在着 30 年左右的冷暖交替变化趋势，20世纪 20 年代以前为冷期，20 年代至 40 年代为暖期，50 年代至 70 年代又为冷期，80 年代后又转入一个暖期。在暖期里，暖冬比冷冬出现的几率要高得多，自 20 世纪 80 年代中期变暖以来，我国冬季 70％以上的年份是暖冬。专家们分析，暖冬的频繁出现与这个时期全球持续增暖、火山爆发减少、厄尔尼诺事件频发、欧亚大陆冬季积雪偏少、东亚冬季风减弱、西太平洋副热带高压增强的阶段性特征基本上是一致的，这就是这一时期我国频繁出现暖冬的主要原因。可以说，中国暖冬的直接原因主要是大的环流背景不利于冷空气南下，而导致这种大气环流变化的原因则是全球气候变暖、北极极涡收缩和厄尔尼诺。

各国科学家对本国的暖冬均有相应的解释。德国 2006—2007 年出现

暖冬的直接原因是,从大西洋移向中欧的低气压偏多,并且持续时间较长,而低气压会使冬季月份变得温暖湿润。日本气象厅预报官高桥俊二在接受《参考消息》记者电话采访时说,2006—2007冬季日本整体气温偏高的原因主要是"北极涛动"。所谓"北极涛动"是指北半球气压变动的一种型式,今年北极上空气压比往年低,造成中纬度上空气压偏高,从而使北极附近的寒流不容易南下。而在城市,热岛效应是造成暖冬的一个不容忽视的因素。厄尔尼诺和二氧化碳排放引发的全球气候变暖也在其中推波助澜。

造成暖冬的因素非常多,有自然方面的,也有人类活动方面的;有地球系统内部的,也有地球系统外部的;有大气圈的,也有海洋圈、冰冻圈。这些因素的作用并不完全一样,有的是直接作用,有的是间接作用;有的起主要作用,有的起次要作用。它们之间的相互作用制约着冬季的冷暖变化趋势。

四、莫让雪花仅飘洒在童话世界

人类的文明是宇宙的一大奇迹,大自然赐予了人类春花秋实、四季更替,人类遵循着自然规律繁衍生息。温暖是我们的向往,有规律的寒冷也是我们的期待。失去了寒冷的冬季,就意味着生活脱离开原有的轨道,其影响也是灾难性的。近百年的气候变化已经给全球的自然生态系统和社会经济系统带来了重要影响,未来气候变化的影响也将是深远而巨大的。

在刀耕火种、茹毛饮血的时代,大自然是人类的庇护所。而今,人类自恃的科技正一步步改变着孕育我们的环境。我们制造了飞机,跨越了距离;发明了克隆,改写了遗传……似乎人类已无所不能。当人类还在为自己非凡的能力而目空一切时,大自然已逐渐通过各种信号给我们发出了警示。纵然我们的空调可以使房间四季如春,又如何给我们的地球降温?造雪机即便能让雪花苍苍茫茫地铺满山野平川,又如何能"兆丰年"?

大自然是需要敬畏的,人类的任何行为都必须遵循与自然和谐相处这一前提。好在我们还来得及纠正错误的认识和行为。留给子孙后代的,不仅仅是现代化的高科技,还有自然的绚烂多姿。童话中的"白雪公主"是美丽的化身,我们决不能让冰天雪地只是出现在童话世界里,我们要留住大千世界的生灵万物,更要为了人类自身世世代代的延续而不懈努力。

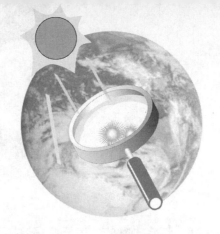

圣子兄妹——厄尔尼诺与拉尼娜

任文韬

一、"诺亚方舟"与"圣子兄妹"

《圣经》中记载,在很久很久以前,亚当夏娃由于偷吃禁果,被逐出了伊甸园。他们开枝散叶,子孙后代越来越多,人类逐渐布满了整个大地。后来,亚当的一个后代——该隐——由于嫉妒杀死了自己的弟弟,从而揭开了人类互相残杀的序幕。人世间的怨恨与恶念日益增多,上帝看到世间的种种罪恶十分愤怒,后悔创造了人类,决定用洪水毁灭这个已经败坏的世界。诺亚因为心地善良而得到上帝的怜悯,他受上帝的指点制造了一条巨大的方舟,带着家人和一些动物从这次大灾难中幸存下来。幸存者不敢忘记从前的错误,从此辛勤劳动,和睦相处,人类社会因而得以延续。

时至今日,上帝的惩罚再次降临人间,这次惩罚的执行者是"圣子兄妹"——"圣婴"厄尔尼诺和"圣女"拉尼娜——它们通过扰乱地球气候给人类带来灾难。

1982—1983 年,通常干旱的赤道东太平洋地区降水显著增多,南美西部出现反常暴雨,厄瓜多尔、秘鲁、智利、阿根廷、巴西等国家遭受洪水袭击,厄瓜多尔的降水比正常年份多了 15 倍,洪水造成几十万人无家可归。在美国西海岸,加州沿海公路被淹没,一些州的洪水和泥石流巨浪最高竟达 9 米。太平洋西岸的澳大利亚因干旱而引发大火,造成多人死亡;干旱使得小麦减产一半。同处太平洋西岸的印度尼西亚 1982 年下半年的降水量只有常年的一半,8 月和 9 月印度尼西亚森林大火产生的烟雾使邻国马来西亚的能见度降低,持续时间达 6 个星期之久,致使航运中断。南部非洲的一些国家也出现连续高温的天气,干旱造成粮食大幅度减产,使得南部非洲国家不得不在近代历史上第一次进口玉米。在中国,多条河流洪水

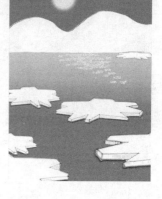

泛滥,南方先是洪灾,继而又发生干旱;龙卷风、冰雹等强对流灾害也频繁发生。世界气象组织(WMO)的一份报告指出,1982—1983 年厄尔尼诺带来的气候异常事件给全球造成 130 亿美元的直接经济损失,间接和潜在影响难以估计。

1997—1998 年,厄尔尼诺事件的强度更大了。秘鲁中北部和厄瓜多尔西岸出现频繁的暴雨,造成了洪水和泥石流灾害。智利北部 6 月连续两天的降雨量竟相当于过去 21 年的总和,引发了严重的洪水灾害。南部非洲又出现了严重的干旱,使大约 500 万人口面临饥荒的威胁,高温使得草场大火不断发生。在西太平洋地区,印度尼西亚再次发生森林大火,能见度降低并引起飞机失事;菲律宾五个大水库的水位明显低于常年;巴布亚新几内亚河流干涸,庄稼枯萎,农作物大面积减产,这个 400 多万人口的国家约有 100 万人面临饥饿的威胁。中国 1997 年北方高温干旱,黄河断流持续时间之长,破了新中国成立以来的纪录;西北地区冬季异常寒冷,华东地区冬季强对流灾害频繁发生。1998 年的暴雨导致长江发生持续两个多月的全流域大洪水,高水位持续时间之长,仅次于 1954 年大洪水;福建闽江、广西西江以及东北的松花江、嫩江也发生了特大洪水。据统计,1997—1998 年厄尔尼诺带来的气候异常造成至少 2 万人死亡,全球经济损失达 340 多亿美元。

拉尼娜给人间带来的灾害也不可小觑,1998 年末这个"圣女"继"圣婴"厄尔尼诺之后也偷下凡间,在人间逗留了近两年,令世界不少地方出现风雪、严寒、干旱、暴雨等气象灾害。2008 年初中国南方地区那场低温雨雪冰冻灾害也主要是由拉尼娜引起的。

二、"圣婴""圣女"诞生在龙宫

"圣婴""圣女"何许人也? 在中国古代神话中,海龙王指挥雷公电母,控制着人间的天气;如今,在东海龙王的管辖区域——太平洋中东部区域,出现了两个新的控制气候的"邪神"——"圣婴"和"圣女"(图 1)。在南美洲秘鲁的西部沿岸海域,有著名的秘鲁寒流流过。在东南信风的吹拂下,

图1 "圣婴""圣女"在太平洋诞生(设计:任文韬;绘图:黄明敏)

这里表层海水从岸边向西边的大洋深处流去,深层冷海水因此上升补充,带来了许多营养物质,使得浮游生物大量繁殖,吸引了大量的鱼群,这里因而成为世界著名的四大渔场之———秘鲁渔场。然而在某些年份,这里会出现一股暖流,使表层海水的温度明显升高,这时浮游藻类减少,喜冷的鱼类大量地热、饿而死;死鱼腐烂分解形成的硫化氢气体甚至将沿岸的船只染成了黑色,天空中的飞鸟也跟着遭遇悲惨的命运,以鱼儿为食的大量海鸟由于缺乏食物而饿死,被冲到岸边的海鸟遗骸在秘鲁的海滩上随处可见。西方的人们信仰上帝,对于这种当时还弄不清楚原因的"天灾",无可奈何的渔民将其称为"El Niño"(音译为"厄尔尼诺"),西班牙语的意思是"圣婴"。

在科学上,厄尔尼诺现象指的是赤道附近中东部太平洋大范围海水异常增温以及由此引起的大气环流发生异常变化的现象。赤道附近太平洋中东部海域的表层海水温度偏高0.5℃并持续6个月以上,就称为一次厄尔尼诺事件。由于热带太平洋是一个巨大的热源和水汽源,因此,厄尔尼诺事件的发生将引起全球范围的气候异常。厄尔尼诺现象的基本特征就

是海水温度异常升高(图2)。海水的比热容比空气大得多,按照比热容计算,100米厚的海水层温度变化0.1℃所释放的热量可以使其上方的大气温度升高6℃,由此可以想象厄尔尼诺这样一个持续半年甚至更长时间的大范围海水增温现象对大气产生的影响会有多么的大。

"圣女"叫"La Niña"(西班牙语,音译为"拉尼娜")。拉尼娜现象指的是赤道中东部太平洋海水温度异常偏低的情况,与厄尔尼诺现象正好相反,因此有时也把她称做"反厄尔尼诺现象"。拉尼娜特别喜欢跟在厄尔尼诺的后面出现,据科学家估计,70%的情况下,厄尔尼诺事件之后会发生拉尼娜事件。

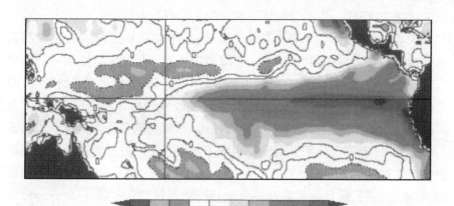

-2 -1.5 -1 -0.5 0.5 1 1.5 2 3 4 5

图2　1998年1月厄尔尼诺事件发生时,热带太平洋温度升高情况
(图例中数字表示温度偏高的度数)

(引自 http://www.hko.gov.hk/education/edu01met/wxphe/article/46-nclau.pdf
刘雅章. 1998. 厄尔尼诺:太平洋之子. 二十一世纪, 46: 100-111)

三、"圣婴""圣女"的助手——沃克环流

一人不足以成事,所以"圣婴""圣女"找来了一个帮手——沃克环流。

我们都知道冷热不均会引起大气运动,沃克环流就是由太平洋东西两岸冷热不均引起的大气垂直环流。赤道太平洋东岸的表层海水,在东南信

风的吹拂下往西岸移动,其下部的海水会上升以补充流走的表层水,由于下层的海水较冷,因此太平洋东岸水域的水温较低。在太平洋西侧靠近赤道的水域,由东部吹过来的表层海水在这里聚集,堆积的水可达 10000 亿立方米,因此这里的海面比东太平洋冷水区要高几十厘米。水有较强的蓄热作用,这里的海水很少流动,温度较高,被人们称作"暖池",面积差不多和美国国土面积一样大,堪称全球最大的热源。沃克环流就是在这冷、暖两个区域间循环的。在西太平洋,"暖池"赋予其上层大气巨大的热量,空气受热膨胀上升 6~7 千米高度后向东偏南方向移动,在东太平洋较冷的洋面上下沉,然后沿赤道向西运动,到达西太平洋,补充那里因上升运动而流失的空气,这样一个闭合的环流圈就是"沃克环流"。

在厄尔尼诺发生的年份,东南信风减弱,维持赤道太平洋海平面西高东低的力量消失,水面较高的西太平洋的暖水就向东蔓延。冷暖水的区域开始发生变化,原来覆盖在西太平洋的暖水层变薄,海面温度开始下降;而东侧的海平面逐渐上升,温度升高。海温的改变导致了气压的变化,太平洋两侧的气压差变小导致沃克环流被削弱。同时,随着西太平洋暖水区的东移,沃克环流的上升与下沉位置也跟着发生东移。温暖湿润的上升气流会带来丰富的降水,当沃克环流的上升位置随着暖水区东移后,原本湿润的澳洲北部和印尼地区就会发生干旱,这是"圣婴"——厄尔尼诺——带给人间的第一个灾害。同时,由于沃克环流上升位置的东移,中、东太平洋的降水显著增加,使得原本干旱的太平洋东岸的南美国家变得暴雨连连,这是"圣婴"下凡后带来的第二个灾害。"暖池"的暖水东流使得占全球面积三分之一的太平洋都热了起来,所以"圣婴"下凡时整个世界都是热浪袭人。

而在拉尼娜事件发生时,情况正好相反。此时东南信风强度加大,更多的东岸表层海水被吹往西岸,下层冷海水上涌得更加厉害,造成太平洋中、东部地区的海水温度降低,沃克环流的下沉位置向西边移动,从而带来异常的气候(图3)。

图 3 "圣婴""圣女"干扰太平洋水汽平衡（设计：任文韬；绘图：黄明敏）

四、"圣婴""圣女"下凡为祸为哪般？

    厄尔尼诺和拉尼娜主要是通过海洋与大气的相互作用来影响气候。在以往的事件中，厄尔尼诺在太平洋东岸引发南美各国的暴雨，在太平洋西岸则造成印度尼西亚等国以及澳大利亚东部的干旱（图 3）。除了对赤道太平洋两岸地区气候的直接影响外，厄尔尼诺还通过遥相关对其他相对遥远地区的气候产生影响，如较近的有巴西东北部和中美洲的干旱，加拿大西南部和美国北部的暖冬；较远的有南部非洲的干旱与东非的多雨。"圣婴"的另一个助手——赤道地区与副热带地区沿南北方向循环的"哈得来环流"在将其影响扩散到中、高纬度地区的过程中起到了重要的作用。"圣女"拉尼娜对气候的影响相对来说没有哥哥厄尔尼诺那样严重，科学家认为，拉尼娜事件可能给北美洲西部、南美洲以及非洲东部地区带来干旱威胁，而给东南亚、非洲东南部以及巴西北部地区带来洪灾。拉尼娜对我国气候的影响主要是使我国夏季汛期的主要降水带北移，热带风暴发生的

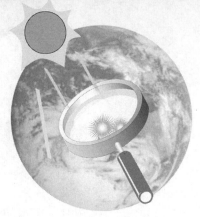

频次增多,黄渤海地区冬季冰情加重等。

"圣婴""圣女"影响气候的同时还对生态系统造成严重影响。如厄尔尼诺发生时,东太平洋海水温度的升高使得活跃在这一海域的鱼群大量迁徙或死亡,海滩随处都是死鱼与海鸟的尸骸,海岸生态系统遭到严重破坏。"圣婴"给西太平洋沿岸国家带来干旱,并因此引发森林火灾,仅1997年印度尼西亚雨林消失的面积就达200万公顷,对当地的生态环境造成了巨大的破坏,一些生活在原始森林中的稀有动植物面临灭绝的威胁。厄尔尼诺事件引起的海温异常增高还会导致沿海珊瑚的大量死亡。

由于厄尔尼诺与拉尼娜事件带来的巨大影响,人们谈之色变,媒体称之为"气象恶魔";人们有时容易把所有气候异常现象都与厄尔尼诺、拉尼娜联系起来,这其实是不科学的,因为有些气候灾害并不是由它们引起的。另外,虽然"圣婴"劣行累累,但他在带来灾难的同时也给人间带来些许惊喜。在东太平洋的南美海岸,"圣婴"下凡时虽然喜冷的鱼类减少了,但喜暖的鱼类数量却增加了。秘鲁沿岸是数百里宽的沙漠,土地贫瘠,但

图4 "圣婴"带来洪灾与森林火灾(设计:任文韬;绘图:黄明敏)

1982—1983 年的厄尔尼诺事件带来的大雨却使得那些在沙漠中沉睡的种子和根茎展现出新的生机，许多地方绿草如茵达数月之久。1997—1998年的厄尔尼诺事件也曾使得肯尼亚常年干枯的草原一度展现出勃勃生机，长期水源枯竭的挪古洛湖再现粼粼波光，百万只火烈鸟因而重返家园。

五、"圣婴""圣女"真的是上帝派往人间的吗？

旧时人们由于认知有限，容易把一些人类无法掌控的事情归因于神仙。"圣婴""圣女"虽负有"圣名"，但是在现在，人们不可能会相信它们是由上帝创造的，而会选择从科学上去寻求解释。关于这两种现象，对厄尔尼诺的研究相对较多，从有厄尔尼诺现象的记录以来，科学家们就一直在探索其成因，并提出了许多假说。

美国科学家曾通过研究太平洋珊瑚礁中氧同位素的含量来推算海水温度和含盐量的变化，进而分析曾经发生过的厄尔尼诺事件。研究结果表明，在 19 世纪末的时候，厄尔尼诺发生的频率大约是 10～15 年一次。而从 1950 年至今，总共发生了 16 次厄尔尼诺事件，20 世纪 90 年代内竟然发生了 4 次。科学家从厄尔尼诺发生的频率增大、而同一时期地球平均温度有所上升这一点上推断，厄尔尼诺的猖獗同地球温室效应加剧引起的全球变暖有关。假若这个推断是真的，那么全球变暖是怎样提高"圣婴下凡"频率的呢？

有学者提出"高温触发假说"，认为厄尔尼诺事件是由偏高的气温所触发的。正常年份沃克环流上升东行到太平洋东岸时会由于低温海水造成的高气压和安第斯山脉的阻挡而停止东进，下降西行回到发源地。而厄尔尼诺事件发生的年份一般都是比较热的年份，较高的温度使得沃克环流在太平洋西岸受热上升的高度更高，东行后越过了安第斯山脉，下降后西行回发源地时又遭到了安第斯山脉的阻挡，这样原本沃克环流西行的部分就减弱了。信风是维持热带太平洋水位西高东低和海面温度西暖东冷这一正常结构的支柱，当信风减弱时，太平洋西岸的暖海水就会由于重力势能的作用而向东流动，由此触发了厄尔尼诺事件。

　　厄尔尼诺事件的一个重要特征就是"热",它的发生是由太平洋中、东部海域的海水异常增温开始的,各大新闻报刊就曾经刊登过这样的预测:"厄尔尼诺+全球变暖=2007史上最热"。因此,也有学者认为,厄尔尼诺事件是导致全球变暖的一个因素。全球变暖导致厄尔尼诺事件发生的频次升高,厄尔尼诺的发生又让地球变得更暖,那么,或许厄尔尼诺是大自然派给"全球变暖"的一个帮手?

　　但也有科学家指出,20世纪初厄尔尼诺现象也曾频繁出现,而当时人类尚未大规模使用矿物燃料,不能用二氧化碳排放增加引起全球变暖来解释这一现象。他们认为,自然因素同样可能是影响厄尔尼诺现象的重要原因。关于自然因素引发厄尔尼诺的假说有"海底火山爆发说""地球自转说""海底热流说"等。"火山爆发说"认为,在火山喷发前后,上涌的岩浆可沿海底狭窄的裂缝水平侵入达数百千米,海温的最大暖中心一般会首先出现在这些火山喷发区或海底热液区附近,然后沿洋流方向移动、扩散,合并加强后就可能发展成为厄尔尼诺事件。"地球自转说"认为,当地球自转大幅度持续减慢时,惯性使得赤道附近的海水和大气有一个向东运动的趋势,引起赤道信风与向西的水流减弱,暖水东流,东太平洋涌升流受阻,从而导致厄尔尼诺事件的发生。"海底热流说"则认为,地球岩石圈中存在着以热液流体为主的相当于水圈中液体总量的另一个"大洋",东太平洋的热水流体活动比西太平洋强烈,大量的高热水流注入东太平洋,使海水温度升高,最终诱发厄尔尼诺事件。

　　无论是从人类活动因素出发还是从自然因素出发,目前每一种假说都无法完整、全面地解释厄尔尼诺发生的原因,但它们都有着自己的依据和合理性。我们应该清楚的是,一种假说并不意味着另一种假说的错误,一次厄尔尼诺事件的发生可能是许多复杂因素共同作用的结果,科学家们还需要进行大量的观测与研究才能最终解开"圣婴""圣女"兄妹的谜团。

全球暖化中的寒冷

任文韬

一、令人忐忑的寒冷天气

1. 末日浩劫

"在加拿大北部、西伯利亚和欧洲苏格兰的上空,出现了三个巨大的低气压云团,在它们的影响下,北半球出现了各种极端的天气灾害:日本东京遭到直径达十多厘米的冰雹袭击;龙卷风将洛杉矶的车辆卷上天空;自由女神像被飓风产生的海啸吞没,万吨级轮船直接漂入纽约市区。风暴的旋转把对流层高层的冷空气直接拉向地面,使得三个大风暴的中心眼区温度极低,政府派出救援的直升机燃油在管道内冻结,螺旋桨瞬间冻住停止旋转,飞机直接坠落;经过风眼时,上一秒钟还在飘扬的美国国旗被瞬间冻住,像拍照片一样定格在飘动的状态。美国北部各州全部被暴雪覆盖,美国与墨西哥边界处的格兰德河畔出现了反向移民浪潮,大量的美国公民为躲避严寒而跨越边境线涌入墨西哥。一周之后,宇宙飞船上看到的地球,整个北部都是白皑皑的一片,冰雪覆盖了整个北半球。又一个冰河期就这样来临了。"

为何这么大的事情没有媒体报导,莫非灾难信息被政治封杀?原来,这只是科幻片《后天》中的场景。虽然电影中的场景都是虚幻的,但这部科幻片却并非毫无根据,据说它是源于美国国防部出资 10 万美元,委托全球商业网络咨询公司(GBN 公司)做的一份秘密报告。这份名为《气候突变的情景及其对美国国家安全的意义》的报告指出:到 2010 年,亚洲和北美洲的年平均温度下降达 2.8 ℃,北欧下降 3.3 ℃;到 2020 年,欧洲沿海城市将被上升的海平面所淹没,英国的气候将像西伯利亚一样寒冷干燥。虽然

这份报告只是分析可能出现的最坏最极端的情况,而《后天》也只不过是一部科幻电影,可它还是引起人们很大的关注。

2. 北半球出现的寒冷天气

2008年初中国南方那场低温雨雪冰冻灾害令许多人记忆犹新(图1)。2008年1月中旬到2月上旬,我国南方地区遭受连续四次低温雨雪冰冻天气的袭击,京广、沪昆铁路运输受阻,京珠高速公路等"五纵七横"干线近2万千米瘫痪,22万千米普通公路交通受阻,14个民航机场被迫关闭,时值春节期间,几百万旅客无法返乡。全国十分之一的森林受损,超过了退耕还林工程的总面积。据初步核定,此次灾害直接经济损失1516.5亿元。

我国发生的低温雨雪冰冻灾害只是2007年底到2008年初寒流和雨雪天气肆虐北半球的缩影。2008年初,接连两场突如其来的暴风雪席卷了美国西部的加利福尼亚州和内华达州,加利福尼亚州两天内的降雪量就超过了2007年全年的降雪量总和。2007年12月,60年来最大的暴风雪袭击了加拿大多个省份;2008年2月初,加拿大北部一些地区的气温甚至

图1 中国南方低温雨雪冰冻灾害(设计:任文韬;绘图:梁静真)

降到了－60 ℃。在欧洲,西班牙的罕见大雪导致陆上交通堵塞、海上交通中断;罗马尼亚部分地区积雪达 50 厘米;在保加利亚,雪灾导致 380 多个城镇断水断电;由于常年遭受雪灾而在各联邦主体都设有减灾司令部的俄罗斯,暴风雪仍然造成了机场关闭、交通中断、供电中断等灾情。处于沙漠地带鲜见雨水的中东地区也遭受到了暴风雪的袭击。2008 年 1 月中旬,阿富汗遭遇罕见的全国范围的持续降雪,一些地区的积雪深达 200 厘米,60 多人死于山区雪崩和交通事故;1 月 11 日,伊拉克首都巴格达发生了百年一遇的大降雪;1 月中旬以来,伊朗南部山区的一些地方气温直线下降,造成至少 60 人被冻死;耶路撒冷和约旦河西岸的积雪厚达半米,沙特阿拉伯北部也罕见地出现了雨雪天气。

2006 年欧洲的强寒流事件同样令人印象深刻。2006 年 1 月 16 日,受强冷空气袭击,俄罗斯欧洲部分出现大幅度降温,莫斯科 19 日最低气温降至－31 ℃,创 1927 年以来同期最低纪录。据报道,在这次欧洲强寒流事件中,西西伯利亚一些地区最低温度接近－60 ℃;斯堪的纳维亚半岛北部最低温度降至－42.6 ℃;捷克最低气温降至－30 ℃;波兰一些地方气温降至－35 ℃;德国柏林的气温创下近 64 年来的新低;奥地利茨韦特尔出现了自 1929 年以来的最低气温,低至－24.5 ℃。此次严寒灾害给欧洲造成了严重影响,造成至少 300 多人死亡。亚洲也跌入了"冰窖",印度首都新德里 1 月 8 日遭遇 70 年来的最低气温,一天之内数百名流浪汉冻死在街头;1 月 7 日暴雪侵袭了日本北海道、北陆等地,从 2005 年 12 月至 2006 年 1 月 10 日,大雪造成 63 人死亡;1 月 7 日,韩国西南部地区也出现降雪,东北部地区气温则降至－20 ℃。

频繁出现的寒冷天气曾让媒体惊呼,"后天"就要来临了!

3. 正在变暖的地球为何还会如此寒冷?

二氧化碳等温室气体的大量排放增强了地球的温室效应,全球变暖这一趋势已经被大多数人所认同,美国前副总统戈尔还曾因在遏制全球变暖问题上作出的贡献而与政府间气候变化专门委员会(IPCC)共同获得 2007 年诺贝尔和平奖。然而气候变暖了,为何还会有这么多的冰雪灾害呢? 有

些人依稀觉得气候变暖的结果是冬天与春天一样的温暖,而夏天则变得更加炎热,其实在他们眼中,全球变暖的效果被夸大了。根据 IPCC 2007 年发布的评估报告,全球近百年的温度升高了 0.74 ℃,虽然近 20 年来的气温有加速升高的趋势,但总的来讲这种幅度的温度升高是我们平日里几乎无法察觉到的。全球变暖是一个大的趋势,是以全球的平均气温来计算的,并不是说气候变暖了,所有地区、任何时候的气温都要比以前高,在气候变暖的大背景下发生的局部寒冷天气是非常正常的。所以,不能因为某些地区或某个时间的寒冷天气而否定全球变暖的趋势。

另外,有学者推测,正是全球变暖导致了冰雪灾害的增多,因为变暖会使得原本平缓有规律的气候变得越来越反常,极端天气出现的频率加大。比如,随着全球变暖,近几十年来厄尔尼诺与拉尼娜事件发生的频率有升高的趋势,有些学者认为我国 2008 年春季的低温雨雪冰冻灾害主要就是由拉尼娜事件引起的。

二、冰河期与冰期的周期

1. 什么是冰河期?

在电影《后天》中,地球突然转入了冰河期。那么,什么是冰河期呢?我们居住的地球已经历了 40 多亿年的演化,从一个火热的星球发展到产生适宜人居的气候环境。46 亿年里地球经历过很多次冷暖交替的时期,冰河期是指地球上极为寒冷的时期,此时极地和高纬度地区冰盖广布,中、低纬度地区也分布有很多大陆冰川和山岳冰川,冰川地质作用十分强烈。

在地球发展的几十亿年当中,发生过多次大冰期,其中比较公认的有 3 次,一次是发生在约 6 亿年前的前寒武纪晚期大冰期;一次是发生在约 3 亿年前的石炭—二叠纪大冰期;还有一次是约 250 万年前的第四纪冰期。大冰期是一个相当长的时段,如前寒武纪晚期大冰期与石炭—二叠纪大冰期都持续了几千万年。当然,并非在整个大冰期中地球都是冰天雪地,若是上千万年的时间里世界都是如此寒冷,那么现在的很多物种都是不可能

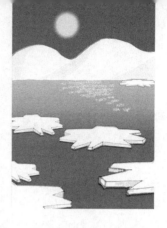

存在的。在大冰期持续的过程中,有相对寒冷与相对温暖的时段,其中相对更寒冷的时期,称为亚冰期或冰期;而大冰期中那些相对温暖些的时期,则称之为间冰期;在一个大冰期中,冰期和间冰期相互交替出现,为地球增衣减裳。

2. 第四纪大冰期

200 多万年前,地壳变动令北美洲和南美洲碰撞,形成了巴拿马地峡,这阻止了太平洋赤道暖流融汇到大西洋,带来了剧烈的气候转变,从而为第四纪大冰期拉开了序幕。那时候,现在的阿拉斯加、加拿大和美国北部地区都被一整块冰层覆盖着;在欧洲,冰层推到了德国的汉堡和柏林。人类与第四纪大冰期是同时登上历史舞台的,有学者认为这并不是巧合,正是这次大冰期间接导致了现代人类的诞生。在这次冰期之前,地球上尚没有人类,随着气候变得寒冷干燥,森林中的生物减少了,原本生活在森林中的人类祖先——古猿被迫走出森林寻找食物,从而具备了直立行走的能力,进而发展成为现代的人类。

第四纪大冰期使地球面貌大为改观,虽然未造成以前大冰期中那样大规模的生物灭绝,但导致了物种分布的变化。东亚和美国东部都是生物的避难所,保存了比较多的古老物种;而欧洲的阿尔卑斯山阻碍了物种的南迁,因此欧洲的生物种类比中国要少得多。第四纪大冰期中冰川有多次的扩张和消退,这次大冰期比较公认的有四个亚冰期,末次亚冰期结束于 1万多年前,而我们现在正处在这次大冰期的间冰期中。一个冰期的周期是如此之长,下一个冰期离我们还很远很远,所以,虽然《后天》中的场景触目惊心,但是我们完全不必担心冰河期就要到来。

三、地球会一直暖下去吗?

前文已经述及,近几年北半球的寒冷天气并不是预兆"后天"将要来临、世界将进入冰期,这只是全球变暖趋势下的正常现象。可是,气候会一直这样持续暖下去吗?

话说天下大势分久必合、合久必分,地球的气候也一样,"冷"久必

"暖","暖"久必"冷"。虽然我们正处在第四纪大冰期里的间冰期中,相对冰期较为温暖,但这个相对温暖的时期里气候依然有着冷暖的波动。根据GBN的报告,在近期历史上就有过三次比较明显的由温暖转为严寒的突变(图2)。第一次突变发生在距今12700年前,被称为"新仙女木事件",这次突变开始的几十年里温度下降了约2.8℃,迅速降温之后干冷的天气持续了1000多年。第二次突变发生在8200年前的欧洲和其他一些地区,持续了200多年,使得冰川前进、河水冻结。第三次发生在公元14世纪到19世纪中期,有人称之为"小冰期",它使得格陵兰海岸结冰、商船航行受阻、沿岸渔民无法捕鱼,对欧洲的农业和经济产生了很大的影响。

图2 气候由温暖转入寒冷(设计:任文韬;绘图:梁静真)

　　1971年人们从格陵兰冰芯记录的信息发现,地球气候有着约10万年的自然周期变化,9万年为寒冷期,1万年为温暖期,按这个周期推算,目前地球的温暖期应该就快结束了。俄罗斯科学院地理研究所所长科特利亚科夫(Vladimir Kotlyakov)院士和他的同事们对南极冰盖进行钻探,得到了几十万年前形成的冰芯资料,他们分析研究了10万年来最近4个气候周期的冰芯,发现每个周期都始于短暂的温暖期,之后就是漫长的寒冷期。科学家指出,在历史上,每当气温逐渐升高到一定的程度,不利的天气状况可能会相对地突然增多起来。在这种情况下,很可能发生气候突变而由温

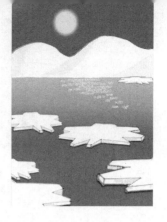

暖期转入寒冷期。目前我们处在间冰期中一个相对温暖的时期,但我们处于温暖期的时间已经很长了,有学者认为,全球变暖到一定的程度可能会触发某种机制导致地球由暖期进入冷期(图3)。

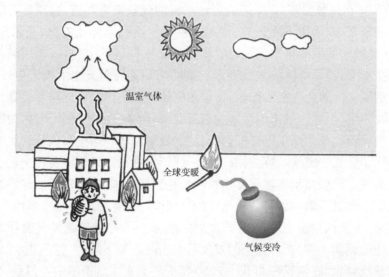

图3　全球变暖可能导致气候进入冷周期(设计:任文韬;绘图:梁静真)

　　温度升高对地球最直接的影响之一是冰川的消融。很多人想象到的后果是海平面上升,许多岛屿以及沿海城市将被上升的海水淹没从而不复存在,然而,冰川消融对整个世界的气候也会产生巨大的影响。洋流是影响地球气候的一个重要因素。北大西洋海水的水温比较低,海水盐度比较大,在重力作用的推动下,这里的海水会下沉,然后在海洋深层向南流动,最后在北太平洋和北印度洋上翻,变成表层洋流,流回到北大西洋,形成一个封闭的环流。环流将热量从低纬地区带到高纬地区,所以欧洲城市的冬季气温能比同纬度其他地区高出9～18℃。现在随着全球气温不断升高,格陵兰冰盖也在不断融化,越来越多的淡水汇集到了北大西洋,会使得北大西洋的海水盐度不断降低,盐度降低导致海水密度减小,受到重力的推动作用也减小,环流速率将减慢甚至最终会停止,这样欧洲的气温就将降

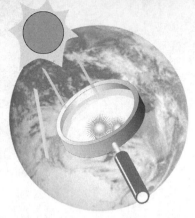

低。英国科学家布莱登(Harry L Bryden)在《科学》(*Sciences*)杂志上发表的研究成果表明,自1957年以来,深海的冷水回流速率明显下降,1992年以后回流速率下降得更快了,如今,北大西洋暖流的流速已经比50年前下降了31%。布莱登预测,如果洋流流速减慢的现象持续下去,英国冬天的温度将在未来10年里下降2℃;而如果这股洋流完全停止的话,在未来20年里,北欧和西欧的平均气温则可能会下降6℃甚至10℃。冰川融化除了干扰洋流,还可能扰乱大气环流。我们都知道融雪天比下雪天更冷,因为冰的融化会消耗大量的热量,冰盖融化所吸收的热量可能导致全球热量分布发生变化,冰川融水也可能会破坏地球原有的水分平衡,但冰川融化对大气环流具体会产生怎样的影响,还需要科学家做进一步的研究。

除了全球变暖这个"定时炸弹"外,还有学者对于地球将变冷提出了不同的解释。俄罗斯科学院天文学家阿卜杜萨马托夫认为,决定地球温度的是太阳。虽然二氧化碳等温室气体的排放有让地球温度升高的作用,可是20世纪的全球变暖主要是由于太阳持续保持不寻常的高发光度所造成的。他的观测表明,如今太阳的发光强度正在逐渐下降,大约在2041年会降到最低点,因此地球在2055—2060年间将迎来大规模的变冷阶段,他认为,即使人类向大气排放再多的二氧化碳也不会阻止全球气温降低这一趋势。

究竟气候会如何发展,冰雪灾害会不会越来越频繁,地球会不会在未来某个时候由暖周期转入冷周期,这还需要更长的时间去观察,需要更多的研究去探索。但可以肯定的是,倘若我们无视地球通过反常天气给出的警示信号而继续只顾经济而不顾环境,我们的气候将会越来越糟,到那时,无论是热或是冷,都不是我们所能够承受的。

第三编

全球变化之
资源与生态变化

假如极地没有冰

符以福

一、极地冰融

假如你从 Google Earth①上遨游地球,或从遥远太空上俯瞰地球时,你一眼就会发现,在地球的两端有一片洁白而神秘的区域——那就是极地之冰,她静静地镶嵌在深蓝的大洋中间,气势磅礴,雄伟壮观,银装素裹,分外迷人。

"冰冻三尺,非一日之寒",极地之冰的壮丽和神奇是地球经过 40 多万年的鬼斧神工造就的。近年来,变暖的地球正使这美丽的极冰开始消融,一座座壮丽的冰山崩塌,漂流入海,消失在茫茫大洋之中。

随着科技进步,气象卫星像一双太空眼时刻监视着我们的地球,让我们能够观测到南极冰盖的变化(覆盖大陆的巨大的冰体称为"冰盖",冰盖伸出海面的部分被称为"冰架")。2008 年 7 月,欧洲航天局环境卫星拍摄到南极威尔金斯冰架(Wilkins Ice Shelf)大面积坍塌的情形。人们通过对卫星图像的分析,可以清楚地看到冰架的坍塌过程,一块块冰山从冰架上脱离,逐渐远离它们原先的位置,任意漂入大洋之中。其实,威尔金斯冰架发生崩塌并非偶然,在过去 30 年间,南极已有 6 座冰架发生坍塌,它们是古斯塔夫王子水道(Prince Gustav Channel)冰架、拉森湾(Larsen Inlet)冰架、拉森(Larsen)冰架、沃迪(Wordie)冰架、米勒(Müller)冰架和琼斯(Jones)冰架。2009 年 4 月,欧洲航天局拍摄的照片显示,位于南极洲的面积相当于半个苏格兰的威尔金斯陆缘冰架逐渐裂开,几天内将彻底漂走,这是迄今为止从南极洲分离漂走的最大冰块。南极冰盖消融得如此之快,实在令人

---

① 一种可以遨游虚拟地球的软件。

担忧!

与南极一样,北极冰山也逃脱不了融化的命运,正在遭遇一场消融的灾难。2003 年 10 月 23 日美国国家航空航天局(NASA)的卫星观测数据显示,北冰洋浮冰正以每十年 9% 的速度在减少。2004 年,北极理事会(Arctic Council)主持的由 250 名科学家历经四年完成的一份有关气候的权威报告说,北极冰帽正在以前所未有的速度消融,北极冰层厚度比 30 年前减薄了一半,冰层的分布面积缩小了 10%。2009 年 3 月,来自美国加州大学的研究者们在《自然地学》(Nature Geoscience)上发表的一份全新研究报告显示,北冰洋在 2100 年 9 月"之前"将很可能没有冰了。他们认为,眼下建立的大多数模型低估了北冰洋冰覆盖率的降低程度。有专家预测,按照目前的发展趋势,到 2080 年,夏季的北冰洋将是一片汪洋,看不到冰,这将是非常可怕的事情。在极冰消融之际,科学家们也正努力寻找极冰消融的原因。

二、极冰为何消融

1. 极冰消融的罪魁祸首

我们的地球历史上多数时期是比较温暖的,也有几次比较寒冷的时期。在寒冷时期里,全球冰川面积扩大,称为冰期;在较温暖的时期里,冰川面积缩小,称为间冰期。我们现在就生活在第四纪冰期里,从 250 万年前开始并一直持续至今。在第四纪冰期之初,冰川覆盖了整个北半球。最近一次冰川广布的情况是在 1 万多年前结束的。目前,地球正处于第四纪冰期的后期。

那么极冰为什么会消融呢?大多数科学家认为,极冰融化与气候变暖有关,大气中的二氧化碳(CO_2)等温室气体浓度升高导致大气变暖,极地气温上升,从而使极冰融化。而人类活动是 CO_2 等温室气体浓度升高的主要原因。按照 CO_2 在大气中的体积分数①来计算,1 万年以来,二氧化碳

① 即温室气体分子数目与干燥空气总分子数目之比,通常用 ppm(百万分之一)表示。如 300 ppm 的意思就是,在每 100 万个干燥空气分子中有 300 个温室气体分子。

体积分数始终保持在约 270 ppm 左右,40 万年来徘徊在 200～280 ppm 之间。可是,自工业革命以来,其体积分数猛增,达到了现在的 360 ppm,而且还会增加。据报告,南极气温在过去 50 年中上升了 2.5 ℃,而全球气温自冰期结束以来上万年的变化也只有 2～3 ℃。世界自然基金会(WWF)气候变化项目负责人詹尼弗·摩根(Jennifer Morgan)指出:"北极冰消失是环境恶化的又一例证,而二氧化碳的排放就是罪魁祸首。"

气候变暖是如何引起极冰融化的呢?科学家认为,海冰具有保护冰架免受海浪冲击的作用,而气候变暖导致海冰融化,使其失去对冰架的保护作用,从而导致海浪闯入并分裂冰架,使其崩塌。在正常情况下,冰架融化为冰山和海水凝固成冰架是一个动态平衡的自然过程,然而,气候变暖破坏了此过程的平衡,导致冰架大规模崩塌。

2. 冰盖融化海水温度上升,加速海冰融化

极地冰盖融化怎么会使海水温度上升呢?因为洁白的极地冰层像一面大镜子,能够反射 90% 的太阳辐射,而海洋则正好相反,它能吸收 90% 的太阳辐射。随着极地冰盖融化,大量冰山脱离冰架、漂流入洋逐渐融化成海水的时候,极地冰层的面积和厚度不断减少,极地由原来反射较多的太阳辐射转变为吸收较多的太阳辐射,从而使海水温度上升,进而加速海冰的融化。根据科学家监测,北极气温平均每十年上升 1.22 ℃,而海冰温度平均每十年上升 0.33 ℃,该研究不仅发现北极气温正在迅速升高,而且北极夏季海冰区域也在缩小,其中北极夏季冰层的覆盖率最低。也有科学家认为,北极夏季气温较高、暴风雨频繁是导致极冰融化的直接原因,而自然变率、温室气体排放、臭氧层耗减等都与极冰融化有关。甚至有专家指出,北极冰融化加速与北半球大气环流型的变化有关。

三、极地冰融的后果

1. 极地生命在冰融中颤抖

南北两极是地球上最冷的地方,然而神秘而奇特的冰山景观却吸引着

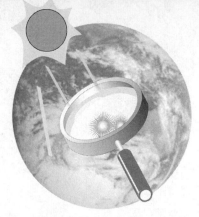

可爱的企鹅、憨厚的北极熊等许多动物在这里繁衍生息,它们依赖海冰生存,海冰既是它们的游乐场,又是它寒冷中温暖的家。它们在冰层上寻找食物、嬉戏打闹、晒太阳……然而,极冰的消融在悄悄地吞噬着它们唯一的家园。无冰的极地,会像没有土壤的花园一样荒凉,极地生命在冰融的过程中开始颤抖。

南极在过去的50年里,平均温度上升了3℃,达到－14.7℃,升温速度超过全球平均水平的5倍,而辽阔的南大洋的变暖迹象一直深至水下3000米。颊带企鹅(Chinstrap Penguins)主要以磷虾为食物,磷虾也依海冰而生存,因此,南极冰融也就是在"融化"极地生态系统的食物链:南极冰融——磷虾无处而居——磷虾数量减少——企鹅食物减少——企鹅幼仔无法生存——企鹅数量逐渐减少。2007年世界自然基金会发布的报告指出,一些群落里颊带企鹅的数量因食物减少而减少了30%～66%。另外,气温上升导致南极冬季频发暴风雨,很多幼小的企鹅在寒冷的冻雨中丧失生命。企鹅生活在地球最冷的南极,为什么它们还怕冷呢?这是因为阿德利企鹅(Adélie Penguins)刚出生时仅有薄薄一层保暖皮毛,小企鹅需要40天的时间才能长出防水的羽毛,然而当暴风雨将整个巢穴都浸湿,小企鹅的父母又离巢觅食时,小企鹅没有大企鹅的照顾,往往会因为体温过低而死亡。气候变暖,南极冰盖融化不仅使南极的动物们失去了它们的乐园,而且它们的生命也面临严重的威胁。

在北极,北极冰融化已使"北冰洋之王"——北极熊找不到自己的家(图1)。北极熊生活在有大片浮冰的北极南部海洋边缘地带,这里有一块块断裂开来的浮冰和来这里繁衍的海豹,是北极熊赖以生存的乐园。北极熊没有固定的领地,它们四处徜徉觅食,常常曲折前行,往返于冰山之间。随着气候变暖,某些北极熊栖息地已渐渐消融,就像被撕裂一样,形成一块块浮冰,且浮冰变得越来越薄了。北极熊为了寻找食物,不得不在海水中游过更长、更危险的距离。科学家用卫星颈环跟踪北极熊的长途游泳,发现它最远可在开阔海域游240千米。甚至,一些北极熊夜里进入爱斯基摩人的村庄周围觅食。

图 1 无助的北极熊（设计：符以福；绘图：刘丽萍）

2. 地球会变成水球？

地球之所以被称为地球，也许是因为人类长期居住在地球的陆地上的缘故。然而，当人们从遥远的太空看，地球上有超过 70% 的面积都被海洋、冰层、湖泊及河川等水体所覆盖，地球是个美丽的蓝色星球，因而有人因其水体居多而称之为"水球"。

美国亚利桑那大学专攻全球变暖和气候的科学家乔纳森·奥弗佩克（Jonathan T Overpeck）指出，到 21 世纪末，地球温度将比现在至少升高 2.5 ℃，即与 12.9 万年前的温度差不多。到那时，格陵兰冰盖和南极冰盖将大片融化，海平面将升高 6 米，大片海岸带地区将被淹没。那么地球真的会变成水球吗？

事实上，全球变暖已经导致海平面上升，越来越多的岛国及沿海地区受到威胁，有的岛国不得不放弃自己的家园而移民他国（图 2）。澳大利亚科学家警告称，全球变暖导致海平面上升，已经使世界第二小国图瓦卢、邻国基里巴斯以及印度洋上的马尔代夫三个岛国正面临"灭顶"之灾，在并不

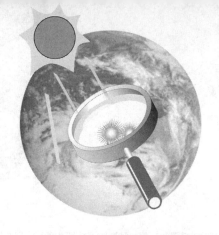

图2　被海水逐渐吞没的岛国（设计：符以福；绘图：刘丽萍）

遥远的未来，它们可能会被海水吞没，从地球上彻底消失。

3. 极地冰融酝酿"冷战"

地球南北极是具有丰富自然资源的处女地，那里有丰富的石油、天然气等资源。据专家们推测，地球上尚未开发的石油和天然气资源有约四分之一贮藏在北极地区。然而，由于气候寒冷，北极地区一直难以开发。在气候逐渐变暖、极冰迅速融化、极地生态系统遭到破坏之际，新的大陆和不再寒冷的广阔海洋使极地资源开发成为可能。宁静而神秘的洁白圣地，一下子变得热闹非凡，就像北极圈各国聚集在北极开"派对"，而"派对"的内容不仅仅是庆祝这块"上帝"赐予的北极肥肉，更是一场另类的"冷战"。

尽管存在关于大陆架海域和海洋主权的国际公约，但加拿大、俄罗斯、挪威、芬兰、丹麦、美国等北极圈国家依然把目标紧紧盯在正在融化的北极上，希望在冰雪最终融化的北极地区开发中抢占先机（图3）。一场"冷战"渐渐在北极圈国家中展开……

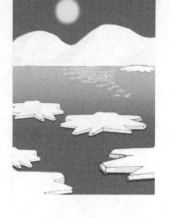

图3 各国抢占消融的北极（设计：符以福；绘图：刘丽萍）

2001 年俄罗斯最早向北极"插旗"，设法抢占北冰洋的一半海域。在其他国家以缺乏地理资料为由提出抗议后，俄罗斯决定派遣一支科考队乘船去搜集证据。出乎意料的是，俄罗斯的科考船在没有破冰船的帮助下抵达了北极点，这是世界上第一艘来到北极点的船，这一切都归功于正在加速的冰融过程。

美国也争先恐后地行动起来，以其飞地阿拉斯加也被列入北极圈国家之一为由，希望扩展自己的领土。美国没有签署《京都议定书》，它是最反对采取措施应对气候变暖的国家。由于北极冰山消融，美国专门举行了最高级别的会议分析北极解冻的影响和结果。该会议的总结报告中写道："我们需要谈判新疆域、新航线，分析潜在能源、渔业和其他资源的开发，考虑国家安全。"

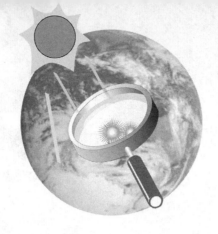

四、能阻止极冰消融吗？

地球经历了 40 多万年创造的奇特、神秘而壮丽的极地，不仅仅是丰富的资源库，更是全球气候的调节器。如今极地却面临着消融，极地的生命在冰融中巍巍地颤抖，地球正面临变成水球的威胁，极地冰融也正在酝酿新的"冷战"。然而，我们人类能够阻止极冰消融吗？

造成极冰融化的原因有两方面，既有人类活动因素，也有自然因素。然而，大多数科学家认为，极冰消融的主要原因是大气中 CO_2 等温室气体浓度升高而导致的全球变暖。因此，要阻止极冰消融，我们人类必须控制 CO_2 等温室气体的排放和大气中颗粒物的增加。那么人类如何才能控制 CO_2 等温室气体的排放呢？我们知道，CO_2 等温室气体主要来源于木材、煤炭、石油和天然气等能源的燃烧。因此，要控制 CO_2 等温室气体的排放，就必须调整能源结构，大力开发非矿物能源，如风能、水能、核能、太阳能、地热等，减少 CO_2 等温室气体对大气的污染。非矿物能源的利用不仅减少了温室气体的排放和颗粒物的生成，而且减少了对其他方面的环境影响。另外，要控制 CO_2 等温室气体的排放，还必须提高能源效率。现有技术条件可使能效提高五六成，但采用新技术往往意味着增加投资和管理费用，所以实际应用时会有一定阻力。此外，还应大力植树种草，保护和发展森林资源，提高森林覆盖率，尤其是应加强对热带雨林的保护，以增加生态系统对二氧化碳的吸收能力。

全球变暖和温室效应已引起世界各国的普遍关注。联合国为控制全球变暖已经开始行动起来。1992 年国际社会签署了第一个全面控制二氧化碳等温室气体排放，以便应对全球气候变暖给人类经济社会带来不利影响的国际公约——《联合国气候变化框架公约》，但在 2000 年 11 月第六次联合国气候大会上由于种种原因而未能通过。2001 年 7 月联合国通过了旨在限制全球二氧化碳排放量的《京都议定书》，但是同年 10 月 29 日至 11 月 9 日在摩洛哥召开的第 7 次世界大会上，美国拒绝在《京都议定书》上签字。作为目前二氧化碳排放量最大的国家，其拒签理由之一是：人类

可以通过控制其他温室气体如甲烷等的排放量来达到减缓全球升温的目的。可见,国际社会减缓气候变化的道路将是崎岖而漫长的。

当人类因无知和冒失而触犯了自然规律的时候,是无法逃避自然对人类的惩罚的。面对全球变暖,无论其是由人类活动因素所引发,还是由自然因素所导致,我们都要从个人做起,善待地球,尽可能地保护地球,减少对地球的污染。否则人类将亲手毁掉自己繁衍生息的家园。让我们行动起来,保护地球,保护家园,阻止我们不愿看到的极冰消融吧!

内陆冰川之忧

符以福

一、内陆冰川前景悲惨

从遥远的太空鸟瞰地球，映入你眼帘的，除了地球的两极之外，还会有镶嵌在海拔数千米高山上的一片片洁白晶莹的冰川，衬着落日的余晖，像一串串闪耀着华彩的珠链，她就是内陆冰川！

内陆冰川不仅是人们向往的神秘境地，更是地球生态系统的平衡器和全球气候的调节器。冰川融水滋养着美丽的地球，孕育着江河源区的无数生命。然而，近期科学家不断地发现内陆冰川在不断消融，神采奕奕的内陆冰川变得心神忧伤，无数神奇壮观的冰川景观在逐日消逝。

在欧洲，阿尔卑斯山是最高大的山，其山势雄伟，风景秀美，每年吸引着世界各地的游客及滑雪爱好者，这都归功于山上有着终年不化的积雪。阿尔卑斯山是欧洲许多大河——如莱茵河、多瑙河等——的发源地。然而，瑞士有关部门的初步测量显示，2004 年阿尔卑斯山冰川厚度平均减少70 厘米，2005 年则平均减少了 60 厘米。2007 年，奥地利因斯布鲁克大学生态研究所的潘森纳教授（Roland Psenner）对位于奥地利境内的阿尔卑斯山进行研究后发现，山上冰川的体积每年缩小约 3%，厚度每年减少约 1米。潘森纳说："我们确信，到 2050 年，除了某些位于海拔 4000 米以上的冰川会得以幸存外，其他冰川都将不复存在。"

乞力马扎罗山是非洲的最高峰，位于坦桑尼亚和肯尼亚交界处，海拔5895 米。"乞力马扎罗"本是斯瓦希里语，意为"闪亮的山"或"明亮美丽的山"。乞力马扎罗山是地球上罕见的赤道冰川，在赤道强烈阳光的照射下，显得无比神圣和至高无上，可以说是"赤道冰川之王"。然而，2002 年美国《科学》（*Science*）杂志报道：乞力马扎罗山上的积雪很可能在未来 20 年内

完全消融。从 20 世纪初期开始至今,这座非洲最高峰上的冰雪已经融化了 80% 多。有专家预言,"雪帽"将在 15 年内被摘掉。

在亚洲,喜马拉雅山脉是世界上最高大、最雄伟的山脉。喜马拉雅冰川是中国和印度许多大江大河的源头。喜马拉雅,这个美丽动人的名字来源于印度梵文,意为"冰雪的居所"。可是 20 世纪以来,随着气候变暖以及人为的损坏,喜马拉雅冰川的退缩逐步加剧。有专家指出,自 20 世纪 70 年代以来,喜马拉雅山地区平均气温升高了 1 ℃,并且以每年 0.06 ℃ 的速度持续上升。2007 年,据联合国政府间气候变化专门委员会(IPCC)发布的第四份评估报告,按目前的消融速度,喜马拉雅山 80% 的冰川有可能在未来 30 年中消失。喜马拉雅冰川如此消融,我们人类还能走多远呢?

全球内陆冰川不断消融,融化的不仅是壮丽的冰川景观,更是地球无数的生命,人类的灵魂。内陆冰川的前景似乎一片凄凉!为此科学家们也在努力寻求内陆冰川消退的原因。

二、内陆冰川为何消退?

大多数科学家认为,全球气候变暖是导致内陆冰川消融的主要原因。科学家通过分析历史上的气候变化发现,从地球诞生 46 亿年以来,虽然经历三次冰期(全球冰川面积扩大的时期)和其中的间冰期(全球冰川面积缩小的时期),但是地球气候基本上是稳定的,地球升温幅度较小,如从公元 1400 年到 1900 年,500 年间气温上升不超过 0.5 ℃。然而,从 1900 年至今,100 年左右的时间内全球平均气温又上升了约 1.5 ℃。而且,科学家还发现,大气中的二氧化碳(CO_2)等温室气体浓度升高是导致大气变暖的罪魁祸首。我们知道,自工业革命以来,人类在生产和生活中燃烧大量的矿物燃料(包括煤、石油、天然气等)并向大气中排放大量的 CO_2 等温室气体。那么温室气体是如何使地球温度上升的呢? 这是因为它们能允许太阳短波辐射向下通过到达地面,却又能吸收其下方的地面和大气中发射的长波辐射(红外辐射),使之不能向上传输,从而导致大气层增温。

联合国环境规划署(UNEP)的一份研究报告指出,专家们采用航测、卫

星观测和实地考察等手段,对尼泊尔境内 3252 个冰川、2323 个冰川湖,以及不丹境内的 677 个冰川、2674 个冰川湖进行了长达三年的观测。结果显示,这些地区的气温比 20 世纪 70 年代升高了 1 ℃,又一次证实喜马拉雅山地区冰川融化加速的事实,全球气候变暖是人类在未来几十年里面临的最大威胁。那么全球温度上升又是如何导致内陆冰川消融的呢?我们知道,内陆冰川的积累和消融是一个动态的自然平衡过程。气温上升就会导致冰川萎缩、降雪减少,使冰川在萎缩的同时得不到降雪补充,进而逐日消失。

另外,科学家认为,厄尔尼诺事件导致安第斯山脉的冰川加速融化。厄尔尼诺是西班牙语,意为"圣婴"。在海洋学和气候学中,厄尔尼诺指东太平洋海温异常升高的现象,每隔数年就会发生一次,对渔业、农业和局部气候都有不利影响。一般来说,厄尔尼诺事件发生时会导致南美海岸附近雨量增多,但在安第斯地区则不同。使冰川增厚的雨水多数来自大西洋和亚马孙河流域。厄尔尼诺事件导致的热带海区气候变暖改变了平时把暴雨推向安第斯山脉的气流方向,这样在安第斯山脉的降水就减少了,就对冰川的积累产生了影响。于是,厄瓜多尔和玻利维亚的冰川加速融化。

三、内陆冰融的后果

1. 冰川水流失

内陆冰川是自然界中最宝贵的淡水资源,有着"固体水库"之美誉。地球上陆地面积的 10% 被冰覆盖,80% 的淡水保存在冰川上。尽管冰川储量的 96% 分布于极地,但是内陆冰川因其分布广泛、邻近人类居住区较易获得其冰川融水而显得极为珍贵。在中亚干旱区,历史悠久的灌溉农业一直依赖于冰川融水。内陆冰川融水滋养着变幻多彩的地球生态系统,孕育着江河源区无数的生命。同时,内陆冰川的美丽景观一直是世界旅游和滑雪爱好者向往的胜地。

然而,全球气候变暖使得内陆冰川迅速融化,原来看似用之不尽的冰川融水似乎也快到尽头了。在中国,高原冰川每年融化的水量相当于整条

黄河的水量。目前,小冰川的缩小已经影响到位于阿富汗兴都库什山脉中央地区的灌溉用水。不少气候专家认为,世界上数十亿人口饮用冰川融水,依靠冰川水灌溉、发电,冰川过度消融会给这些人口带来淡水危机(图1)。

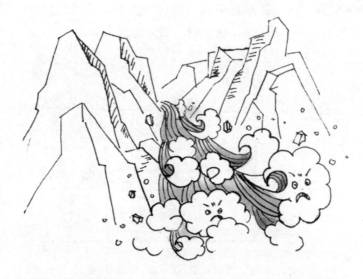

图 1　融化的内陆冰川奔流而下(设计:符以福;绘图:刘丽萍)

冰川融水流失,流掉的不只是人类赖以生存的水资源,流掉的还有瑞士、奥地利等国重要的旅游收入,流掉的更是内陆冰川千百年来所孕育的地球生态系统。中国科学院原副院长、西藏自治区首席科学顾问孙鸿烈院士说,"假如没有青藏高原,那么在西风环流的影响下,整个中国东部地区就和中亚、北非一样就都是荒漠地带"。

2. 洪水泛滥

内陆冰川是许多大江大河的发源地。与其说大河是大地的母亲,不如说内陆冰川是大地的母亲。喜马拉雅冰川是亚洲许多大河的源头,居住在印度次大陆和中国的数亿民众都依靠这些河流供给水源。而阿尔卑斯冰川则是欧洲许多大河的发源地。

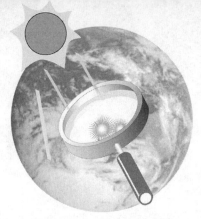

　　内陆冰川正以惊人的速度融化,更多的冰川融水涌出山脉注入河流。冰川融水就像一个巨大的水龙头给大地河流注入大量的融水,从而导致洪水泛滥(图2)。联合国环境规划署称,"喜马拉雅山区一些河流的流量与20世纪70年代相比增长了800%"。科学家认为,尽管目前还很难将冰川融化与洪水泛滥明确地联系起来,但可以肯定,喜马拉雅地区的气温在不断上升,这将带来更为频繁的、规模更大的洪涝灾害。

图2　内陆冰川消融导致洪水泛滥(设计:符以福;绘图:刘丽萍)

　　冰川消融已经导致印度、中国和斯里兰卡出现大规模洪灾。2002年长江洪水造成数十亿美元的损失,至少1000人丧生。2004年,印度洪灾也造成1000多人丧生和数百万人无家可归,斯里兰卡则遭遇15年来最严重的洪灾,洪水泛滥导致痢疾、霍乱等致命疾病的蔓延。印度北方瓦迪亚喜马拉雅地质研究所的冰川学家约瑟夫·戈尔根(Joseph Gergan)指出,由于冰川融化的时间与东南亚及印度的季风处于同一时节,因此很难区分两者的复杂关系。不过有专家认为,相对季风降雨而言,夏末冰川消融来水占亚洲大河蓄水量的70%,而在20世纪60年代仅为60%。2005年,阿尔卑斯山冰川融化造成的洪水曾使中欧几个国家受灾。居住在阿尔卑斯山谷的居民遭受洪灾的风险更大,科学家们呼吁要尽快采取预防措施以确

保他们的安全。

　　自然界总是处于一定的平衡过程之中,内陆冰川还在一如既往地滋养着世界上的许多河流。然而,当全球气候变暖导致自然平衡过程受到破坏之后,内陆冰川融水就会导致洪水泛滥,吞噬我们人类的家园。正所谓"水能载舟,亦能覆舟"。

3. 洪水之后的旱灾

　　2006 年,联合国《世界水资源发展报告》指出,世界各地主要河流正面临干涸的威胁,昔日大河奔流不息的景象将可能不复存在。从非洲的尼罗河到中国的黄河,都面临着水源干枯甚至断流的尴尬境况。它们有些到达入海口时的水量已经大大减少,如尼罗河和印度河;有些则根本难以到达入海口,如黄河;有些则因为干涸造成河流长度大大缩减,如格兰德河(图3)。

　　河流为什么会干涸,河流径流为什么会减少呢?我们知道,内陆冰川是许多大江大河的发源地。世界上许多河流之所以奔流不息主要依赖于冰川融水。然而,气候变暖导致内陆冰川消融,形成的冰川融水开始流失,

图3　生命之河面临枯竭(设计:符以福;绘图:刘丽萍)

从短期看,冰川加速融化意味着在干旱季节有更多的融水注入河流。但是一旦内陆冰川完全消融,在使河流泛滥之后,其将再也无法补充河流水。这样,河流得不到源源不断的冰川融水补给,昔日奔流不息的大河也就将可能不复存在。

一旦内陆冰川消失导致河流干涸,人类将何去何从?河流自古以来就是人类文明的发祥地。随着全球气候变暖,喜马拉雅冰川正在加快消融,70%～80%水量由冰川融水补给的印度河,其水量比以往已下降了60%。除巴基斯坦外,中国和印度也将受到印度河水位下降的影响,如水力发电受阻将造成工业瘫痪、灌溉用水短缺将导致粮食减产等。

在内陆干旱区,冰川融水的重要性尤其突出,冰川水资源是绿洲的命脉。祁连山冰川正在以每年2～16米的速度退缩,其融水比20世纪70年代减少了约10亿立方米,对那里的自然生态系统产生了严重影响。如甘肃省民勤县,因发源于祁连山的石羊河年径流量锐减,不得不打深水井,造成地下水位下降、水质变坏,50万亩沙生植物焦渴而死,500万亩草场退化,风沙日数明显增多。

四、拯救内陆冰川

2007年世界环境日的主题——"冰川消融,后果堪忧",旨在唤起人类对冰川消融的关注,拯救全球正在消融的冰川。随着人类活动的加剧,大量温室气体排放造成地球气温不断升高——从18世纪中叶工业革命至今,全球平均气温升高了0.75℃,全球气候变暖正使得冰川严重萎缩——这已经成为攸关人类存亡的重大环境问题。

虽然内陆冰川对许多人来说是比较遥远的,但是它逐步消融的脚步已经走近,我们已经受到了冰川融化的威胁。无论如何,人类必须清醒地认识到,一旦内陆冰川快速融化,伴随其后的可能是洪水、泥石流、干旱等自然灾害逐年增多,到那时人类将几无退路。

中国科学院青藏高原研究所所长姚檀栋院士相信,虽然无法阻止冰川消融,但是人类有办法减缓其消融的速度。解决这个问题需要全球通力合

作,大幅度减少二氧化碳的排放量,尽管近期不太可能出现这种情形。

　　我们日益深刻地感受到了全球变暖,面对不断消融的内陆冰川,我们人类不能坐以待毙,而应该更多的关注和保护内陆冰川,从个人做起,减少二氧化碳排放,让那美丽而神圣的境地得以延续,造福于人类!

海平面升高后，你的家在哪里？

赵 娜

一、未来的"上海"移步到了"海上"？

我们坐着时间机器飞驰到未来的某一天，我们在未来的文明里有着这样那样的惊奇的发现……来到书店，看到洁白的墙壁上挂着一幅世界地图，在电子书籍泛滥的时代，能看到纸版的地图至少让我们觉得很亲切，但是这幅地图看起来有些莫名的奇怪——世界地图"缩水"了。当我们查阅了2000年版的地图经过对比才发现，海洋吞噬了沿海的很多地区，海岸线重新来画了，整个世界变小了。

上海是中国的第一大城市，代表着中国的发展水平。于是我们很想重新拜访上海，去体验一下未来的高度文明。但是新型飞机把我们带到上海时，我们却被眼前的景色吓得目瞪口呆。一望无际的大海上冒出了一座座高楼大厦，这些大厦在海风海浪的长期摧残下变得破破烂烂的。玻璃窗早就没有了，有些墙壁坍塌了，露出一个个大窟窿，阴森森的，像一个个鬼怪张大的嘴巴，似乎要吞噬一切。有的楼歪了，似倒非倒、垂头丧气地立在那里，让人觉得触目惊心。有些楼倒得一塌糊涂，在水面上冒出一堆建筑垃圾。我们随着潜水员上了一个小游艇，站在甲板上吃惊地望着这一切，这是哪儿？为什么要在水里建房子？小游艇划开水面小心地在水里穿行，所到之处惊起几只海鸥，海鸥划着白色的双翼轻轻掠过，冲向高空不见了踪影。周围是死一样的沉寂，让人觉得很窒息。游艇在一处开阔的水面稳稳地停了下来。潜水员带着嘲弄的口气跺跺脚说："这就是上海，正如其名，它真的'上'到了海里。"听着潜水员那调侃的话，我们一点都笑不出来，内心有种深深的悲凉。那曾经的十里洋场、繁华闹市，如今埋藏在大海下面，在地球上消失得干干净净。而我们必须穿上潜水服才能和它亲密接触。

我并没有下水，我怕我看到了海里的上海会很难过。"沧海桑田"这样的事情就这样梦幻般地呈现在我们眼前(图1)。

图1　上海移步到海上(设计:赵娜;绘图:赵亮)

这种科幻样的场景会不会终有一天发生在我们的身边？在思考这一问题时，深深的悲凉油然而生，让人不寒而栗。

温室气体的排放造成全球变暖、海平面升高。如果人类对温室气体的排放仍旧不加节制的话，据科学家预测，到2100年，海平面将上升0.8～6米。如果海平面上升6米，不仅上海会被海洋淹没，我国的香港、澳门、厦门，还有许多沿海城市也终将没入蔚蓝的大海。世界许多著名的城市，如纽约、波士顿、新奥尔良、伦敦、东京、大阪、孟买、加尔各答、圣彼得堡、曼谷、阿姆斯特丹等都将在地球上消失。即使海平面仅仅上升1米，这些城市也将会受到极大的威胁。

二、是什么导致了城市的"灭顶之灾"？

到底发生了什么事情使得这些美丽的都市都变成了海底世界？我们的世界是怎么了？这都是全球变暖惹的祸。工业革命以来，由于人类活动日益加剧，大量温室气体，如二氧化碳、甲烷、氮氧化物、卤代烃等大量排放

到大气圈中,这些温室气体的增加增强了大气的温室效应,使全球气温明显升高。地球表面气温在 20 世纪升高了 0.7 ℃,根据科学家预测,在 21 世纪里,气温会升高 1.4～5.8 ℃。

全球变暖为什么会导致海平面上升呢?通常认为,有三种因素会导致海平面上升,那就是海水热膨胀、南极和格陵兰冰盖加速融化以及内陆河流径流量增大。

海平面升高最大的贡献来自海水热膨胀。当海洋变暖的时候,海水如同发酵般地膨胀起来,导致海平面升高。同等质量的海水的体积主要取决于水温。对于冷水而言,在一个特定的温度幅度变化之内膨胀很小。淡水在 4 ℃时的密度最大。海水呢?也是因为含有许多盐分,并且海水的盐分分布也是不均匀的,所以它的最大密度所对应的温度不是一个确定值。一般情况下,当温度处于 -1.332 ℃上下时,海水密度几乎是最大的。因此,对于温度在 -1.332 ℃时的微小的升温,膨胀可以忽略不计。当温度增高至 5 ℃(典型的高纬度海水温度)时,温度每升高 1 ℃,可以使海水体积增加 0.01%;当温度为 25 ℃(典型的热带海水温度)时,相同的升温则可能使海水体积增加 0.03%。例如,如果海洋表层 100 米(类似于混合层的深度)的海水温度是 25 ℃,那么当温度升高到 26 ℃时,将使海水深度增加 3 厘米。更为复杂的是,并非整个海洋都是以相同的速率改变温度的。

使海平面升高的第二大因素就是冰川融化。南极大陆和格陵兰岛是地球的主要冰库,如果南极和格陵兰以外的冰川全部融化,海平面仅仅会上升 50 厘米。但是,假设格陵兰冰盖融化、崩裂并且滑入海中,或者仅仅一半格陵兰冰盖发生这种变化,全世界的海平面就将平均升高 5.4～6 米。在过去一百年内,全球变暖已使冰川发生了显著的退缩。全球变暖最严重的地方是在北极地区,特别是在夏天的时候,北极地区有时会发生冰川地震,造成大块的冰川与母体脱离漂向大海,其中有的冰川块有美国的曼哈顿岛那么大。生活在那里的北极熊有被淹死的现象,因为冰川大量融化,北极熊已经没有可以落脚的地方了(图 2)。

南极对海平面的影响大过北极,并不是因为南极面积比北极大或者南

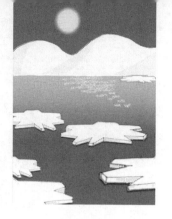

图 2 北极冰川融化(设计:赵娜;绘图:赵亮)

极的气候比北极恶劣,而是因为南极是大陆冰川,冰川融化就等于是把放在南极大陆的冰倒进海里;而北极是海洋性冰川,它们本来就是在漂浮在海洋上的,根据物理学原理,水里的冰川融化不会对海平面产生影响。南极平均冰层厚度约 1700 米,最厚的地方超过 4000 米,冰山的总体积约2800 万立方千米,所以被称为"冰雪极地";而在北极地区,冰川的分布面积也比南极要小得多,冰层厚度只有约 2～4 米,冰川的总体积不到南极冰的十分之一。据欧洲航天局拍摄照片的显示,南极洲巨型冰架开裂,有一大块冰已经漂走,但冰架仍旧通过"冰桥"与陆地其他部分相连,假设"冰桥"消失,一块大约有 1400 平方英里的巨大冰块将滑落入海漂走、消失。。

　　内陆河流径流量的增大也是导致海平面上升的一个重要原因。在漫长的历史时期,大陆河流的径流量等于内陆的降雨量减去蒸发量,并且处于平衡状态,所以,径流量的大小是一定的,变化不大。但是,有科学家认为,现在全球平均气温上升 1 ℃,全球河流径流量增加 4%。全球气候变暖导致内陆冰川融化加剧,高山上的冰雪急剧减少,从而增大了河流的流量。有科学家研究表明,喜马拉雅山的冰川的消融速度要比世界其他地方

快，这个"世界屋脊"在 2035 年将彻底脱掉"冰帽子"。山顶冰川的消失会导致印度平原北部的河流在未来变成季节性河流，而要命的是这些河流正是南亚国家十几亿人的主要饮用水来源。另外一个重要发现是，二氧化碳浓度升高会抑制植物气孔张开，气孔不能完全打开就会阻止植物的蒸腾作用。我们知道，地面的水散失到大气当中一方面是蒸发作用，另一方面就是植物的蒸腾作用，植物可以通过根系把水分从土壤深处散失到空气中，并且后者占主要地位。植物的蒸腾作用受到了抑制，就迫使更多的水分留在地面上，从而增大了河流的径流量。另外，陆地上的森林砍伐、草场退化、土地荒漠化加剧等都会使土壤含水量下降，土地失去了涵养水源的作用，也会导致河流径流量增大。

在地球漫长的历史时期，海平面上上下下变化很大。在末次冰期开始之前的暖期，也就是大约 12 万年以前，全球平均气温稍稍高于现在，而那时的平均海平面比现在高 5～6 米。当末次冰期末期大约 1.8 万年以前的时候，冰盖达到最大覆盖面积，海平面比现在低 100 米以上，那时的英国和欧洲大陆是一体的，我们从欧洲大陆不用坐船就可以步行去英国，不仅如此，中国的海南岛、台湾岛和大陆也是连为一体的。在过去的 100 年中，随着全球变暖，全球海平面上升了 10～20 厘米。科学家们发出警告称，地球两极冰川融化的速率已经超出预想之外。按照这种速率，未来的全球平均海平面上涨将会加速。

三、逝去中的家园

随着全球变暖，海平面升高，海拔 10 米以下的地方都沦为危险区域，但全世界共有 6.34 亿人生活在海拔 10 米以下的地区，涉及全球 180 多个国家和地区。如果不有效地控制全球气温升高，那么生活在这些地区的人将更频繁地受到飓风、地陷、海岸带侵蚀、海水倒灌等灾害的影响。科学家最新研究指出，由于大西洋洋流的减速将使美国东北沿海海平面的上升速度达到全球平均速度的 2 倍，而纽约这个繁华的大城市将首当其冲，频繁地受到风暴潮的"洗礼"，而曼哈顿的华尔街也必将衰落，不是因为金融风

暴,而是由于其海拔不足 1 米而容易被淹没。

1. 逐渐消失的威尼斯

相信大家对威尼斯这座城市并不陌生,这是一个美丽的水上城市,船多、桥多是这个城市的特色。它位于亚得里亚海边,那里的圣马可广场在 20 世纪初每年受到海水袭击大约 10 次,而如今已高达每年 100 多次,几乎是平均三五天就要经受一次海水的洗礼。为什么会出现这种情况呢?原来这 100 年来海平面上升了 23 厘米。可别小看这 23 厘米,它是导致海水袭击频繁发生的罪魁祸首。再过 100 年,圣马可广场将会成为一个海水浴场,人们也许需要潜入水底才能去追寻过去的历史。为了拯救威尼斯这个旅游胜地,2004 年,意大利政府决定耗资 35 亿欧元在威尼斯通往亚得里亚海的三处河道入海口处建造活动的阀门,当亚得里亚海水位超过一定限度的时候,它可以阻断大海和威尼斯之间水流的通道,这就是著名的"摩西工程"。但是有些专家认为,随着目前全球变暖,海平面迅速升高,"摩西工程"中巨型挡板即将"心有余而力不足"了。

2. 小岛国家的灭顶之灾

在南半球有个叫做图瓦卢的国家,她是位于浩瀚太平洋中的一颗明珠,全国只有 26 平方千米,由 9 个环形小珊瑚岛组成,最高海拔不超过 4.5 米。每逢 2—3 月大潮期间,图瓦卢都有 30% 的国土被海水吞噬。2000 年 2 月 18 日,该国遭遇了千年不遇的大潮,海平面上升了 3.2 米,首都机场被海水席卷得一片狼藉,全国大部分地区都被迫"下海"经历海水的洗礼。海水淹没了大片的农田,咸水也从地下汩汩涌出,土壤盐渍化致使农作物大片死亡,家禽家畜也不能幸免,纷纷被疏散,因为海水已经没过了它们的脊梁。海水淹没了很多居民的房屋,他们干脆在自家后院钓鱼来自娱自乐,同时等待救援(图3)。近年来,图瓦卢居民的饮用水也无法得到保证,只能靠积存雨水和利用进口的海水淡化装置解决一部分生活用水。

有关专家预测,在 2050 年之前,图瓦卢将没入蓝色的大洋之中,这个国家也将从世界地图上抹去,这里所有的公民都将沦落为生态难民。在海

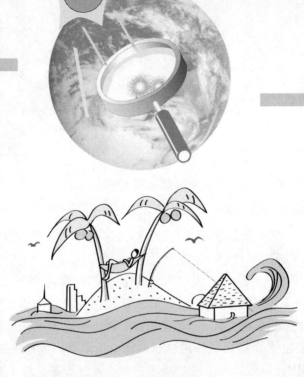

图 3　海水淹没了图瓦卢居民家的后院（设计：赵娜；绘图：赵亮）

平面不断上升的将来,不光图瓦卢不会幸免于难,太平洋中的岛国基里巴斯、瑙鲁、西萨摩亚等均面临着与图瓦卢相似的命运。2001 年 8 月 17 日,太平洋小岛国召开海平面问题的"小岛国峰会",基里巴斯总统斯托(Teburoro Tito)近乎绝望地说道:"作为一个虔诚的基督徒,我只能将这一切交付到上帝的手里了。因为我只能眼睁睁地看着事态发展,却无法造出一艘诺亚方舟来。"邻国基里巴斯以及印度洋上的马尔代夫这两个岛国也正面临"灭顶之灾"。马尔代夫被誉为"人间最后的乐园",然而全球变暖使这个"伊甸园"正在逐渐消失。面临这场灾难,马尔代夫政府每年从 10 多亿美元的旅游收入中拿出巨额资金用来购买"新国土"。印度和斯里兰卡两个国家在文化、饮食和气候方面都和马尔代夫接近而成为迁国的首选之地,此外澳大利亚大片无人居住的土地也是马尔代夫考虑的对象。

3. 印度尼西亚不得不清点岛屿数量

享有"千岛之国"美誉的印度尼西亚境内共有 17504 座大小岛屿,其中包括许多珊瑚礁岛屿和火山岛。因为岛太多了,还有数千座岛屿甚至都没有命名。印度尼西亚有多名内政部官员指出:"由于全球变暖的影响,海平面将上升,印度尼西亚境内数百座岛屿面临消失的危险。如果海平面持续上升,到 2030 年的时候印度尼西亚将会失去约 2000 座岛屿。"为了避免此

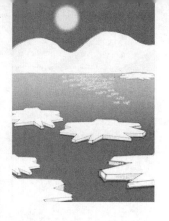

后可能出现的领土争端等问题,2007年该国完成了详细的岛屿数目调查工作。也许将来某一天,人们会对以前欣赏的小岛风景替换为"秋水共长天一色"的景观而感慨万千。

4. 居住在沿海的人们将背井离乡

孟加拉国是一个各地区发展不平衡的国家,有1.2亿人居住在恒河、布拉马普特拉河和梅格纳河的复杂三角洲地区,人口非常密集,工业发达。这里海拔比较低,如果海平面上升1米,孟加拉国将会失去大片优良的农田,生活在那里的人们将痛失家园。不仅如此,孟加拉国的经济收入主要来自农业,所以经济也会损失惨重。然而丧失土地并不是最可怕的,更可怕的是将会受到更为频繁的风暴潮的影响,即使海平面微小的升高也将加剧该地区风暴的等级,风暴过后将会是一片废墟。海平面升高还将使海水入侵地下水,地下水变咸势必影响农业和人民生活。

日本作为岛国也将受到严重影响。调查显示,如果海平面上升1米,日本90%的沙滩将消失,这将极大地危害日本旅游业的发展,并且日本沿海城市的人口约占全国人口的一半,商业销售额占全国总额的约80%,如果日本沿海城市没入水底,那么日本的辉煌也将沉入太平洋了。除了孟加拉国和日本,中国、印度、越南也位于受气候变化和海平面上升影响最严重的国家之列。此外,非洲三分之一的沿海地区也会遭受全球变暖的威胁。

5. 我国沿海地区也不会幸免

全球变暖引起的海平面升高也给我国带来了巨大威胁。据1993年世界海岸带大会估计,21世纪初世界三分之二的人口将居住在海岸带地区,总人口可能达到37亿,全球变暖将会给他们带来巨大灾难。我国海岸带面积只占全国陆地国土面积的13.4%,而人口却占到全国的40%以上。据专家预计,"在21世纪中叶,中国在达到发达国家经济水平的时候,将有约10亿人口居住在沿海地区,其中,沿海岸宽约60千米的海岸带又是全国人口最集中、经济最发达的区域。最重要的经济实力分别分布在环渤海、长江三角洲和珠江三角洲地区"。这些地区都是大江大河长期冲积出

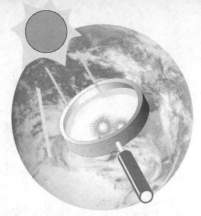

的平原地带,地势平坦,土壤肥沃,海拔较低,生态系统脆弱,难以抵御大的自然灾害。如果海平面升高,自然灾害频繁,这些地区将首当其冲受到危害,不仅会遭受巨大的经济损失,同时也将带来众多的生态难民。

对海平面上升的速率,不同的学者有不同的预测结果。美国国家大气研究中心(NCAR)和亚利桑那大学科学家最近的研究显示:"全球海平面以每百年 4～6 米的速率上升"。有些学者则认为上升速率没那么高。无论如何,中国的沿海地区都将受害,尤其是对江苏、上海、香港、澳门四个地区危害最大。

四、海平面上升酿造的"苦果"

海平面上升如同洪水猛兽已经引起很多科学家的重视,海平面上升往往与大潮、风暴潮、暴雨洪水等叠加起来才能充分显示其威力。它到底有哪些危害呢?

首先,海平面上升会引起海岸侵蚀和海水入侵。在河口区,海平面上升会使河口盐水上溯,加大了海水入侵强度,使地下水水质盐化加重,造成土壤盐渍化,使良田荒芜,同时影响人畜用水。海水入侵也会使我们丧失大片的湿地。湿地被称为"地球之肾",在调节生态环境方面有重要作用,同时湿地也是生物多样性很高的地方,湿地面积的减少会使我们丧失很多生物资源。

其次,风暴潮会加剧。风暴潮是我国沿海地区导致人员伤亡和财产损失最大的自然灾害。海平面上升直接导致风暴潮灾害加剧,而且也可能导致频率增加。例如,海平面上升 50 厘米,广州站附近岸段 50 年一遇的风暴潮位将变成 10 年一遇,而中山灯笼山百年一遇的风暴潮位可能变成 10 年一遇。与海平面上升相伴的海水增温可能导致热带气旋发生频率增加,从而也将加剧风暴潮灾害。

第三,海平面升高会导致水资源遭到破坏。随着海平面上升,潮流将沿着河流上溯到内河,潮涨潮落引起的污水回荡,势必会加重江河污染。同时,这些咸水常常停滞在河道内,会阻碍沿海城市污水排泄,造成城市内

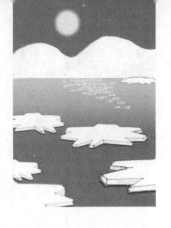

河流水质进一步污染。我国的沿海地区,特别是长江口以南地区,供水水源以地表水为主,许多重要城市均位于河流的入海口地区。如果海水倒灌,将引起这些地区水资源恶化,造成守着大江大河没水吃的局面。

最后,海平面上升还会对海岸防护工程、水利工程、码头、港口等工程设施产生直接的长远的影响。

五、觉醒中的人们在行动

面对一个个将要消失的家园,人类应该做些什么、能够做些什么呢?回答就是要尽量减少能源的使用,保护我们的环境。

2006 年开始上映的环保纪录片《难以忽视的真相》,记录了美国前副总统戈尔(Al Gore)近几年跑遍全世界主要国家和城市,用生动形象的图片和视频来宣讲温室效应对地球的威胁。整部影片反映了一个不容忽视的真相:人类正在遭受全球气候变暖和海平面上升带来的灾难。2007 年 10 月,诺贝尔奖委员会宣布,将 2007 年诺贝尔和平奖授予美国前副总统戈尔和联合国政府间气候变化专门委员会(IPCC)。他们都是"绿色"人物或组织,为了人类的将来,他们都在付出自己的努力。

在英国,部分乡村民众自发安装家用太阳能和风能装置,关闭电暖炉、电咖啡壶等,为遏制全球变暖贡献自己的一份力量。在法国,全国在 2 月 1 日开展了熄灯 5 分钟活动,巴黎埃菲尔铁塔、市政府等都参加了这一活动。在中国,许多城市路段已经安装上了太阳能路灯,更多地使用可再生能源。

对于我们普通民众来说,从小事做起,从身边做起,"不以恶小而为之,不以善小而不为"。节约能源,不浪费资源,保护我们的生态环境,并且让更多的人参与环保。大家都行动起来,你不是一个人在战斗。不要让我们美丽的家园一个个无声无息地消失在地球上,也不能发生我们最不愿意看到的结局——"地球上最后一滴水是人类的眼泪"。

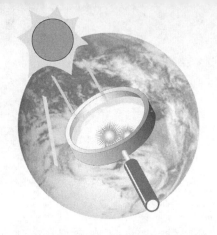

拯救地球生命之源

王冬梅

美国前国务卿基辛格（Henry Alfred Kissinger）曾说过："如果你控制了石油，你就控制住了所有国家；如果你控制了粮食，你就控制了所有的人；如果你控制了货币，你就控制住了整个世界。"而生产粮食、石油等产品都离不开水，如果你控制了水呢？全球的水需求在日益增长，而全球的水储量却越来越少，而且分布极不均衡。同时，随着工业废水的肆意排放，80%以上的地表水、地下水受到污染。专家们警告："二十年后中国有可能找不到可饮用的水资源"。

水资源是人类社会一切生产、生活的物质基础，没有水和水资源就没有人类。但水资源不等于水，水和水资源在自然物质概念上是不同的，水资源只占地球系统中水的十万分之三，约47万亿吨。水资源是一种不可替代的资源。正如美国《时代》（Time）周刊记者所指出的，"如果我们用光了所有的石油，我们的生活将会改变，但生活会继续下去。但是正如我们知道的那样，如果我们现在用光了所有的水资源，生活也将走到了尽头。"

一、水与"火"的考验

从太空俯瞰，地球约四分之三的面积为水所覆盖，是一个美丽的蔚蓝色的星球。从理论上说，我们这颗星球上根本不存在缺水的问题。因为自然界的水一般都有固态、液态和气态三种相态，随着温度的升高，水可能由固态融化为液态或蒸发为气态，在相当长的一段时间里循环总量保持不变：海水在太阳的热力蒸发下变成淡水转移给陆地，陆地上的水汇入江河最后流入海洋，构成了一个周而复始、永不止息的水循环。

1. 全球变化中的水变化

近百年来，我们的地球正在经历着水与"火"的洗礼。南北方温差减

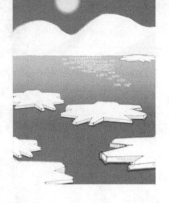

小，导致降水量的地理分布发生变化，但全球气候变暖对不同纬度地区降水量的影响到底是增加还是减少仍是不确定的。气候变暖的总效应将是使水分的蒸发增加，全球水循环加剧，并会对区域水资源产生重大影响，并进而影响生态系统的平衡。人类活动排放的二氧化碳等温室气体已经使地球的温度升高了，气候变暖引起海水热膨胀、冰川和冰盖融化，从而引起海平面上升，另外还将引起海洋生态系统发生变化、生物多样性减少以及海洋生物体和生物带的迁移。

2. "水荒"与"水患"

早在 2000 年，《财富》（*Fortune*）杂志就曾预言：21 世纪的水资源将像 20 世纪的原油一般珍贵。美国芝加哥商品期货交易所执行长多诺霍（Craig Donohue）在接受媒体访问时也暗示，未来"水"有可能成为在全球市场上交易的商品之一。这进一步证实未来水资源短缺将不可避免，花钱买水、花多少钱去买水是迟早的事，水商品化是未来可能的发展趋势（图 1）。为什么会出现这种现象呢？根据最新公布的数据，全世界水资源总储量约 14 亿立方千米，而其中只有 2.5% 是可饮用的淡水，这其中的 70% 又被用于农业灌溉。到 2025 年，预计全球将有 30 亿人遭遇水危机。从全球来看，最近十年，全球三分之一因缺水而引起的灾难发生在非洲。预计到 2025 年，将有 2.3 亿非洲人面临缺水难题。在拉丁美洲，虽然水资源总体来说比较丰富，但干旱和半干旱地区还是占整个拉丁美洲的三分之二。在全球变暖情况下，世界许多主要江河的水位持续下降，包括中国的黄河、埃及的尼罗河、巴基斯坦的印度河、中东的约旦河以及美国的科罗拉多河等。位于美国加拿大边界的五大湖区是全球最大的淡水区，如今也呈现快速萎缩现象，水位已降至 100 年来的最低点，令两国专家忧心不已。

然而正当有些人在为缺水而发愁、为不断扩张的沙漠化而忧心的时候，由水引起的水涝灾害却在其他地区频频发生，已经成为一个危及生命财产安全而不得不面对的问题。据报道，英国一项最新的研究表明，大气中二氧化碳含量增加会导致植物吸收水分减少，使更多的降水进入内陆河流，影响全球水循环，增加洪水发生的几率。过去 100 多年中，世界大型内

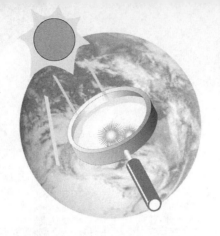

图 1　全球气候变暖使未来的水成为待价而沽的紧缺"商品"

（设计：王冬梅；绘图：梁静真）

陆河流流量平均增长了 4%，但全球同期平均降水量却没有太大变化。进入 21 世纪的中国，南方洪水泛滥成灾，而北方，从新疆、甘肃到吉林、辽宁，却有十个大沙漠在扩张。近年来，这些地区沙漠化日趋严重，每年都以 2000 万亩[①]的速度扩展。滴水如油，人们仅靠上苍降雨掘坑积水度日。而继 1998 年夏季长江发生特大洪灾之后，不断有人预言，黄河也将发生百年不遇的洪灾。就在人们担心黄河水灾之际，来自黄河区域的报道却告诉我们，20 世纪 90 年代以来，黄河断流日趋严重，仅 1998 年就断流 14 次，长达 137 天。因此，专家已经发出警告：若再不采取措施，这条曾经奔腾不息、孕育了中华民族五千年文明的"母亲河"，将会变为季节性河流，那对我们民族的伤害将是无以复加的。在当代，极度缺水与洪水泛滥成灾并存，而且将成为我们民族的漫长噩梦。

---

① 1 亩＝1/15 公顷。在现行法定计量单位中，亩是非许用单位。

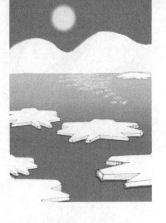

多年来,科研人员一直在探求水资源在地球上善变的原因。英国水文气象学联合研究中心的研究人员在《自然》(Nature)杂志上撰文指出,过去一百多年来,全球平均气温上升了1℃左右。而随着全球大气中二氧化碳含量的逐渐增加,植物对土壤水分的利用率会提高,植物叶片气孔打开的时间会缩短,从而减少从空气中吸收水分,由此导致更多的水进入河流。科学家还利用计算机模型对世界多个大江大河汇入的水量、流量和蒸发的水量进行模拟。结果证明,植物从大气中吸收水分的减少是河流流量增加的原因之一。而随着温室气体的进一步增加,内陆河流出现洪涝灾害的可能性将有增无减。

3. 分布不均的水资源

世界人均水资源量为7342立方米,远在缺水上限(3000立方米/人)之上,但为何水资源会短缺呢?原因是水资源的分布极不均匀,最缺水的地方为中东地区,在缺水下限(1000立方米/人)之下,沙特阿拉伯为124立方米/人;其次是一些中亚国家,如土库曼斯坦为217立方米/人;南亚和东亚一些人口大国也是缺水国家,如巴基斯坦为1858立方米/人,中国为2100立方米/人;欧洲也不容乐观,如荷兰也只有664立方米/人。早在1977年联合国水资源大会上,就已发出"水资源不久将成为一场深刻的社会危机"的信息。大约有20%的水资源在人迹罕至的地区,其余80%的水则通过季风、暴风雨以及洪水等形式,在"错误"的时间降落到"错误"的地点。供给人类直接利用的水资源确实有限,仅为1%左右,使得有些地区被水淹没,城市变成了"诺亚方舟",而有些地区却因干旱而成为沙漠(图2)。

长久以来,人类视取用大自然的水资源为理所当然,却未虑及水资源会有枯竭的一天。随着时间的推移,全球逐渐开始珍视新鲜的可饮用水资源,这最终将导致水资源匮乏的地区开始觊觎不属于自己的水资源,这势必会引起战争。中东地区是世界上缺水最为严重的地区,几乎所有的中东国家都在闹水荒,靠着全球1%的水资源维系全球5%人口的生存;正如以色列前总理佩雷斯(Shimon Peres)所言:"中东地区水比石油更重要。"

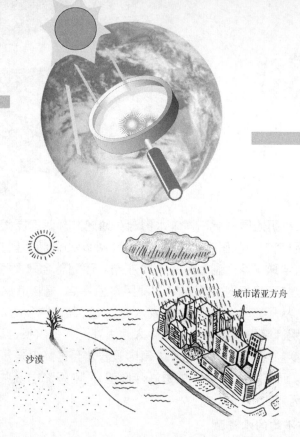

图2 变成"诺亚方舟"的城市和因干旱而成为沙漠的地区
（设计:王冬梅;绘图:梁静真）

4. 工业和生活污水是"祸水"

在水资源不断紧缺的情况下,可供使用的水却还遭到不同程度的污染和严重浪费,使世界水资源的形势雪上加霜——水质恶化导致水资源的未来更加扑朔迷离。

当水中的有害物质超出水体的自净能力时,就是发生了水污染。这些有害物质包括农药,重金属及其化合物等有毒物质,有机和无机化学物质,致病微生物,油类物质,植物营养物,各种废弃物,以及放射性物质等。水污染的来源主要是未加处理的工业废水、生活废水和医院污水等。水质污染对人类健康的危害极大。污水中的致病微生物、病毒等可引起传染病蔓延。水中的有毒物质可使人畜中毒,一些剧毒物质可在几分钟之内使水中的生物和饮水的人畜死亡,这种情况还算比较容易发现。最危险的是汞、镉、铬、铝等金属化合物的污染,它们进入人体后造成慢性中毒,一旦发现就无法遏止。2001年3月在海牙召开的"第二届世界水资源论坛"部长级会议上,21世纪世界水理事会报告说,目前全球有10亿～11亿人没有用上洁净水,有21亿人没有良好的卫生设备。随着世界人口的不断增加,今

后 20~25 年,人类用水量将增加 40% 左右,世界将面临严重的水资源危机。据世界卫生组织(WHO)调查,世界上有 70% 的人喝不到安全卫生的饮用水。现在世界上每年有 1500 万 5 岁以下的儿童死亡,死亡原因大多与饮用水有关。据联合国统计,世界上每天有 2.5 万人由于饮用受污染的水而得病或由于缺水而死亡。18 世纪,工业革命兴起的英国也一样不注重环保,经济获得了极大的发展,但大量的工业废水、废渣倾入江河,造成泰晤士河污染,导致这条河流基本丧失了利用价值。之后,经过百余年治理,共投资 5 亿多英镑,直到 20 世纪 70 年代,泰晤士河水质才得以改善,这种先污染后治理的做法完全可以用"得不偿失"来形容。现在,西方发达国家如梦初醒,深刻认识了污染的代价,他们对重污染企业或课以重税或关闭,或者索性就转移到发展中国家。一些发展中国家天真地认为这是"发展"所必须支付的成本,往往愿意付出牺牲环保的代价。这实在可悲和可怕!

二、无所顾忌的水消耗

无论日后如何发展,全球原油、食品价格上涨已令许多国家苦不堪言,未来是否又将承受水价飙升的压力呢?据联合国统计,全球淡水消耗量自 20 世纪初以来增加了 6~7 倍,比人口增长高出 2 倍。20 世纪末全球水消耗量为世纪之初的 10 倍以上,1954—1994 年美洲大陆用水量增加 100%,非洲大陆用水量增加 300% 以上,欧洲大陆增加 500%,而亚洲大陆增长幅度更高,地下水开采量为 5500 亿立方米/年(20 世纪 80 年代至 90 年代),其中大于 100 亿立方米/年的有十余个国家,占开采总量的 8.5%。

水资源短缺会阻碍农业发展,危及世界粮食安全。缺水使全球耕地面积逐年减少,长此以往势必导致粮食价格上涨,进一步加重贫困人口的负担。根据联合国的报告,全球 70% 的水是用在农业上。随着人口大量增长,对粮食的需求不断增加,对水的需求量会更大。统计显示,生产 1 千克的米需要 2000~5000 升水;生产 1 千克的罐装咖啡需要 20000 升水;制造 1 千克的奶酪需要 5000 升水;而制作一个半磅重的汉堡需用掉 11000 升

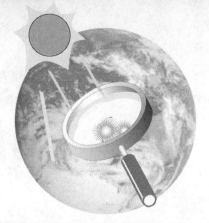

水。工业发展需要用水,原油提炼也不能缺少水。加拿大盛产油砂,从油砂中提炼出 1 桶石油,需要用掉 3 桶淡水。而在《北美自由贸易协议》(NAFTA)之下,加拿大每天必须对美国出口 100 万桶石油。换言之,为了供应美国对石油的庞大需求,加拿大每天所耗费的淡水量惊人,但美国仍不满足,还希望加拿大的产油量能够增加到目前的 5 倍。在油价高涨的压力之下,许多国家转向生物质能源的开发和利用,期望能减轻对石油的依赖。然而颇具讽刺意味的是,以玉米作物为主要原料的生物质能源却需要消耗大量淡水,并且种植玉米所需的农药与杀虫剂用量也高于其他作物,其有害残留严重污染周边的水质,导致水资源不可利用。

三、如何应对"水荒"与"水患"

全球变暖产生的水资源的天灾与人祸,令人触目惊心,然而有科学家认为这道难题人类并非无解决之法,他们相信,只要全球设法降低二氧化碳等温室气体的排放,全球平均气温剧升的几率并不高。同时,这些学者相信,除了减缓二氧化碳的排放,还应提高贫穷国家的抗灾能力,二者并行才能更有效地解决水荒问题。从某种意义上说,我国目前最缺的不是水,而是缺乏对水的了解和敬畏,缺乏起码的水患意识。

要从根本上解决这些问题,一方面,各国政府部门必须采取强有力的措施,建立一种用水集约机制,使得各行各业、社会成员在用水的问题上能够受到普遍的约束,节约用水是保护淡水资源的关键。根据测算,一个人每天需要 5 升水用于饮用和做饭,另外还需要 25 升水用于个人卫生。但是,在全球的不同地区,每个家庭使用的水量存在着惊人的差别。比方说,在加拿大,一个中等收入的家庭每天需要使用的水量是 350 升,而在非洲,一个中等收入家庭每天平均使用的水量仅为 20 升。抽水马桶每冲一次就要用去发展中国家每人平均一整天用于清洗、饮用、清洁和烹饪的全部用水量。今天,农业用水占淡水需求总量的 69%,在发展中国家,农业用水甚至达到 80%。因此,如果科学地改变播种、灌溉和收获的方式,就会出现较大差别。据估计,因灌溉系统的缺陷而造成的浪费,有时可占消费水

量的 60％；另一方面，必须在全社会大力宣扬环保意识，大力提倡节约用水，使节水成为人们的自觉、自发行为，不断提高水资源利用效率和效益；建设节水型社会，这是保障我国经济社会可持续发展的必然选择。

有关专家提出，针对水资源危机的抗灾方法包括：各国应根据联合国的建议成立淡水资源管理部门和跨国管理机构，以便有序地使用地球水资源；农业灌溉应强调节约用水和使用先进的灌溉技术；工业生产可循环使用工业废水。除此之外，还要大量开发水资源，如建造专门储存雨水的水库将是维持水资源充足的重要战略，沙特阿拉伯、日本、新加坡等国家已在这方面取得不俗的成绩。

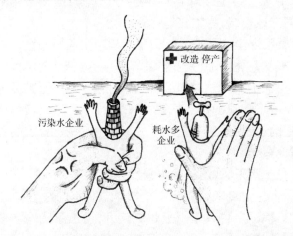

图 3　采取措施改变现有的用水模式和控制污水（设计：王冬梅；绘图：梁静真）

虽然目前人们感受更深的是石油危机的切肤之痛，或是更倾向于把水问题看做区域问题，但水危机的警钟已经敲响。水，不仅是我们赖以生存的共享资源，如何解决因水而起的可能危机，也应当成为全人类通力合作和共同面对的重要命题。

沙尘暴来了

陈磊夫

一、"黑风老妖"来袭了

2002 年 3 月 20 日，一场特大沙尘暴突袭北京，前后共持续 51 个小时，给北京地区带来了约 3 万吨尘土，相当于人均分摊 2 千克尘土！这个沙尘暴究竟是何方妖怪，怎会如此猖狂？

其实，沙尘暴与浮尘、扬沙一样，只是一种沙尘天气类型。当强风袭来时，地面的沙尘被吹起，空气就会变得特别浑浊，倘若此时的能见度已经低到不足 1 千米，这时的天气就可以被称为沙尘暴；如果能见度进一步降低到了 200 米甚至 50 米，这时的天气就可称为强沙尘暴或特强沙尘暴。当特强沙尘暴发生时，天地间犹如拉上了一块黑色的幕布，因而它又被人们形象地称为"黑风暴"。

据统计，近几十年来，我国的沙尘暴发生得越来越频繁，20 世纪 60 年代特大沙尘暴只发生过 8 次，70 年代为 13 次，80 年代为 14 次，到了 90 年代则达 20 余次。除了发生频率越来越高之外，沙尘暴的魔掌伸及的范围也越来越广。据新华社报道，近几年来沙尘暴的影响范围已逐渐波及北京、上海、南京甚至江南。"黑风老妖"不再像神话小说《西游记》中的妖怪那样遥不可及，它的魔爪正在真实地向我们伸来（图 1）！

迄今为止，全世界共发现了十个主要的沙尘暴源发生地，它们分别是撒哈拉沙漠、纳米比亚沙漠、印度山谷、塔克拉玛干沙漠、蒙古的戈壁滩、澳大利亚的艾尔湖盆地、美国加利福尼亚州东南部的索尔顿、玻利维亚与秘鲁之间的阿尔蒂普拉诺山脉、安第斯山脉的巴塔哥尼亚地区和萨赫勒地区，其中有四个处于沙尘暴多发的北美、澳大利亚、中亚以及包括中非和西亚在内的中东地区。然而就是这几个沙尘暴多发地区，却几乎导致世界上

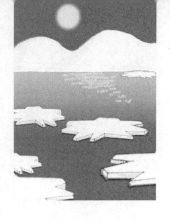

图 1　沙尘暴进城了(设计:陈磊夫;绘图:刘丽萍)

每个角落都可能遭到"黑风老妖"的侵袭。这足以说明其影响范围之广,例如撒哈拉沙漠的尘埃可以飘到 7000 千米以外的大西洋百慕大和拉丁美洲,而我国西北地区的尘埃也可以被吹到 1 万千米以外的夏威夷。

二、"黑风老妖"留下的不止是沙

1. 生灵涂炭

不难想象,"黑风老妖"所到之处,必定处处"撒播"沙粒,但小小沙粒似乎还不能彰显"老妖"的本领,老妖所到之处,还会将大树连根拔起、推倒墙壁、毁坏房屋、吹翻火车、摧毁农作物,甚至造成人畜伤亡,威胁着人们的生命财产安全(图 2)。

1993 年 5 月 5 日发生在我国西北地区的一次强沙尘暴天气,横扫宁夏、陕西、内蒙古等省(自治区)几十个县(市)的 100 多万平方千米的地域,70 余万人因此受灾,其中 85 人死亡,200 多人受伤,6 万多头牲畜伤亡或走失,直接经济损失高达 2.36 亿元人民币。

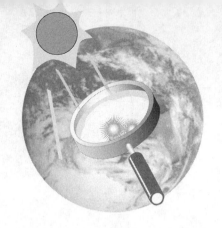

图2 威力无边的"黑风老妖"(设计:陈磊夫;绘图:刘丽萍)

沙尘暴还会对交通安全产生巨大威胁。据报道,2007年2月28日凌晨,从乌鲁木齐驶往阿克苏的5806次列车遭遇特大沙尘暴,11节车厢竟被狂风吹翻,造成车上至少4人死亡,上百人受伤。

沙尘暴另一"拿手"的害人本领就是沙埋,加快沙漠化进程。随沙尘暴而来的滚滚黄沙在到达背风面或在风速减小时会大量沉积,掩埋村庄、城市和道路。历史上闻名的"楼兰古国"就是这样逐渐消失在茫茫沙海中的。总之,将"黑风老妖"称为"破坏大王"一点也不为过。

2. 风蚀土壤

"黑风老妖"一路滚滚而来,却经常不忘玩玩"风蚀"的小把戏。在我国西北地区和美国西部,典型的"蘑菇"地形就是受长期风蚀而形成的。大风将干旱疏松的地表土壤刮去一层,在刮走土壤中细小的黏粒和有机质后,又会将带来的沙子留在土壤中,这使得当地土壤的肥力大大降低。

3. 恶化生态环境,影响人类健康

"黑风老妖"袭来时,往往沙石、浮尘漫天飞舞,空气变得浑浊而呛鼻,造成患上呼吸道等疾病的人数大大增加(图3)。沙尘暴携带的烟尘与粉尘颗粒表面富集了很多种有毒有害物质,能引发各种呼吸道疾病,它们还

可以被肺泡吸收而进入血液循环,进一步诱发其他疾病,轻则可使人畜患上呼吸道及肠胃疾病,重则导致人畜死亡。值得一提的是,大量的沙尘会蔽日遮光,造成天气越发阴沉,这很容易使人心情沉闷,工作学习效率大为降低。

图3　小兔染上了"红眼病"(设计:陈磊夫;绘图:刘丽萍)

三、"黑风老妖"为何如此猖狂?

"黑风老妖"所到之处,一片狼藉,它究竟是从何而来,又是怎样变得如此张狂呢?科学家们研究发现,沙尘暴的形成一般需要三方面条件:

1."黑风老妖"的诞生——沙源

沙源是沙尘暴形成的前提物质条件,大量的沙尘是其形成所必不可少的物质基础。正因为这样,沙尘暴通常都发生在干旱沙漠地区,湿润地区或有绿化的地面是很难起沙的。此外,一些人为因素和自然因素都会使问题变得日趋严重。

无节制的垦荒、大规模的植被破坏、水资源的不合理分配使用等人为

因素是造成绿洲消失、荒漠化日趋严重、沙尘暴猖獗的首要元凶。据报道，仅在 1954—1964 年间北哈萨克斯坦草原开垦的生荒地就高达 25.3 万平方千米，占该草原总面积的 42.1%。由此带来的后果是，在原来所谓"清风"吹拂的大草原上，每年会出现 20～30 天沙尘暴天气。同样，我国由于人口众多，大面积的垦荒以及资源的不合理利用也正使得土地荒漠化日趋严重。据报道，我国荒漠化国土面积正以每年 2460 平方千米的速度增长，并且增长速度还有不断增大的趋势。我国的塔克拉玛干沙漠正以惊人的速度向沿边绿洲推进，大有和相邻的库姆塔格沙漠合围的趋势；内蒙古西部额济纳旗在 50 年前还是一片绿洲，如今绿洲早已不复存在，而这里的沙丘正以每年数十千米的速度向内地推进，沙漠的前沿更是逼近京津地区。

　　一些气候变化因素也是沙尘暴猖獗的助推器。有研究认为，沙尘暴和厄尔尼诺现象有关，当厄尔尼诺现象出现时，当年和次年的沙尘暴频次和强度就会有增加的趋势。另外，全球气候变暖也是沙尘暴的影响因素之一。伴随着 20 世纪后半叶以来的全球持续增暖，全球陆地大部分地区都表现出逐渐干旱化的趋势，而干旱化的加剧则会进一步增加沙尘暴的发生频率。据报道，由于全球变暖，各大陆都变得比以往更加干旱，尤其是非洲大陆和欧亚大陆最为剧烈。非洲大陆的干旱化强度在 1951 至 2002 年间增加了 16%；位于欧亚大陆的中国华北和东北地区也都是干旱化非常显著的地区。

2. "黑风老妖"的依靠——强风

　　大风是沙尘上天的唯一动力条件，只有在风速达到一定速度值时，才有可能使沙尘飞离地面。根据气象部门的统计，新中国成立以来有记载的特强沙尘暴（黑风），最大风力都达到 12 级或 12 级以上。我国沙尘暴之所以大多发生在春季，正是由于春季是我国西北的大风多发季节。风洞实验表明，不同地面下的沙尘颗粒需要不同的风速才能被吹起，流动沙丘的吹起风速一般为 3.8～5 米/秒，半固定沙地为 7～10 米/秒，而沙砾戈壁的启动风速一般则需要 11～17 米/秒。科学家还发现，当风力为 11 级时，粒径为 0.5～1 毫米的粗沙会飞离地面达 10 厘米，粒径为 0.125～0.25 毫米的

细砂会飞离地面达2米,粒径为0.005~0.05毫米的粉砂飞离地面可达1.5千米,而粒径小于0.005毫米的尘粒则可以飞到1.2万千米的高空。

3."黑风老妖"的帮手——不稳定的大气环流

不稳定的大气环流是"黑风老妖"为非作歹的重要帮凶。沙尘暴往往在下午和傍晚发生,这是因为午后地面最热,低层大气的温度较高,高空空气和低空空气间的空气对流此时也最旺盛。沙尘得到了额外的上升动力,自然就能飞得更高了。相反,夜晚大气层较稳定,高空和低空的空气对流受到抑制,风速会比白天小,沙尘便难以上扬,沙尘暴的势力就会大大减弱甚至完全停息。沙尘暴出现的季节多在每年3月到6月,其原因除了春季多大风天气外,春季地表温度比冬季高而导致的大气层强对流比冬季强也是这时沙尘暴较多的重要影响因素。

四、如何驯服"黑风老妖"?

面对来势汹汹的"黑风老妖",人们正在积极探索驯服它的办法。

1. 绿色卫士

被称为"绿色卫士"的植被可对地表土壤起到有效的保护作用。首先,当地表有植被时,地表风力会减小;其次,植被根系对土壤和沙粒也具有一定的固着作用。研究表明,植被覆盖对地面吹起的沙尘数量(输沙率)有很大的影响。从图4中可以看到,在风速相同的情况下,植被覆盖率越高,能被吹起的沙尘就越少。因此,增大地表植被覆盖率是从根本上减少沙尘暴频度和强度的一种有效途径。然而,水资源在广大干旱半干旱地区的分布十分有限,只能养活很少数量的植被。那么,究竟应该选取哪种类型的植被治理沙尘暴、控制沙源用于生态建设效果最好呢?研究发现,在我国北方广大干旱半干旱地区,应该选择种植以灌木和多年生草本为主的植物,而高大的乔木只能在水分条件十分优越的地方才更适合种植。此外,在选择植物时,还应该考虑植被防护效应与当地风沙发生时间的匹配性,由于沙尘暴多发生在春季,因此只有选用那些萌发、抽叶时间较早的植物,才能

更及时的用来控制沙尘源，使沙尘暴的防治取得较理想的效果。

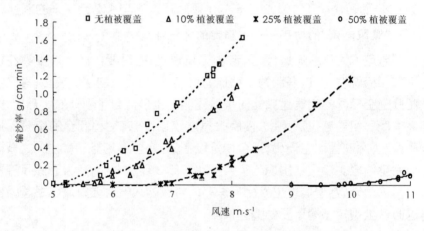

图4　不同植被覆盖度下塔里木河沙地输沙率随风速的变化①

2. 法律政策

在沙尘暴防治问题上，各国政府部门的决策引导往往会起到相当大的作用。随着我国《防沙治沙法》、退耕还林还草、草场保育等相关政策法规的出台，以及一系列防护林工程和干旱内陆河水源补给工程的实施、大量绿洲自然保护区的建立，我国广大干旱半干旱沙尘源地区的植被恢复、生态环境改善、荒漠化控制的前景将会更加令人期待。

3. 密切的监控

加强对沙尘暴的监测和研究，可以更好地掌握沙尘暴发生、发展的机制和规律，并对沙尘暴的发生做出预警预报，这无疑将有助于人们把沙尘暴灾害的损失降到最低限度。

4. 更多的国际合作

沙尘暴是一个全球性问题，需要全球每个国家和地区的联合行动。令

①程皓，等. 2007. 塔里木河下游不同覆盖度灌木防风固沙功能野外观测研究. 中国沙漠，**27**（6）：1021-1026.

人欣慰的是,大部分国家已经认识到保护地球家园的重要性和紧迫性。从1995年起,联合国把每年的6月17日定为"世界防治荒漠化和干旱日",以各种方式开展宣传活动,以此来推动和促进这一领域的国际合作。

五、对于"黑风老妖"的其他看法

沙尘暴这个坏蛋的危害虽然很多,但它对自然生态系统也有有利的一面。

研究发现,夏威夷岛上肥沃土壤中的一些养料成分已被证明是来自遥远的欧亚大陆。澳洲的赤色沙暴中所夹带的大量含铁物质竟是南极海中浮游生物重要的营养来源。科学家们还发现,地球上最大的绿肺——亚马孙雨林也得益于沙尘暴,因为雨林一个重要的养分来源就是空中大风带来的沙尘。此外,中国科学院大气物理研究所的王自发研究员曾说:"沙尘暴的确降低了酸雨的酸性。沙尘及其土壤粒子的中和作用使中国北方降水的 pH 值增加了 $0.8\sim2.5$,使韩国的增加 $0.5\sim0.8$,使日本的增加 $0.2\sim0.5$。假如没有沙尘的作用,很多北方地区的酸雨危害将要严重得多。"中国科学院院士秦大河更是语出惊人,"沙尘暴给人类造成损失的同时,也有其正面效应,说到底,没有沙尘暴就没有我们中华民族"。他认为,在数百万年的历史中,正是由于沙尘暴才形成了今天的黄土高原,黄河穿过黄土高原时把大量的尘土冲击下来,最后沉积而形成了华北平原。另外,我国生态学专家王如松研究员也曾指出,当沙尘落下来时,会顺带将空气中的杂质也一同沉淀下来,使空气更加洁净。

沙尘暴虽然有着种种骇人听闻的"罪行",但它毕竟是地球自然生态系统中的一个存在已久的必然过程,早在人类出现之前便已有沙尘暴的存在。我们只有积极寻找异常沙尘暴的发生机制,正视全球生态危机和全球环境变化问题,才能真正战胜"黑风老妖",降低其对环境的危害。

地球母亲得了皮肤病

虞依娜

一、地球母亲得了严重的皮肤病

如果从太空看地球,在郁郁葱葱的绿色之间有大片的黄色的荒漠地区,如同牛皮癣一样把地球母亲侵蚀得千疮百孔。地球母亲是怎么了?她生病了,她得了严重的"皮肤病"。她的"皮肤"——土地——开始荒漠化,不再滋润肥沃,不再充满生机与活力。大片植被被毁灭,使土地失去了为它遮挡风魔的卫士,裸露在外的"皮肤"任由风魔疯狂地抽打,被鞭打得伤痕累累,"皮肤"变得松散干枯,失去了往日的光泽(图1)。

图 1 地球母亲得了"皮肤病"(设计:赵娜;绘图:刘丽萍)

"大漠孤烟直,黄河落日圆"。这是很多人对沙漠的美好想象,还有一些人怀揣着"三毛的撒哈拉之心"对沙漠生活有着浪漫期待。在大漠的丝绸之路上曾经有一颗明珠,那就是楼兰古国,古时的楼兰是车水马龙、亭台

楼榭、商贾云集之地，一派繁荣景象，宛如江南小镇，更有那温柔美丽的楼兰姑娘。而今的楼兰，烈日当空，荒无人烟，一望无际的沙漠上，只有漫天的黄沙在太阳下闪耀着千万束刺眼的光芒，周围是万古不变的死一样的沉寂。远处有半截干枯的胡杨，挺着粗壮的枝丫直指天空，如同在向苍天发问。繁华之后终归一梦，变成了荒凉的另外一番模样。这就是楼兰古国，一个沙进人退的真切例子，说不尽的繁华就这样长眠在漫漫的黄沙下面。

很多人见过天上下雨、下雪、下冰雹，可是天上"下土"大家见过吗？近年来沙尘暴每年春季都会袭击我们的首都北京。春季本是一个阳光和煦、满眼新绿、"乱花渐欲迷人眼"的季节，可是忽然间天就变了脸，灰蒙蒙的天空逐渐变成了土红色，接着劈头盖脸的狂风四起，沙土就铺天盖地迎面扑来，空气里有着刺鼻的土腥味儿。整个城市顿时变得面目狰狞，举目四望，高大的建筑物都隐身在厚厚的沙尘里，只露出朦胧的轮廓。风吹沙尘漫天飞舞、张牙舞爪，行人掩面艰难而行，真所谓"漫卷狂风蚀春色，迷蒙黄沙掩繁华"。

美丽的楼兰为什么会消失呢？北京的沙尘暴是怎样产生的呢？这都是荒漠化惹的祸。据科学家研究，对京津地区构成重大威胁的沙尘灾害的沙源来自内蒙古中部和河北北部约 25 公顷的退化草场、撂荒耕地以及山坡地，而不是大家想象的难以治理的天然沙漠和戈壁。沙尘暴的形成首先要有大量的沙尘和大风天气，我国林地、耕地、草原等的滥垦、滥牧、滥伐、滥采等因素是造成沙尘暴的根源。在小学课本上我们都学过这样一首诗，"天苍苍，野茫茫，风吹草低见牛羊"，这是描写我国内蒙古呼伦贝尔大草原的，可如今这片草原却变成了"老鼠跑过见脊梁"的沙地(图 2)。北京的沙尘暴不是最恶劣的，我国西部的某些地区，沙尘暴来临的时候遮天蔽日，飞沙走石，风沙会掀翻房屋、呛死牲口，把人吹得撞到树上去，沙尘暴过后是一片狼藉。有个笑话讲："北京人在外面散步，突然刮过来一股风，有一个塑料袋刮到了北京人的脸上，北京人拿下塑料袋一看，上面写着阿左旗食品厂"。说明阿拉善的风也会刮到北京。

沙尘暴是由土地荒漠化直接造成的，警钟在向我们频繁敲响——人类

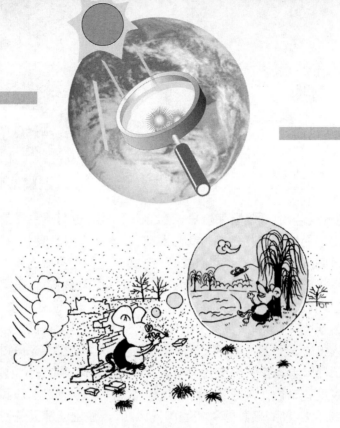

图 2 "老鼠跑过见脊梁"（设计：赵娜；绘图：刘丽萍）

要正视荒漠化问题。荒漠化现在是当今世界上干旱半干旱地区以及一部分半湿润地区的一个极其严重的环境退化问题。所谓荒漠化是指干旱半干旱地区以及一部分半湿润地区，由于气候干燥、降水稀少而且集中、风力活动强劲、生态环境脆弱，人类的经济活动一旦超过自然界允许的负荷，破坏了生态平衡，使原来非荒漠地区出现了以风沙活动、沙丘起伏为主要标志的类似荒漠景观的环境退化过程。荒漠土地的土壤颗粒之间空隙大，内部排水快，蓄水量少，并且容易蒸发失水。砂质土的毛管较粗，毛管水上升高度小，如果地下水位比较低，就不容易湿润表土，土地生产力逐渐下降，植被则很难在表土上生长，草场出现过度放牧—土壤风蚀—过牧加重—风蚀加剧—草场沙化的恶性循环中。

联合国大会把 2006 年确定为"国际沙漠和荒漠化年"，并确定当年 6 月 5 日世界环境日的主题是"沙漠和沙漠化"。据联合国公布的资料，目前全球有 110 多个国家、10 亿多人受到沙漠化威胁，其中 1.35 亿人面临流离失所的危险，占全球 41% 的干旱地区土地由于气候变暖导致不断退化，而且面积呈现扩大趋势。截至 2004 年，全国荒漠化土地为 263.62 万平方千米，占国土面积的 27.46%；全国沙化土地面积为 173.97 平方千米，占

国土面积的 18.12%。一个个触目惊心的数字说明荒漠化离我们越来越近,风沙越来越逼近北京城了。每年十几次的沙尘暴袭击了西北、华北地区,特别是我国的首都北京。如果不尽快采取措施,沙漠会一点一点地蚕食我们的国土,所到之处人类难以生存,一个个繁华的城市将会成为一座死城。在几千年的人类历史时期中,荒漠化一直肆虐逞凶,吞没了肥沃的良田、秀美的村庄、水草丰美的牧场(图3)。我国西北地区的古代"丝绸之路"上,一些历史上繁荣的古城如阳关、楼兰等都被沙漠吞噬,如今只留下残垣断壁半埋在黄沙里,死寂一片,留下无数背井离乡苦难民众的无奈和悲凉,只有风沙在呜咽,仿佛在诉说一段凄美的历史。

二、为什么会这样?

二十多年前,新华社曾经刊发了《风沙逼近北京城》的警示,现在经过二十多年的治理,风沙并没有远离北京城,而且还变本加厉了。尽管我国政府也采取了很多措施在治沙上取得一些成功,但由于过度的开荒、放牧和乱垦滥伐,土地荒漠化现象有增无减,治理速度跟不上荒漠化的速度。荒漠化范围不断扩大,导致沙尘暴天气频繁发生。在陕西和内蒙古鄂尔多斯市的毛乌素竟然有 53 万多平方千米的"人造沙漠"。

图 3 沙尘暴肆虐成灾(设计:赵娜;绘图:刘丽萍)

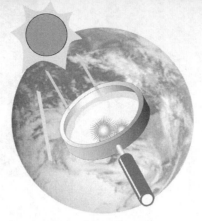

那么形成荒漠化的主要原因是什么呢？主要有气候原因和人为原因。

气候原因是在赤道地区，由于太阳辐射比较强，所以相对来说气温比较高，气温升高，空气热膨胀，导致上升气流在高空向两极方向流动，再加上地球旋转偏向力的影响，在南、北纬30度附近，大部分的气流不再前行而在高空聚集，并且由于冷却而下沉，近地面气层常年保持高气压，气象学上称之为"副热带高压带"。这一地区除了亚欧大陆东岸季风气候区外，其他地区气候干燥，云雨少见，成为主要的沙漠分布区，全球最大的沙漠——撒哈拉沙漠——就位于这一区域。

相比之下，人为原因要为当今的荒漠化负主要责任。由于人类滥伐森林、滥垦草原、工矿交通城市建设破坏植被、水资源利用不当而导致森林植被退化，最终导致生态失调、气候恶化，沙漠趁虚而入。荒漠化过程就是在上述土地利用过程中破坏了生态系统平衡，导致地表植被的衰退或者消失之后，风作用于地表而产生的风蚀、搬运、堆积等风沙运动过程。有些人认为荒漠化只会发生在沙漠和干旱地区，其实不然，非干旱地区也有荒漠化问题，这是非常危险的一个信号，荒漠化已经开始向一部分半湿润地区和农牧交错地区蔓延。

三、为地球母亲医病的药方

中国科学院植物研究所蒋高明研究员在谈论怎样才能防治沙尘暴时谈到："《易经》有云：万物本乎土。古老的智慧已经告诉我们土地在保持生态平衡中有重要作用。土是生命的温床，有土才有生机，才能孕育出生命。"荒漠化给人类带来了巨大的危害，直接威胁到人类的生存，那么有什么方法可以治理荒漠化呢？对如何防治荒漠化问题，联合国大会一直极为关注，1977年32届联大以来，在第39、40届两届大会上，荒漠化和干旱问题就已作为重要的问题提出；1994年4月17日，经过前期五次艰辛的谈判，最终通过了《联合国荒漠化公约》的正式文本；1994年10月，《联合国荒漠化公约》在巴黎开放签字；联合国大会把2006年确定为"国际沙漠和荒漠化年"，并把当年6月5日世界环境日的主题确定为"沙漠和荒漠化"，

旨在进一步提高世界各国人民对防治荒漠化重要性的认识,唤起人们防治荒漠化的责任心和紧迫感。

1. 利用技术措施治理荒漠化

治理荒漠化最直接的办法是利用物理因素防风固沙,例如通过设置沙障来固沙。草方格沙障主要使用麦草、稻草、芦苇等在流动沙丘上扎成挡风墙削弱风力,同时有截留降雨的作用,以提高沙层的含水量,有利于沙生植物的生长。黏土沙障是将黏土在沙丘上堆成一定高度的土埂,有适当的间距,走向与风向垂直。黏土固沙施工简单,固沙效果较好,且具有良好的保水能力。以色列尝试了一种塑料薄膜固沙法,方法很简单,就是将塑料薄膜覆盖在沙漠上,用石头等重物压住。还有利用简单工艺将废塑料处理成为固沙胶结材料,然后在所种植物周围的沙表面喷洒一层固沙胶结材料,固沙胶结材料就将表层沙胶结在一起,形成黏性固沙层。固沙层为柔性,很难开裂,且固沙层由固沙胶结材料与表层沙紧密黏结,重量较大,大风也很难将其刮起,可有效固沙和保水。但总的来说,物理固风和固沙都具有一定的缺陷。

用得较多的是植物治理。当今,人们把治理的重点放在了由于人为因素影响而形成的现代荒漠化土地;在植被建设上,改变了重建设、轻保护的治沙方针,确立了以保护为基础、保护及建设并重的植被建设方针,逐渐形成了乔、灌、草复合种植,保水和节水等新技术,以及绿色生态产业开发相结合的治理模式。还有在荒漠化土地上主要种植沙生植物,以阻止沙漠扩张及改善沙漠土地。沙生植物具有水分蒸腾少,机械组织、输导组织发达等特点,可抵抗狂风袭击,并尽快将水分和养料输送到急需的器官,细胞内经常保持较高的渗透压,具有很强的持续吸水能力,使植物不易失水,能够适应干旱少雨的环境。按历史植被分布和当代气候特点、土壤性质和水文状况,因地制宜地做到退坡耕地还林,退耕地还草原,控制载畜量,防止草原盐化、碱化、沙化和退化。同时,还要重视防护林的建设,防风林的效果与林带的高度有关,树木越高大防风效果越好。

在沙漠治理过程中最重要的是水资源利用。沙漠中的水源主要有地

下水、河道水和降水。但沙漠区域的降水量不稳定,湿润年份降水量多,而暖干年份降水量少。沙漠地下水较稳定,其沙层厚,具有一定的"隔热"性,使水分得以在地下保存。但这种稳定是相对的,会受到降水的制约。解决水资源主要从汲水、输水和节水灌溉等方面考虑。汲水主要有地下井汲水和坎儿井。在含有水体的古河道、古湖泊或地下水发育的沙漠区域可以建地下井;而坎儿井是井渠相连的汲水工程,如同四通八达的地道一样。在地表先挖许多竖井一直挖到含水层,然后把各竖井的底部相互挖通,形成地下网状的渠道,水在地下渠道流动,蒸发损耗量小,此方法在新疆地区被大量应用。节水灌溉技术主要包括喷灌和微灌技术,喷、微灌技术与地面灌溉相比节水 30%～70%,被广泛应用。

2. 治理和发展相结合

荒漠化治理要与地区发展相结合,合理选择治理措施,充分考虑区域特征。由于农牧交错带地区容易出现荒漠化土地,因此,必须采取农牧结合综合治理措施,治理风蚀农田、恢复和重建退化草原,制止对沙生植被的破坏;同时又要把种植业、畜牧业和其他产业结合起来,形成生态产业一条龙,并建立治理荒漠化土地示范区。结合当地的情况,通过使用高新技术、改造生产要素组合条件,提高未荒漠化土地粮食产量,充分发挥土地的生产力,增加产品产量和抗灾能力,提高效益。种树、种草和提高荒漠化土地承载力应同步进行,如果没有去除荒漠化的根源,则荒漠化的治理效果就会不佳;如果不种树种草,荒漠化的治理就不可能实现。

3. 加强监测,适度开发

要加强观测和监测工作,研究沙化过程和特点,建立定量描述荒漠化程度、等级、范围及其危险性的客观标准,为防治沙漠化提出科学依据。

总之,荒漠化这个地球的"皮肤病",虽然在我国北方地区有发展的趋势,但并不是不可预防和治理的,"病症"虽然可怕,但也是可以预防和早期治疗的。为了防治荒漠化,对自然资源开发利用时要贯彻适度利用的原则;在进行水利工程建设时,应全面考虑一个流域的水资源平衡;在河流下

　　游进行开垦时,要坚持有多少水开垦多少田的原则,"有多大的碗就吃多少的饭",不要过度发开。另外,还要控制人口增长,减轻人口对土地的压力。

　　让我们立即行动起来,保护环境,"变荒漠为绿洲"、"变荒漠为良田",让地球母亲重新滋润肥沃,再次充满生机与活力,让她的"皮肤"恢复往日的光泽。

第四编

全球变化之
生物多样性变化

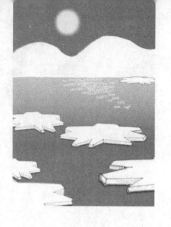

全球变化与生物多样性

侯玉平

你是不是像我一样,也是一位电影爱好者? 每个周末总会抽出一些时间,带上远离繁忙和喧嚣的悠然心情,在绚丽的电影画面前静静地度过? 这个周末我看了《北极传说》。这部影片给人以巨大的震撼,在这里我看到了纯粹的生命。晶莹的白雪和通彻的寒冰造就了神秘而又美丽的北极,在这个王国中有着他们主宰的生灵,如北极熊、海象。影片追随北极熊 Seela 和海象 Nanu 的一生经历,向观众展示了一个宁静而美丽的北极世界。但全球的急剧变化,特别是全球变暖,打破了这种宁静。冰雪的提前消融正在让这白雪世界可爱的生灵前所未有地挨饿,它们的生命、它们的未来正在被剥夺。当然,相似的灾难远不止发生在北极,全球范围内,生物物种消失在加快,生物多样性在锐减。然而,正是丰富的生物多样性赋予我们的星球以生气与活力,失去了它们,地球将黯然失色。

一、生物多样性给我们带来了什么?

生物多样性指的是地球生物圈中所有的生物,即动物、植物、微生物,以及它们所拥有的基因和生存环境。简单地说,生物多样性表现的是千千万万的生物种类和它们生存的环境(图 1),它包含三个层次的意义,即遗传多样性、物种多样性和生态系统多样性。

其中,物种多样性是生物多样性的关键。目前我们已经知道大约有200 万种生物,这些形形色色的生物物种就构成了生物物种的多样性。生物多样性不仅为我们提供了食物,还为工业提供原料,如橡胶、油脂、芳香油、纤维等。许多野生动植物还是珍贵的药材,为治疗疑难病症提供了可能。在亚马孙河流域有 2000 多种动植物具有药用;在中国,能够入药的物种多达 5000 多种。专家们正在紫杉和红豆杉中提取用于治疗癌症的植物

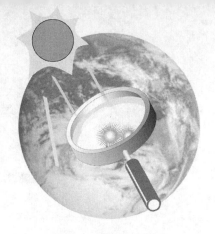

图 1　地球——生物多样性乐园（设计：侯玉平；绘图：梁静真）

成分,可以减少化疗之苦的肺癌乳腺癌新口服药温诺平,即提炼自非洲马达加斯加的长春花,这是医学界第一个以半合成方式制造出的化疗药物。

　　遗传多样性,指的是同一个种当中不同的个体所携带的遗传物质不完全相同。有不同的遗传物质,才会产生不同的性状。比如说有人是单眼皮,有人却是双眼皮,这正是由于个体携带的基因不同所导致的。不同基因的组合不仅会使物种内性状丰富,还会创造出对环境适应能力加强的更优秀的后代,如"杂交稻"的出现。如果没有我国一个被保护的野生稻基因——雄性败育的野生稻——"野败",袁隆平教授就无法研究出高产的"杂交稻",很多人的温饱问题就得不到解决。这就是一个典型的利用生物物种基因的例子。该项成果被认为是解决 21 世纪世界性饥饿问题的法宝,甚至是"中国的第五大发明"。

　　另外,生物多样性还包括生态系统多样性。比如中国具有各种陆生生态系统类型,如森林、灌丛、草原和稀树草原、草甸、荒漠、高山冻原等。这些生态系统是由各种生物和它们周围的环境所构成的。在生态系统之中,

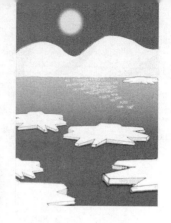

不仅各物种之间相互依赖,彼此制约,而且生物和其周围的各种环境因子也是相互作用的。在不同的环境下,经过千百万年的生物演化,各自形成了完整的生态系统。生态系统也是丰富多样的,没有生态系统的多样性,就没有我们赏心悦目、多彩绚丽的大自然。

二、宏大而复杂的生物多样性王国

了解了生物多样性以及它的重要性之后,大家一定很想知道全世界的生物多样性是怎样的一种状况、中国有没有丰富的生物多样性呢?

首先,让我们一起来了解一下世界的生物多样性。生物多样性并不是均匀地分布于全世界 168 个国家的;全球生物多样性与水热条件密切相关,主要分布在热带森林,仅占全球陆地面积 7% 的热带森林却容纳了全世界半数以上的物种。

有些国家被称为生物多样性巨丰国家,它们拥有全世界最高比例的生物多样性(包括海洋、淡水和陆地中的生物多样性),主要是位于或部分位于热带地区的一些国家。巴西、哥伦比亚、厄瓜多尔、秘鲁、墨西哥、扎伊尔、马达加斯加、澳大利亚、中国、印度、印度尼西亚、马来西亚等 12 个多样性巨丰国家占全世界拥有的生物多样性的 60%～70% 甚至更高。

巴西、扎伊尔、马达加斯加、印度尼西亚四国拥有全世界三分之二的灵长类动物;巴西、哥伦比亚、墨西哥、扎伊尔、中国、印度尼西亚和澳大利亚七国具有世界一半以上的有花植物;巴西、扎伊尔、印度尼西亚三国分布有世界一半以上的热带雨林。

除了水热条件,复杂的地质历史也是生物多样性演化的契机,如陆地形成、造山运动、大陆漂移、气候周期、大陆碰撞等。中国也因此而形成了多样的气候类型及生态系统类型,成为地球上生物多样性最丰富的国家之一。1990 年生物多样性专家把我国生物多样性排在 12 个全球最丰富国家中的第 8 位;在北半球,我国是生物多样性最丰富的国家。我国的生物多样性主要分布在广东、广西、福建、四川、云南等地。

我国的生物多样性具有哪些特点呢?有关专家对此做了简要的总结:

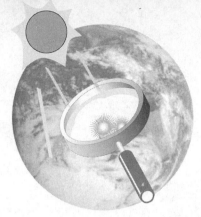

物种高度丰富 我国有高等植物 3 万余种,仅次于世界高等植物最丰富的巴西和哥伦比亚;中国的动物也很丰富,脊椎动物共有 6347 种,占世界动物种总数(45417)的 13.97%;中国是世界上鸟类最多的国家之一,共有鸟类 1244 种,占世界鸟类总数的 13.1%;中国有鱼类 3862 种,占世界鱼类总种数(19056 种)的 20.27%。

特有属、种繁多 我国高等植物中特有种最多,约 17300 种,占全国高等植物的 57% 以上。581 种哺乳动物中,特有种约为 110 种,约占 19%。尤为人们所注意的是有活化石之称的大熊猫、白鳍豚、水杉、银杏、银杉、攀枝花苏铁等。

区系起源古老 由于中生代末我国大部分地区已上升为陆地,在第四纪冰期又未遭受大陆冰川的影响,所以各地都在不同程度上保存着白垩纪、第三纪的古老残遗成分。如松杉类植物,世界现存 7 个科,我国就有 6 个科。动物中的大熊猫、羚羊、扬子鳄、大鲵等都是古老孑遗物种。

栽培植物、家养动物及其野生亲缘种的种质资源异常丰富 我国有数千年的农业开垦历史,很早就对自然环境中所蕴藏的丰富多彩的遗传资源进行开发利用、培植繁育,因而我国的栽培植物和家养动物的丰富度在全世界是独一无二、无与伦比的。例如,我国有经济树种 1000 种以上;我国是水稻的原产地之一,有地方品种 50000 个;我国是大豆的故乡,有地方品种 20000 个;有药用植物 11000 多种等。

生态系统类型丰富 我国具有陆生生态系统的各种类型,包括森林、灌丛、草原和稀树草原、草甸、荒漠、高山冻原等。由于不同的气候、土壤等条件,又进一步分为各种亚类型约 600 种。如我国的森林有针叶林、针阔叶混交林和阔叶林;草甸有典型草甸、盐生草甸、沼泽化草甸、高寒草甸等。除此之外,我国海洋和淡水生态系统类型也很齐全。

空间格局繁复多样 我国地域辽阔,地势起伏多山,气候复杂多变,从北到南,气候跨寒温带、温带、暖温带、亚热带和热带,生物群落包括寒温带针叶林、温带针阔叶混交林、暖温带落叶阔叶林、亚热带常绿阔叶林、热带季雨林。随着降水量的减少,在北方,针阔叶混交林和落叶阔叶林自东向

西依次更替为草甸草原、典型草原、荒漠化草原、草原化荒漠、典型荒漠和极旱荒漠;在南方,东部亚热带常绿阔叶林(分布于江南丘陵)和西部亚热带常绿阔叶林(分布于云贵高原)在性质上明显不同,并发生了不少同属不同种的物种替代。

三、生物多样性亮起红灯

世界有着丰富的生物多样性,中国亦是地大物博。然而,这一事实下掩藏着巨大的危机,因为生物多样性已经亮起了红灯。今天世界上许多物种濒临灭绝,以下的数据触目惊心:

在恐龙时代,平均 1000 年才有一种动物灭绝;

20 世纪以前,地球上约每 4 年有一种动物灭绝;

近 100 年来,地球物种灭绝的速率超过自然灭绝的 1000 倍;

现在,每年约有 4 万种生物灭绝,每天有几十种物种消失,而且这种灭绝速率依然有增无减。21 世纪初期已经被一些科学家描述成是"第六次大灭绝"时代的开始。

英国专家麦克古尔(Bill McGuire)教授预言,到 2050 年,现在陆地上四分之一的植物和动物都将遭遇灭绝的噩运,而像北极熊这样的动物尤其面临灭绝的危险。据报道,全球变暖,北极冰日渐消融,威胁着北极熊的生存空间(图 2),美国将北极熊列入《濒临危险物种法》的保护名单。美国鱼类和野生动物管理局(USFWS)专家预测,全球 2.5 万头北极熊到 2050 年时只会剩下三分之一。这是地球资源的巨大损失,因为物种一旦消失,就永不再生。也许有人认为,即使是一些物种灭绝了,还有不少物种存留下来,但值得注意的是,所有的这些物种与其他物种是相互联系的,组成相对稳定的食物链和生态系统。如果其中一个特定的物种失去了它的栖息地或者再也找不到它常吃的食物而灭绝掉,则整个食物链就会失稳甚至破碎;当我们在生命之网中不断灭掉物种时,整个生命之网将变得摇摇欲坠,灭绝掉足够多的物种就会撼动整个地球上的生命结构。

中国是世界上少数几个生物多样性特别丰富的国家之一,在全球生物

图2　全球气候变暖,北极熊在本世纪末可能消失

（设计:侯玉平;绘图:梁静真）

多样性保护中具有特殊的地位。然而我国却面临生物多样性的困境:中国是世界上人口最多、人均资源占有量较低而且70%左右的人口是生活在农村的农业大国,巨大的人口压力、高速的经济发展对资源需求的日益增加和全球变化等因素的影响,使中国的生物多样性受到了极为严重的威胁。

《中国履行国际环境公约国家能力自评估报告》显示,中国的物种濒危情况远比过去估计的要严重。过去对濒危物种的估计大致在2%～30%范围内,但是,后来较为全面的评估发现,无脊椎和脊椎动物受威胁的比例分别为34.74%和35.92%,接近濒危的比例分别为12.44%和8.47%;裸子植物受威胁和濒危的比例分别为69.91%和21.23%;被子植物分别为86.63%和7.22%。各类生物物种受威胁的比例普遍提高到20%～40%,特别是植物的濒危物种比例远远超出了过去的估计,遗传多样性大量丧失。中国作为世界三大栽培植物起源中心之一,有相当数量的、携带宝贵

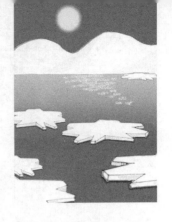

种质资源的野生近缘种分布,其生境受到严重破坏,形势十分严峻。

　　数字如果太抽象不足以引起你的警觉,那么难以抹杀的灾难却永远是人们关注的焦点。2007年度十大人为灾难,排在第四名的是长江白鳍豚灭绝。在中国,人们把白鳍豚称为"长江女神",它是仅存的一种在4000万年前至2000万年前从咸水鲸和海豚分化出来的物种。但现在,据2007年8月公布的一项调查显示,这种珍贵的淡水哺乳动物已几乎灭绝,成为50年来第一种消失在地球上的水生脊椎动物,也是第一种受人类活动影响的大型哺乳动物受害者(图3)。

图3　白鳍豚离我们而去(设计:侯玉玉;绘图:梁静真)

四、谁扼杀了我们的地球同伴?

　　据陈宜瑜院士分析,在全球变化的大背景下,引起生物多样性锐减的主要原因包括:因森林砍伐而引起的生境片段化和栖息地的丧失、因全球变暖而引起的生物物候期和分布范围的变化、传染性疾病的发生、大气氮

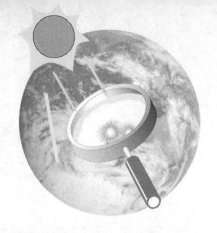

沉降和施肥等。

这里，我们用史军博士发表于《牛顿科学世界》的一则生动而又凄美的例子来说明作为全球变化主要组分之一的全球变暖对生物多样性的影响，让我们对临近的灾难多一些直接的感知：

"从赤道到两极的动植物都感受到了气候变化的影响。全球变暖的一个明显的后果是春天提早到来。在漫漫寒冬之时，或许人们都希望春天早点儿到来，希望百花早日盛开，希望蝴蝶早点儿在花丛中翩翩起舞，希望小鸟早点儿在枝头鸣唱。如今，越来越多的植物开花物候资料表明春天确实提前了。在日本，樱花的花期比 20 年前提前了 5.5 天；在美国西南部沙漠地带，灌木的花期比 100 年前提前了大约 20~40 天。然而，在这个提前到来的春天里，风景真的会很美吗？

"在阳光明媚的'早春'，春风早早地叫醒了地球上最后一株腊梅。枝头的花朵尽最大的努力让自己的黄色外衣更醒目一点儿，它们还铆足劲儿放出丝丝香气。然而，这些从祖辈继承下来用于吸引蜜蜂传粉的招牌似乎不再像以往那么有效了——天空中和花丛中都寂静无声。当花瓣带着遗憾再次化为春泥时，睡醒的最后一群蜜蜂终于出现了。它们依然像祖辈那样在田野中寻觅可口的花粉和甘甜的花蜜，可一切都晚了，等待它们的只有枝头萎蔫的花朵和地上凋零的花瓣。结局可想而知，腊梅和蜜蜂就像爱情悲剧里的男女主角，感情至深却不能相见，终于双双郁郁而终。上面的故事似乎让人觉得有些不可思议。因为我们还能看到，枝头有蜜蜂在寻觅，花丛中有蝴蝶在飞舞。但是随着地球持续变暖，上述的'爱情悲剧'正在或者将要发生在一个提前到来的春天里。

"人们常说，'早起的鸟儿有虫吃'，并教导后代以勤为勉。对花朵来说，早日开放却未必是件好事。如果花期提前，文章开头的那个故事就会上演，接着是没有授粉，也就没有结果，当然也就没有后代。这样一来，植物种群就会慢慢消亡，而它们的传粉者也会因为没有食物而从地球上消失。最终给我们留下一个寂静的春天。

"随着全球变暖趋势加剧，春天进一步提前，这种植物花期和传粉者活

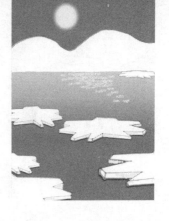

动期分离的问题将进一步加剧。科学家通过数据模型预测,在今后的 50 年里,气温每升高 1 ℃,植物开花期就将提前 4 天。这种情况持续下去的话,会导致 17% ～50% 的传粉者失去生存所需的食物来源,这些传粉昆虫的活动周期也将缩短一半,最终会导致那些"无虫问津"的花朵和"缺吃少喝"的昆虫永远从地球上消失。然而悲剧故事还远远没有结束。就像多米诺骨牌一样,随着昆虫的消亡,以它们为食的鸟类和其他小型动物也将面临食物短缺的危机,并最终走上不归路。这样会进一步影响到大型肉食动物,整个生态系统都可能因为食物链的断裂在短时间内轰然倒下。"

五、开始保护我们家园的行动

生物多样性丧失与全球变化有关,与人类对待生物多样性问题的无知和冷漠以及一些短视行为有关。地球是我们共同的家园,让地球充满生机的生物多样性正在遭到空前的破坏,它们与战争、贫困、疾病、营养不良等灾难一样,对人类的生存构成了威胁。生物多样性的兴衰与我们每一个人和我们每一个人的后代都息息相关,保护生物多样性,就是保护我们自己。我们每一个人都可以为保护生物多样性尽力,一个人的力量虽然微弱,然而"涓涓滴水汇成涌泉",我们所有人的努力必将产生巨大的合力——保护我们生存和发展的自然基础,确保我们的子孙后代也能与其他生物共同繁荣,而不是孤独地面对一个苍凉的世界。保护生物多样性的呼声越来越高涨,现在是我们为之付诸行动的时刻!

亲爱的读者朋友,这里给您几条建议,您很容易做到的:

——出门尽量乘坐公共交通工具。

——尽量避免使用杀虫剂、除草剂,它们中有很多都会毒害鸟类,伤害蝴蝶和毛虫。

——使用节能环保的电器;使用高效节能灯泡,并注意随手关灯。

——空调冬天不要高于 18 ℃,夏天不要低于 26 ℃;电器在不使用时拔掉电源线,因为这样也耗费电力。

——联合抵制涉及珍稀濒危物种产品的买卖,如象牙、犀牛角、麝香

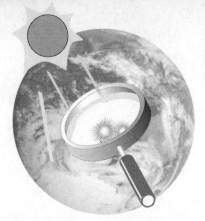

鹿、海龟壳或藏羚羊的毛皮等。

——联合抵制对被保护的珍稀濒危物种的猎食,如穿山甲、獾、鲸鱼、鲨鱼等。

——尽量减少使用或不使用木筷等一次性产品,上街自备环保购物袋。

——请组织观看《北极传说》等优秀的影视作品,了解更多关于全球变化与生物多样性的知识,并向他人传播。

我们能做的远远不止这些。未来在我们手中,保护我们的家园,请大家一起努力并即刻行动。只有这样,我们的后代才能有机会看到《北极传说》中美丽的北极生命!

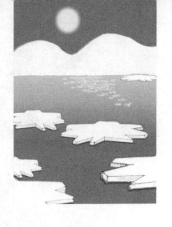

生物界不见硝烟的侵略战争

赵　娜

一、植物杀手

在我国的广东地区有种植物杀手,它不用枪不用炮,所到之处却能引起当地政府的恐慌,耗资巨大对其进行大规模的"围剿"。它是谁?为什么具有如此大的威力?为什么它所到之处,人们就会胆战心惊?它是从哪里来的呢?它就是大名鼎鼎的植物杀手——薇甘菊。当然,薇甘菊杀戮的对象不是人类,而是树木、灌木、草本植物,它伤害的是这个地区的生态系统,一旦生态系统遭到破坏,就会进而影响人类的生存。

薇甘菊的家乡在南美洲,在家乡它是一个长袖善舞的乖乖女:细长而柔软的茎多有分枝,一般呈匍匐生长,或者轻轻地缠绕在其他植物上,给其他植物披上一件美丽的绿纱。它的叶子一般是卵形或者心形,薄而轻巧。到开花的季节就长满了一团团的头状花序,细细碎碎的小白花密密地开着。花败了,就看到黑色的瘦瘦长长的两头尖尖的种子,种子的一端插在花托里,另一端有一撮白色的绒毛,这撮绒毛就是种子的"降落伞",风一吹,"降落伞"就会带着它浪迹天涯,到一个新的环境里生根、发芽、成长和繁衍子孙。这种植物有药用价值,当地人也用它来治病。

1919年的时候,它潜入了我国的香港。当时,香港人见它长得比较漂亮,还曾一度拿它当作绿化植物来装饰庭院。于是就在香港站稳了脚跟,它悄悄地潜伏在那里,耐心地等待时机。在1984年前后的时候,薇甘菊进入我国的深圳,然后就慢慢地扩张它的地盘。在20世纪90年代,薇甘菊初步向我们展示了它的杀伤力,现在更是泛滥成灾。薇甘菊是一种具有超强繁殖能力的草质藤本植物,它的生长速度很快,攀上了灌木和乔木后,能迅速覆盖在整株树木上,层层叠叠,像一个绿色的密织的网,严严实实地覆

盖在树木上,这样树木就被遮住了阳光而不能进行光合作用(图1)。薇甘菊生长速度快,就会抢夺树木的养分和水分;薇甘菊还会分泌一种化学物质,这种化学物质对树木有毒性。树木在"三座大山"——没有阳光来进行光合作用,没有足够的养分和水分而营养不良,再加上薇甘菊不停地给它们灌慢性自杀的毒素——的压迫之下,不久之后就死亡了(图2)。薇甘菊不仅能杀死树木,连地上的小草都不放过,它像一张巨大的绿色的厚厚的毯子覆盖在地面上,地上柔弱的小草哪里是它的对手,一旦遭遇上薇甘菊,小草也很快就死亡了。

图1 薇甘菊缠死其他植物(设计:赵娜;绘图:赵亮)

薇甘菊安营扎寨的地方,虽然视线能及之处是一片绿色,但却让人不寒而栗。大片大片的树木死亡,有些树木不堪重负倒下,又被薇甘菊覆盖。这里见不到其他的植物,也见不到动物,只有薇甘菊。虽然满眼绿色,却让人感到这里是生命的禁区,是绿色的荒漠。薇甘菊进入内伶仃岛后,大片大片地杀死了岛上的植物,使原本居住在那里的猕猴因缺乏食物而告急。

那么,有人要问了,为什么薇甘菊在南美洲的时候是"良民",到了我国却摇身一变成为"杀手"呢?原因很多,其中一个重要的原因是——在我

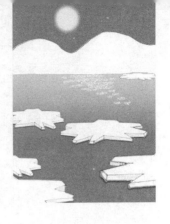

图 2　薇甘菊分泌化学物质杀死其他植物（设计：赵娜；绘图：赵亮）

国，薇甘菊没有天敌。目前没有发现有动物以薇甘菊作为食物，也没有病菌使其生病，而在南美洲就有。自然界本身就是一个有机的整体，各种生物之间息息相关，有生有克，有增有灭，生物之间能够达到一种平衡，和谐相处。薇甘菊"移植"我国广东之后，当地的气候条件非常适合它生长，并且它还有超强的生长和繁殖能力，薇甘菊的英文名字意为"一分钟，一英里杂草"，因此，它就会和其他植物争夺养分，泛滥成灾，破坏生态平衡。又有人要问了，那我们是否可以从南美洲引进薇甘菊的天敌来制约它的生长呢？这个方法虽然理论上可行，但是有巨大风险。如果贸然引进其他的生物，会不会引起新的生物入侵呢？这是难以预测的。引进外来种是一件非常慎重的事情，在没有把这些问题研究透彻之前，科学家是不能随便引进新的物种的。

　　如果说薇甘菊攻占了我们的森林，那么水葫芦就侵略了我们的河流。水葫芦也叫凤眼莲，但是长得不似凤凰般漂亮，也不似莲花般（图3）出淤泥而不染。它是哪里水脏就到哪里，繁殖速度极快，既可以有性繁殖，又可以无性繁殖（在适宜的条件下，5天就能繁殖一新植株）。但是这种生物的

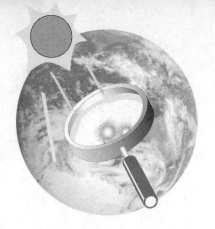

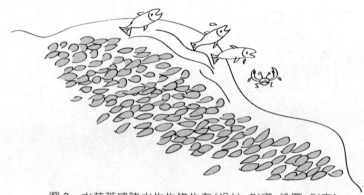

图3　水葫芦威胁水生生物生存(设计:赵娜;绘图:赵亮)

大量繁衍已经成为人们的心腹之患,云南昆明滇池之所以被列入国家环保治理重点,凤眼莲"罪责难逃"。滇池曾经一度有10平方千米的水面被凤眼莲占据,不仅堵塞了交通,破坏了当地水生植被,而且给渔业和旅游业造成重大损失。最初,水葫芦是被当作牲畜饲料光明正大地从南美洲来到我国的,现在它却有"一统江湖"的魄力,有水葫芦生长的地方,就没有其他植物的立足之地。

微甘菊吞噬伶仃岛、三裂叶蟛蜞菊祸害广东、水葫芦阻塞云南滇池、飞机草要霸占西双版纳、大米草在毁坏海岸滩涂……20世纪80年代以来,我国经济的高速发展,促进了外来物种的引入。我国现有外来杂草108种,其中被认为全国性或地区性的恶性杂草有15种;危害严重的外来动物有40余种。我国环境保护总局公布的首批入侵我国的16种外来入侵种中植物部分占9种。这些均是在我国臭名昭著的植物杀手。

二、动物"杀手"

当然,能引起生物入侵灾难的物种不局限于植物,也有动物。

牛蛙(美国青蛙)原分布于北美洲,1959年引入我国作为餐桌上的美味佳肴,但是现在几乎遍及我国大部分地区。牛蛙的适应性很强,易于入

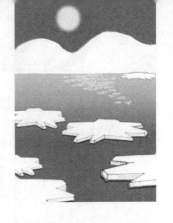

侵扩散，导致我国本地两栖类面临减少和绝灭。牛蛙的学名在拉丁文里的意思是"准备吃光所有的东西"，它的胃口大得惊人，见什么吃什么。国外有科学家指出："牛蛙在加拿大温哥华地区泛滥成灾，不仅吃虫子还把温哥华以北大约120千米的堪伯雷湖里的水鸭吃光了。"在牛蛙"大驾光临"之前，这个湖泊区宁静而且非常迷人，生物多样性很高，漫步在湖边不仅可以见到各种珍奇水鸟，还可以看到许多水鸭子在湖边嬉戏玩耍。自从牛蛙在这里安家落户后，一切都彻底改变了，人们再也听不到水鸟的啾啾声，只能听到牛蛙低沉的牛吼般的噪音。一旦牛蛙在一个地方站稳脚跟，想除掉它们就异常艰难，因为牛蛙的繁殖能力极强，每只雌牛蛙能产大约13000个卵，所以，只要有一对牛蛙逃走，它们很快就会繁衍出一个大家族来。

原产日本的松突圆蚧于20世纪80年代初出现在我国南部，到1990年底，已经造成13000多平方千米的马尾松林枯死。福寿螺（大瓶螺）原产亚马孙河流域，在1981年引入我国，现广泛分布于广东、福建、云南、浙江等地，危害水稻，威胁当地的水生植物、贝类，同时还是一些寄生虫病的中间宿主。福寿螺看起来美味不可阻挡，尤其是在夏季，一盘凉拌的螺肉更受许多人的青睐。但是，就是这样的美味佳肴却给人类招来杀身之祸。它会引发广州管圆线虫病（属于脑膜炎的一种），严重者甚至可以致死。美国白蛾在侵入我国后，仅辽宁一地就有100多种植物受到危害。非洲大蜗牛（褐云玛瑙螺）原产非洲，20世纪20年代末在福建厦门首次发现，现已扩散到我国香港、台湾、海南、广西等地，成为危害农作物、蔬菜和生态系统的有害生物……

日本松突圆蚧"蚕食"我国马尾松林、美国白蛾消灭我国多种植物、小龙虾威胁洞庭湖堤坝、食人鲳灭绝鱼塘生物等，从森林到水域，从湿地到草地、到城市居民区，都可以见到这些生物"入侵者"。我国环境保护总局公布的首批入侵我国的16种外来入侵种中动物部分占7种。

我国地大物博，幅员辽阔，地处全球最大的陆地与最大的海洋之间。我国的西南是世界屋脊青藏高原，东南便是世界上最大的大洋太平洋。我国南北跨度1500千米，东西距离5200千米，总共跨越了50个纬度及5个

气候带（寒温带、温带、暖温带、亚热带和热带）。辽阔的土地、多种气候条件、丰富多样的生态系统等自然特征使我国很容易遭受外来种的侵害，全世界大多数外来种都可以在我国找到合适的栖息地。尤其是在低海拔地区及热带岛屿，生态系统受到的影响最为严重。

三、揭开"杀手"真面目

"杀手"从哪里来？在血淋淋的残酷的事实下面又有怎样的真相呢？原来，这些"杀手"在原产地是"良民"，而一旦离开了生长的地方，飘洋过海到了国外，一不小心就成了"杀手"。在生态学上它们被称为外来入侵种。

外来物种是指那些出现在其过去或现在的自然分布范围及扩展潜力以外的物种。这些物种可以分为两大类，一类对人类有益，比如我们食物中的玉米、小麦、大麦、辣椒、棉花、马铃薯、甘薯、番茄等都是从国外引进的，很难想象如果没有这些食物，我们的餐桌将是什么模样！还有一些家畜品种也是从国外引进的，园林里那些姹紫嫣红的外来花木，动物园里形态各异的世界各地的动物，这些远道而来的"友好使者"们给我们的生活平添了不少的乐趣。但是，一提到那些对当地生态环境、生物多样性、人类健康和经济发展造成危害的外来物种，即入侵种，就让人不寒而栗了。

外来生物入侵是指某种生物从原来的分布区域扩展到一个新的地区，在新的区域里，其后代可以繁殖、扩散并维持下去，形成对本地物种的生存的威胁。因此可以说，生物入侵是一场没有硝烟的侵略战争，这场战争正在世界范围内打响，战争的恐怖分子就是外来生物。生物入侵影响了原有生物地理分布和自然生态系统的结构和功能，对环境产生了很大的影响。入侵种往往会形成广泛的"生物污染"，危害本地物种的生物多样性并且影响农业生产，造成巨大的经济损失。例如，据报道："美国每年因外来物种造成的直接或间接经济损失高达 1370 亿美元，全球经济损失高达数千亿美元。我国仅仅因为几种主要外来入侵种所造成的经济损失每年也高达574 亿人民币。"据统计，"所有被引进的外来种中，大约有 10％ 在新的生态系统中可以自行繁殖，在可以自行繁殖的外来种中大约有 10％ 能够造成

生物灾害成为外来入侵种。"这些外来入侵种虽然相对种类数量很少，但是却破坏了我们的环境，给世界带来很大的经济损失，给人类生存造成很大的威胁。

我们应该注意的是，"外来"这个概念不是以国界来定义的。我国盛产的"四大家鱼"（青草鲢鳙）在我国的大部分地区都是土生土长的本地种，是中国人餐桌上的美味佳肴。但是，当他们被引入云南、青海、新疆等高海拔地区水域中的时候，就变成了危害当地水产品生长的入侵种。例如，鳙被引入云南之后直接影响了云南本地种大头鲤的生存，因为鳙的口较大，鳃耙长而密，滤食能力极强，而大头鲤口较小，鳃耙短而稀，滤食能力较弱，所以，大头鲤就会因为食物不足而死亡。我国地域辽阔，地形复杂，生态环境类型多种多样，所以，我们也要注意我国不同地区的外来种入侵问题。

那么，外来种如何变成令人生畏的入侵种呢？外来入侵种为什么能够造成如此大的危害呢？我们先从"生态系统"讲起。

生态系统是由生物体及其生存环境在漫长历史时期的相互作用中长期演化而形成的动态平衡复合体。地球上的大陆、海洋、岛屿、高山、低谷等都各自拥有不同的植物、动物、微生物，这些生物之间形成了复杂的相互作用关系。各种生物之间相生相克、息息相关，成为一个有机整体。一些地理条件或气候条件的隔离使这些生物生存在自己的领域里，一个池塘、一片林地、一个草原……就是一个相对完整的生态系统，因此整个地球就形成了形形色色的物种资源，也就有了我们这个五彩斑斓的世界。

外来种在进入某个生态系统之前，它借助人类的某些活动穿越了自然情况下不能逾越的空间障碍。在自然的条件下，山脉、河流、海洋和低谷的阻挡，以及阳光、土壤、温度、湿度等自然因素的差异使物种迁移有很大的障碍，依靠自然的力量这些物种难以扩散到一个新的生态系统里去。外来物种迁移到一个新的平衡的生态环境里，有可能会因不适应新环境而很快被淘汰，也有可能恰好能适应新的环境条件，而且在新环境下没有天敌而成为入侵种，打破生态平衡，改变或者破坏当地的生态环境。例如，澳大利亚以前是没有兔子的，后来在 1859 年，澳大利亚的一个农夫为了打猎把兔

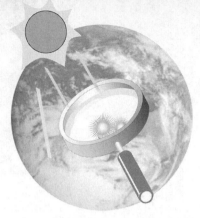

子引进澳大利亚,之后,一场可怕的生态灾难暴发了。兔子引进之后非常适应当地的气候条件,澳大利亚又盛产鲜美的草,兔子在当地没有天敌,于是大肆泛滥,啃光了澳大利亚的草原,引起草原退化,威胁到当地一些食草性动物的生存。

四、"杀手"是怎样形成的

那么,入侵种为什么能够造成如此大的危害呢? 一个新的物种进入一个新的生态系统,是否能够成功入侵主要取决于两个方面:其一是入侵种自身的特点,其二是被入侵的环境的特点。

1. "入侵种"有四大"看家本领"

入侵种一般而言有四大看家本领:

——生态适应能力特别强。许多入侵种的适应范围特别广,可以在多个生态系统生存,有的还可以在非常贫乏的土壤中生存,一般比较喜欢阳光充足的地方;种子也可以在不适应的条件下存活,一旦条件改善,马上开始生根发芽。

——繁殖能力特别强。很多入侵种既可以用有性生殖的方式繁殖,而且种子比较容易传播,也可以用无性生殖的方式繁殖。所谓有性繁殖就是产生种子,利用种子来产生后代;而无性生殖就是用植物体上任何一部分器官,如根、茎、叶来繁殖后代。

——有些入侵种植物可以分泌一种化学物质来杀死本地植物。

——入侵种的生长速度很快,能够很强势地争夺其他植物的养分,并且快速扩张自己的地盘。

2. 被入侵的环境又是怎样"引狼入室"呢?

什么样的环境容易使入侵种肆意横行呢?

首先,有足够可利用的资源的生态系统往往比较容易被入侵。结构简单的生态系统,如农田生态系统,特别是经常受到人类干扰或已经退化的生态系统最容易受到入侵种的入侵。据科学家研究,"在云南和四川造成

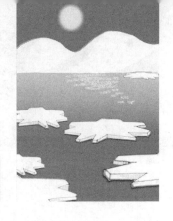

灾害的紫茎泽兰最容易侵占的就是退化的草场。在退化的生态系统里,物种比较单一,一些资源被过度利用,一些资源没有很好地被利用。外来入侵种借助这些没有被充分利用的资源而得到发展。"

其次,被入侵的环境没有入侵种的天敌——或者以其为食,或者寄生,或者能够与其竞争,或者能够分泌物质抑制其生长,从而控制其数量——所以,入侵种可以肆无忌惮地生长繁衍。如同一个小偷潜入另外一个新的国家,而这个国家里没有警察,并且小偷在新国家里不会生病,所以就容易造成更多的小偷更加无所顾忌地去犯罪。

另外,人类对生态系统的干扰越大,越容易促进入侵种的发展。一方面人类可能会不经意地带来入侵种;另一方面,人类的频繁活动常常使生态系统受到干扰,这些干扰也能促使入侵种入侵。容易受到外来种入侵的区域包括:重要的港口附近,铁路公路的两旁,人为干扰严重的森林、草场,一些小的岛屿,受火灾、洪水、干旱等破坏后的生态系统。这些生态系统中的生物组成比较简单,入侵种极易迅速占领大量的地盘。

3. 入侵途径与入侵要术

入侵种是通过什么途径来入侵的呢?

首先是人类的不意引入——船只携带,海洋垃圾,随着进口的农产品或者货物等带入;交通工具、工作工具、鞋底的泥巴、运输的苗木、引进的国外品种夹杂的杂草等都可以带入外来种。

其次是动植物园逃逸。那些从栽培植物和种植园中逃逸出来的物种,如荞麦、圆叶牵牛等,容易成为入侵种。

再者是人类有意地引入。现在的种植养殖业还有园林绿化业,为了实现提高经济效益、观赏或者环保等目的,几乎都会从国外引进物种,但是也有部分种类由于引种不当而变成有害植物。例如凤眼莲当初是作为猪饲料从南美洲引入的,现在它却对我国的水生生态系统造成了很大的危害。大米草一开始是作为保护沿海滩涂的植物从欧美等国家引入的,现在却变成了沿海地区难以控制的杂草。有意引进的植物主要包括:

——作为饲料和牧草而引进的有凤眼莲、喜旱莲子草;

——作为观赏植物的有薇甘菊、五爪金龙、加拿大一枝黄花、圆叶牵牛、马缨丹、三裂叶蟛蜞菊等；

——作为改善环境的植物有互花米草、地毯草等。

外来种入侵也需要战术，分阶段、按步骤地实行入侵。外来种通过各种途径到达某一个生态系统，并不是一开始进入新的生态系统就能形成入侵的，而是在一定条件下实现从"移民"到"侵略者"的转变。一般分为四个阶段：

——侵入。生物离开原来生存的环境到达一个新的环境。

——定居。生物到达入侵地之后，经过当地生态条件的驯化，能够生长发育并进行繁殖，至少完成一个世代。

——适应。生物繁殖了几代之后，由于入侵的时间比较短，个体基数小，所以种群增长不快，但是每一代对新环境的适应能力都有所增强。

——发展。入侵生物已经基本适应了新的生态系统，种群已经发展到一定数量，具有合理的年龄结构和性比，并且具有快速增长和扩散的能力，当地又缺乏控制该物种种群数量的生态调节机制，该物种就大肆传播蔓延，形成了生态"暴发"，并导致生态破坏。

五、如何控制"杀手"

"生物入侵，事关生态安全。现在已经到了必须行动的时候了。"有关专家警告世人。

面对咄咄逼人的生物入侵态势，面对越来越多的"生物入侵者"，我们究竟应该何去何从？国家环境保护总局和中国林业科学研究院的专家提出三项控制措施。

第一，要提高警惕，谨慎引种。引种是柄双刃剑，必须加强对引进物种的管理，不能捡了芝麻丢了西瓜，生物入侵比化学污染更为严重，因为化学污染最终会降解，而生物入侵除非是气候变得异常恶劣，否则是永远不会消除的，因为它们可以自我繁殖。正如《生物多样性公约》第八条指出的那样，"每一缔约国应尽可能并酌情防止引进、控制或清除那些威胁生态系

统、生境或物种的外来物种"。

第二,要查清我国现有外来有害物种的种类及危害状况。同时要采取有效措施,防止这些"特务"潜入我国。要防微杜渐,防患于未然。我国政府要严格海关检查,限制外来海船压舱水的排放,加强对外来物种危害的法制建设,加强公民的生态安全意识。

第三,要加强对已知的主要外来有害物种的防治及综合治理工作。那么,如何对入侵种进行控制和清除呢?对外来入侵种进行控制并不是一件简单的事情,需要制订控制计划,确定主要的目标植物、控制区域、控制方法和控制时间。计划的制订需要生态学家进行论证,需要有足够的经费和法律保证。对外来种进行清除的方法目前主要有:

——人工防治。依靠人力或机械设备,直接清理有害植物或捕捉有害昆虫。这种方法比较适合外来种刚刚进入建立种群,或者还处在潜伏期,没有大规模扩散的时期。人工防治可以在很短的时间内迅速清除有害动植物,具有较好的防治效果。但是,对于植物散落在土壤的种子和潜伏在土壤里的有害动物则无能为力,所以,人工清除的时候应该避开植物的开花结子期或昆虫的产卵期。凤眼莲、互花米草、空心莲子草、薇甘菊等外来入侵种的防治主要采用了这种方法。

——生物防治。生物防治是指从外来有害生物的原产地引进食性专一的天敌,吃掉有害生物或者使有害生物得病,把有害生物的密度控制在一定范围内,让有害生物和天敌之间能相互制衡,保持生态平衡。广东省在 1988 年从日本引进了花角蚜小蜂,成功控制了松突圆蚧的危害。中山大学李鸣光教授引进日本菟丝子对薇甘菊有较好的防治效果。

——化学防除。使用化学农药或除草剂对有害生物进行控制。化学农药效果好,见效快,使用简单。但是,化学农药或除草剂在杀死外来生物的同时也杀死了本地生物。在水体附近应该限制使用农药,一旦农药扩散到水体,对水生态环境就是毁灭性的灾害。化学防除费用比较高,而且一般只能杀死外来杂草的地上部分,防治效果难以持久,不久之后,这种入侵种就又"春风吹又生"了。

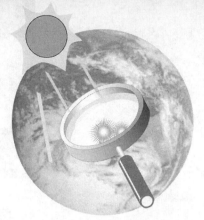

　　——生境控制。在人工清除外来杂草之后,可以通过种植树木来控制杂草,因为外来杂草一般是阳生植物,树木的遮荫作用可以在一定程度上抑制外来杂草的生长,但是在选取树木的时候要充分考虑树木的形态特征,一些藤本植物对某些植物是不能攀爬的,这样可以控制其向上生长;在有害植物上覆盖上厚厚一层麦秆、干草、木屑、树叶等也可以抑制外来杂草的生长;或者使用黑色的塑料薄膜覆盖在外来杂草上也可以达到控制其生长的目的。利用火烧的方法可以迅速杀死外来植物,并且能够杀死其后代,但是火烧之后要尽快种植本地植物进行恢复,例如进行林分改造来抑制入侵种的生长,否则外来植物可能会再次入侵。

"平民"变"杀手"

吴　瑾

一、发现了新"杀手"

全球变化会使外来入侵生物更疯狂地生长并引发更具灾难性的后果,这已引起全世界的极大关注。然而,许多现象表明,并非只有外来入侵生物才会成为"杀手",在全球变化背景下,土著生物也会因过度繁殖而发生灾变,成为有害生物。

近几年发现,广东省内有多处森林生态系统遭遇土著植物危害,而白云山和西樵山土著植物危害面积都超过了50万平方米(图1)。此外,海南、辽宁、江苏、重庆、浙江、台湾等省(市)都有不同程度的土著植物危害报道,国外也有类似报道。

许多本地的动物也成了灾害。如50多年前在津巴布韦发生的"色斑维灾难"。当时大象多得成灾,它们成群觅食,大摇大摆地踏过村镇和田野,所到之处既损坏植被,也影响了其他野生动物的栖息和捕食,使当地有些野生动物数量急剧减少甚至消失。

微生物灾害也在悄然而无情地发生着。2007年5月是一段让无锡人民难忘的日子,一段漫漫无期饮水难的日子。在这个初夏,太湖蓝藻疯长,几乎泛滥了整个湖面,原本清澈甘甜的湖水变成了臭水,引发了一场无锡地区数百万人的公共饮水危机。

二、新"杀手"的杀伤力

1. 植物"杀手"

自外来入侵植物引起大面积危害以来,人们对森林有害植物极其重

图1 刺果藤攀爬覆盖树木(摄于中国广州白云山)

视。除了外来植物造成的巨大危害外,土著植物也危害一方。中山大学彭少麟教授的研究团队对广州白云山和南海西樵山有害植物调查的结果表明,白云山发现有害植物29种,隶属23科27属,其中土著植物24种,入侵植物只有5种;土著植物成灾总面积达61万平方米。西樵山的土著灾难植物有25种,隶属20科25属,其中土著植物21种,外来植物只有4种;土著植物成灾总面积达56万平方米。调查结果说明,土著植物对森林生态系统构成巨大的威胁,其危害程度和范围都比外来入侵植物大得多。据报道,在广东省,土著植物金钟藤于20世纪90年代初期开始为害,到21世纪初期其为害面积已高达300多公顷,成为新的"森林杀手"。据不完全调查,在广东省内还有多个地点遭遇了土著植物危害,如肇庆鼎湖山森林破坏地的大花老鸭嘴危害、深圳银湖公园的小叶海金沙危害、惠州罗浮山的金钟藤危害、广州白云山的山猪菜等危害、珠海淇澳岛的无根藤危害以及南海西樵山的鸡屎藤危害等。目前,这些土著植物为害的面积还在不断扩大,正成为新的"森林杀手"。

　　除广东省外,国内外许多地方都出现土著植物疯狂生长进而成灾的现象。如海南的金钟藤、葛藤在辽宁、江苏、重庆、浙江和台湾对当地森林造成了不同程度的危害,尤其是浙江全省都出现了葛藤危害,危害面积难以估计。我国公布的林业危险性有害生物中,土著植物桑寄生和无根藤等也在其中。

　　国外方面,如越南的金钟藤危害、欧洲温带森林的常春藤危害。据《自然》(*Nature*)杂志报道:"近二十年来亚马孙森林中藤本植物的密度、基部面积和平均大小都增加了,平均每年藤本的优势度增加 1.7%～4.6%"。美国科罗拉多州及其附近区域的藤本植物十年间茎的增长量达 100%,阿肯色州在过去一百年增加了大量的藤本植物,而南部的萨凡纳河和坎格瑞国家公园(Congaree National Park)中的藤本植物在一二十年时间里,覆盖范围和密度都大大增加。

2. 动物"杀手"

　　土著动物造成的灾害更是不胜枚举,而且自古有之。

　　"田荒凉,地悲哀,因为五谷毁坏,……葡萄树枯干,无花果树衰残……他们前面如火烧灭,后面如火焰烧尽。……他们一来,众民伤恸,脸都变色……日头要变为黑暗,月亮要变为血。"这是《旧约·约珥书》中对蝗灾的形容。《旧约·出埃及记》里也有关于蝗灾的故事,里面蝗灾是神为了惩罚民众而降下的第八灾:"东风吹来无数蝗虫,吃掉了所有的菜蔬和果子"。有意思的是,有一些非正史的资料显示,公元前 1470 年尼罗河三角洲地区的确发生过这么一场蝗灾。而我国的《诗经》中则有"去其螟螣(螣即蝗虫),及其蟊贼,无害我田稚。田祖有神,秉畀炎火"。可见,蝗灾是世界性的灾祸,且历史悠久。

　　中国历史上可谓是蝗灾不断,据邓云特《中国救荒史》统计,"秦汉蝗灾平均 8.8 年一次,两宋为 3.5 年,元代为 1.6 年,明、清两代均为 2.8 年,受灾范围、受灾程度堪称世界之最"。

　　世界近现代的受灾情况也非常严重。1954 年,肯尼亚暴发大规模的蝗灾,总共约有 1000 平方千米的区域都被蝗虫所占据,有人估计这些蝗虫的数量可能有 500 亿头,总重量达 10 万吨。2001 年,中国辽宁省、黄河流

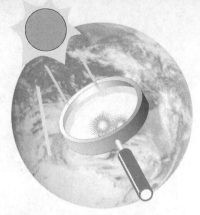

域、渤海沿岸地区以及新疆北部地区暴发了蝗灾,辽宁省的这次蝗灾是该省的首例,有人说这可能是由于那年天气过于干旱引起的。同年,俄罗斯南部的斯塔罗波尔地区也饱受蝗虫肆虐,许多草场和耕地都遭到毁坏。2003年,美国西部的内华达州、犹他州和爱达荷州暴发了第二次世界大战以来最严重的一次蝗虫灾害。2004年,尼日尔受蝗虫侵袭,蝗灾给该地区带来了巨大的粮食生产损失,并引发饥荒。

3. 微生物"杀手"

众所周知,目前蓝藻已经为害一方。

"太湖美,美就美在太湖水。"清代诗人吴昌硕在泛舟太湖之时曾作诗云:"野站投荒三四间,渡头齐放打鱼船。数声鸿雁雨初歇,七十二峰青自然。"曾经有着"包孕吴越"之称的太湖,如今已是三万六千顷湖水烟波浩淼只成追忆。

以往清澈而深邃的太湖水已消逝不再,如今太湖的湖面上漂浮着绿色油漆状的蓝藻,泛着阵阵的腥臭。对着现在的太湖水,人们再也唱不出太湖美了。在太湖美失去的同时,人们失去的不仅仅是这份烟雨江南、泛舟湖水的美丽,还有更为严峻的东西——生存之水。太湖一直是周边城市人民的水源,可每到初夏蓝藻的暴发却使得太湖的水质急剧下降,最为严重的一次便是2007年5月29日无锡市的饮用水危机。在这场危机中,自来水臭得无法使用,人们喝的、用的乃至生活中的一切用水都得靠买矿泉水来维持。

三、"杀手"真面目

1. 植物杀手真面目——藤本植物

李白曾有诗云:"紫藤挂云木,花蔓宜阳春,密叶隐歌鸟,香风流美人。"这首诗描绘了紫藤动人的风韵和神采。又到了晚春时节,紫藤尽情开放,一串串花穗肆意地舒展轻垂,展现着柔美的姿态,在密叶中透着情影,飘着馨香。新的森林杀手正是古往今来深受文人墨客们垂青的藤本植物。

藤本植物是指那些地上部分不能直立生长,常借助茎蔓、吸盘、吸附

根、卷须、钩刺等攀附他物生长的植物。世界上的藤本植物约有90多科，超过400属2000种。藤本植物主要可分为草质藤本和木质藤本。草质藤本植物主要分布在温带地区，木质藤本植物则在各地区均有分布，尤其是热带地区。和许多动植物一样，藤本植物的多样性也是随着纬度和海拔的升高而下降，因此，藤本植物的丰富度和多样性在热带低洼地区是最高的。

藤本植物与树不同，它的支持结构相对较少，因此它们能够分配更多的资源用于繁殖、冠层生长以及茎和根的延长，所以它们有很高的冠根比，这使得它们的光合生物量几乎高于所有的木本植物。藤本植物也不同于结构性寄生植物（附生植物和半附生植物），藤本植物在其整个生命史中都一直扎根于地下。它们既有强壮的根系，又有纤细而生长迅速的茎，这使其能暂时忍耐荫蔽，借助支持物迅速攀援到光照条件很好的地方。

藤本植物在森林结构中所起的作用是不可忽视的。一方面，由于藤本植物喜光，其往往分布在森林中透光较好的地方，藤本植物的存在使得林中透光的缝隙处也被封闭起来了，于是促使了林内小气候的形成，促进了物质循环。另一方面，藤本植物会与森林中的木本竞争，试图缠死树木（图2）；特别是在阳光充足的地方，藤本植物可以大量繁殖，严重时可使幼苗和小树因被藤本植物遮光而死亡。当然藤本植物这种一统天下的局面并不长久，因为它一旦造成树木死亡后便会形成林窗，由于先锋种也是喜阳的，因此先锋种能在林窗中迅速生长，从而使林窗逐渐消失，光照不再充足，那么此处藤本植物也会逐渐减少甚至消失。

2. 动物"杀手"真面目

蝗虫是一种昆虫，从分类上讲属于节肢动物门、昆虫纲、直翅目、蝗科。蝗虫的形态特征是身体一般呈绿色或黄褐色，咀嚼式口器，后足大，适于跳跃。蝗虫主要是以禾本科植物为食，种类很多，世界上共有1万余种，在我国就有300余种，是农林业的主要害虫。

蝗虫是有雌雄之分的。到了秋天，蝗虫妈妈就将卵产在土里，一般高温干旱的天气适合虫卵过冬，平安过冬的虫卵到春天开始孵化成幼虫。

其实蝗虫的个体没什么可怕的，一两只蝗虫只会在草地、庄稼地里漫

图2　藤本缠绕树木(设计:吴瑾;绘图:全海)

无目的蹦来蹦去,根本造不成什么危害。可怕的是蝗虫的群体!随着蝗虫数量的增多,一旦多到集结成群成为蝗虫群体的时候,悲剧就开始发生了。这时,每个蝗虫不再没头没脑地各行其是了,而是统一行动、遮天蔽地、横扫一切。2006年6月《科学》(Science)杂志报道了一项由澳大利亚悉尼大学布尔(Jerome Buhl)和英国牛津大学森普特(David Sumpter)发现的关于蝗虫由个体行为转变为集体行为的临界点的新的试验结果。这个试验在宽80厘米的环形场地内进行,试验手段则是逐渐增加场地中的虫子数。结果发现,场地中的蝗虫在数量少时其行为是非一致的、各行其是的;但是当虫口密度达到每平方米25头时,蝗虫的行为就开始由个体单独行为转变为群体统一行为了。于是"荐食如蚕飞似雨。飞蝗蚕食千里间,不见青苗空赤土"的灾难发生了。

3. 微生物"杀手"真面目

蓝藻是原核生物,又叫蓝细菌。在所有藻类生物中,蓝藻是最简单、最原始的一种。一般来说,凡含叶绿素a和藻蓝素量较大的,细胞大多呈蓝绿色。同样,也有少数种类含有较多的藻红素,藻体多呈红色。蓝藻是广

适性藻类,在温度高至85℃的温泉中,温度低至零下的高山冰雪中,咸度很高的海洋及偏酸的淡水中都可以生存。

蓝藻就像一把双刃剑,既有其有益的一面,又有其有害的一面。使人们受益的是很多蓝藻可以直接固定大气中的氮,这样可以提高土壤肥力,从而使作物增产;还有的蓝藻可以食用(如美味的发菜和地木耳),是我们饭桌上的佳肴。其为害的一面是在一些营养丰富的水体中,蓝藻在夏季高温下会大量繁殖而在水面形成"水华",由于大量蓝藻消耗水中大量的溶解氧,所以水中的其他生物因水中溶解氧不足而死亡,使水体腥臭。更为严重的是有些种类还会产生一些毒素,这将进一步破坏水质,危害鱼类等水生动物,进而危害生活在周边地区的人群和牲畜。

四、"平民"怎会成"杀手"?

土著生物曾经是"乖乖仔",为何会转变成有害生物呢?这是因为土著生物过度繁殖,就会破坏生态平衡,影响生物多样性,从而造成巨大的灾害。是什么令这些土著生物过度繁殖呢?

有人认为全球变暖可能也是原因之一。

既然全球变化会引起植物的疯狂生长,那么,土著植物的灾变可能与全球变化有关。从理论上来看,藤本植物的增多会引起区域二氧化碳(CO_2)浓度上升,而CO_2浓度上升又反过来促进藤本植物生长,一个"藤本→CO_2升高→藤本"的恶性生态循环模式就会形成,这无疑会增强危害。此外,藤本与树之间的竞争,不仅仅是在地上部对光的竞争,还有地下部根系之间对土壤养分的竞争,这也是很重要的方面。而CO_2可以促进根系的生长,所以,高CO_2浓度可能使灾变藤本的根系发生了变化,促使藤本的竞争力增强,引发灾变。

全球变暖提高了越冬虫卵的存活率(图3),这对来年蝗灾的暴发起着决定性作用;还有气候变暖造成的干旱天气,一方面为蝗虫产卵创造了合适的场地,另一方面使得蝗虫的其他不耐干旱的竞争者——昆虫——和天敌鸟类的数量减少,这些全球变暖带来的影响综合起来造成了蝗虫数量激

图3　全球变暖越冬虫卵增加（设计：吴瑾；绘图：全海）

图4　蝗灾大规模发生危害粮食生产（设计：吴瑾；绘图：全海）

增。所以，如果全球变暖继续下去，我国的粮食生产有可能因为蝗灾大范围、高频度暴发而面临挑战（图4）。"湖泊里的蟑螂"——这是美国北卡罗来纳大学教授派尔（Hans W Paerl）对蓝藻的比喻，真的是非常恰当！蓝藻的确就像蟑螂一样，几乎在哪儿都可以生长，很难完全消灭，只要有一点没有清除干净，很快它就繁殖出很多很多。还有一点也和蟑螂很相似，那就是温度越高，繁殖得越好。2008年4月美国《科学》杂志报道，蓝藻暴发可能和全球变暖造成的极端气候有关。也有部分科学家认为，温度升高造成的水温升高才是蓝藻暴发的最主要原因。

"地球之肺"健康堪忧

李富荣

一、美丽而神秘的"地球之肺"

到过广州的人们大多知道,在这个繁华闹市中有一片重要的城市森林——白云山,它不仅是市民休闲健身的好去处,更是一个调节城市生态环境的"天然大氧吧",被美喻为广州的"市肺"。而被人们赋予"地球之肺"美誉的是热带雨林。

提到热带雨林,你一定还记得好莱坞动画片《人猿泰山》带给我们的许多美丽奇特的画面——那里终年常绿,古树参天,植物繁多,泰山在藤萝密布的密林中自由地穿梭,还有他那些各具特点的可爱的动物伙伴们。还有一系列经典影片如《金刚》、《丛林奇兵》等都能帮助我们更清楚地认识这片充满神奇色彩的土地。它是地球上生物多样性最丰富的生态系统之一,有充沛的降水,四季如一的气候,是数量庞大的动物种群生存和繁殖的"热带天堂"。而且,这里高大壮实的乔木、林间缠绕的藤萝和林下密布的灌草都在其自身生长的过程中向大气中源源不断地输送着生命所必需的氧气。

然而美丽神奇的热带雨林并非随处可见,它只分布在赤道两边的南、北回归线之间,并主要集中在三个区域,包括美洲亚马孙流域的美洲雨林、非洲西南部刚果盆地一带的非洲雨林、南亚与东南亚的印度—马来雨林。其中亚马孙雨林面积最大,约有 4 亿公顷,而且发育最为充分和典型。在我国的海南、云南和台湾以及广东、广西及西藏的小部分地区也有分布,它们是印度—马来雨林的一部分。

热带雨林内的地形相当复杂,有些是散布岩石小山的低地平原,有些是溪流纵横的高原峡谷……这些多样的地形地貌造就了形态万千的雨林景观。在这里能看到池水宁静、溪水奔腾、瀑布飞泻、大树参天、藤萝缠绕、

花草繁盛,每到一处都是一幅精彩迷人的画卷(图1)。热带雨林中植物种类繁多,形态各异,在这里常常可以看到多姿多态的"板状根"、有一木成林气势的"气生根"、特有的"老茎生花"、纵横交错的网状根包围其他树木的"绞杀现象"、木质藤本交错缠绕的"密网",以及附生植物形成的"树上生树""叶上长草"的奇妙景色。不过,正因为这里植物丰富繁盛,藤蔓密织,有时会让人们觉得潮湿闷热、密不透风、光线昏暗、难以行走,但从上面提及的电影场景可以看到它却是带给热带生物欢乐和自由的乐园,这里动植物的多样性都是陆地上其他地方难以匹敌的。

图1 物种丰富、藤萝密布的热带雨林(设计:李富荣;绘图:梁静真)

热带雨林中的奇花异草和珍禽异兽的命运都与雨林环境息息相关,一旦雨林遭到破坏,这些奇花异草和珍禽异兽将永远消失,地球的气候环境也将发生重大的变化。近几十年来,由于全球气候变化和人类活动的加剧,热带雨林的面积正在锐减,由此引发的环境问题也逐渐凸显。这些大自然创造的神奇土地一旦被破坏殆尽,我们将只能在影片里回味它美丽的容颜和迷人的风韵,更可怕的是也许我们将不再能畅快地呼吸到干净清新

的空气，甚至会让我们面临更大的灾难……

二、"地球之肺"功能开始衰弱……

在 500 年前，热带雨林就像地球上一条美丽的绿色腰带，总面积超过 16 亿公顷，约占地球陆地面积的 12%；现如今，我们拥有的雨林面积约仅为 10 亿公顷，而且还在以每分钟将近 22 公顷的速率从我们的星球上消失，也就是说，我们眨眼的一瞬间便有半个足球场大小的热带雨林变成了一片光秃秃的平地。如果我们不及时阻止这个趋势，到 2034 年，"地球之肺"便会损失一半；到 2081 年，热带密林中美丽的树群和神秘的动物就只能成为全人类的回忆了。当这"地球之肺"的功能开始逐渐衰弱时，难以避免的恶果便会接踵而至。

1. 全球气候遭受影响

作为"地球之肺"的热带雨林确实有其独到之处，它对全球碳循环影响重大。丰富的植物交错而成的多层次密林能充分地将太阳光利用起来，然后通过光合作用吸收大气中的二氧化碳以有机碳的形式固定下来，并向空气中释放大量的氧气。热带雨林是地球上巨大的有机碳库，固碳能力远远高于其他森林类型，一旦遭受破坏，大量的二氧化碳将会变得"无处安身"，从而温室效应加剧。据统计，每年由于雨林面积减少而造成植物体有机碳的消耗氧化所带来的温室气体（以碳计）的排放就达 14900 万吨。另外，地球上热带森林面积为寒温带森林面积的 64%，但是它对气候调节的能力却是后者的 2.53 倍。热带雨林参与的碳循环对全球气候有巨大的影响，对热带雨林的重大破坏，会打破全球气候现有的平衡状态，造成灾难性或毁灭性的后果。

2. 雨林生物多样性正在减少

热带雨林是地球上生物多样性最丰富的陆地生态系统，在这里各种生命形式交织成雨林中十分复杂的生命网络，丰富多样的物种也使它成为地球上巨大的物种基因库。对热带雨林的干扰和严重破坏，会使这里原本生

活快乐的"居民们"流离失所,有时这种影响甚至是致命的,特别是一些珍稀动植物可能会遭受灭顶之灾。由于人们对热带雨林无节制的开发利用,亚马孙雨林每天都有物种在消失,生物物种与基因多样性在持续下降。许多物种的"家园"不再,雨林错综复杂的生命网络出现空洞,越来越多的物种目前只能从记载中知道它们曾经存在过。其实,地球上各种生命之间存在或近或远的联系,一个物种的消失会影响它周围许多物种的生存,当足够多的物种消失之后整个"生命之网"会变得摇摇欲坠。所以,热带雨林的生物多样性减少影响深远。

3. 全球生态系统将不再稳定

热带雨林不仅提供生命必需的氧气,而且它在保持整个地球环境更加稳定、更适合人类居住方面的作用也举足轻重。雨林受到破坏后,在小尺度上是影响当地的物种,而更深远、更重要的影响是自然生态系统功能的丧失。从大尺度上来说,植物保持水土的功能使雨林对河流及其流域的稳定性非常重要,雨林如同一块巨大的海绵,在暴雨期间储存大量的水分,能有效地涵养水源、减轻洪灾等。2005年,飓风"斯坦"袭击中美洲多个国家,引发的大洪灾造成惨重的人员伤亡和巨大的经济损失,其重要原因是因为上游森林受到毁坏,森林对土壤的稳固、防止大范围侵蚀的作用也大打折扣。

雨林内的物种丰富多彩,各种代谢过程都非常活跃,加上林区雨水量大,所以其土壤中的养分不会稳定保持,而是完全依赖地表植被的积累。热带雨林一旦遭到破坏就会造成碳的净释放和营养元素的流失,所以热带雨林又被形象地喻为"红色沙漠上的绿色大厦",这一点儿也不夸张,一旦地面上的绿色植被消失,原本郁郁葱葱的森林很可能成为真正的荒漠。事实上,在印度、菲律宾就有大片因此形成的红色荒漠。目前,世界第一大河流亚马孙河因连年遭受干旱,也面临开始退化成沙漠的风险。巴西东北部的帕拉州、阿玛帕州的一些地区原本一片苍翠,如今却变成了巴西最干旱、最贫穷的地方。而这些被破坏的雨林如果要恢复往昔丰富的物种多样性和复杂的食物网,所需要的时间远超出我们的想象,有的甚至是不可恢复的。

三、诊断"地球之肺"的病因

1. 变暖的地球威胁了雨林生长

美国哈佛大学的科学家在巴拿马巴洛科罗拉多岛和马来西亚巴索地区的雨林开展调查,分析其气候和树木生长数据后得知,在过去的 30 年里,两地平均气温的不断升高不仅严重影响了热带雨林吸收二氧化碳的能力,还可能使其生长速率减缓了 50%,这可能是温度升高到一定程度后其光合作用被削弱所致。

2005 年是有记录以来的第二暖年,仅次于最暖年 1998 年。这一年夏季,全球许多地区遭受高温热浪袭击,由于自 2004 年 12 月以来降水量显著偏少,巴西北部亚马孙热带雨林也经历了近 60 年来最严重的干旱。干燥炎热的天气使热带雨林内火灾频繁,而且严重的高温干旱导致亚马孙流域数条主要河流干涸,河床裸露(图 2)。

图 2　全球变暖增加了森林火灾的发生频率(设计:李富荣;绘图:梁静真)

173

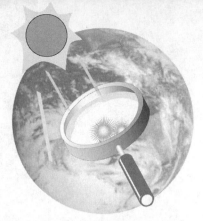

巴西国家空间研究所气象学家马朗戈（Jose Antonio Marengo）对亚马孙雨林进行研究后预言,如果全球持续变暖,这一地区的降水量就会减少,同时气温会升高。我们正走向十字路口的中间,面临两种截然相反的情形,如果我们选择不采取任何行动阻止气候变化,2100 年气温将升高 5～8 ℃,降雨减少 15%～20%,亚马孙雨林会从茂密的丛林变为一片热带草原。但是如果政府采取积极行动来应对全球变暖,届时亚马孙地区的气温将会升高 3～5 ℃,降雨减少 5%～15%,这种情况下,雨林不至于全部消失。

2. 人口激增使雨林不堪重负

全球人口急剧膨胀已逐渐成为地球"不能承受之重"。其中热带地区的民族拥有世界上最高的人口增长率,仅 1950—1990 年间拉丁美洲人口就从 1.66 亿增加到 4.48 亿。尽管近年来拉美妇女生育率呈下降趋势,但人口控制并非一朝一夕能达到的。通过对人类族群大小和森林覆盖率之间关系的研究,发现人口增加数量与每年森林的减少量存在显著正相关。为了缓解城市中心过大的人口压力,巴西、印度尼西亚等国不断出台各种项目和计划向雨林进军,特别是在亚马孙地区,贫困且没有土地的人对雨林进行非法开垦和在其中定居的毁林现象更是活跃。

另外,人口增长还会通过左右经济的发展来促使雨林进一步锐减。比如,由于物美价廉的巴西橙在德国非常受欢迎,所以巴西种植者拼命向雨林开荒来种植巴西橙,造成雨林面积急剧减小。

3. 过度砍伐后果严重

目前,雨林最主要、最直接的破坏原因还是人为砍伐。但也有人认为,人们将砍伐看得过于严重了,因为砍伐过后的林地依然能发挥它的生态系统功能。殊不知这需要一个重要的前提——对热带雨林进行伐木必须在"自然森林管理规律"的理念下,伐木与造林相结合。可事实往往走向另一个极端。进入雨林的伐木者只管眼前伐木而不管随后要补充造林,此外,砍伐后再长出来的林子非常脆弱,更易着火,尤其是在干旱季节。而在有

些地方,砍伐最后导致了森林的毁灭。"雨林伐木是可持续的"这一概念只是人们一个美好的愿望而已。

举一个典型的例子,大家知道,汽车工业的发展需要大量的廉价橡胶产品,20世纪初,美国的汽车大王福特(Henry Ford)基于此目的在巴西砍伐了约40万公顷原始森林,然后全部种上橡胶树,建立了有名的"福特园"。然而,橡胶树有其特殊的生境要求,硬生生地把它的"家"从平原搬到高原并进行单一品种的大规模种植就是把它逼上了绝路。这个宏伟的计划在大张旗鼓之后不久便不得不宣布破产,被砍倒的这一大片热带雨林也成了牺牲品。如果将它恢复原状,可能需要40~100年甚至更久。另外,目前较受关注的是全球对生物燃料原料之一——"棕榈油"——的需求持续高涨并不断增长,油棕种植已成为破坏印度尼西亚热带雨林的"罪魁祸首"。其实这种所谓的生物燃料发展并不划算,2007年英国的一份报告指出,一块通过种植油棕来生产生物能源的土地在30年内所释放的二氧化碳气体量将是同一块土地所储存的2~9倍之多。换个说法就是,以砍伐森林来开发生物能源所付出的代价,依靠现有技术条件需要用60~270年才能抵消,这一切将得不偿失。

四、拯救热带雨林,维持呼吸顺畅

为了保持呼吸顺畅,我们必须让自己的肺部健康而有活力。而"地球之肺"所遭受的危机与破坏是全球性的,如果它的功能受损,全球的气候环境都将产生重大变化并导致毁灭性的灾难(图3)。为使全人类都能呼吸到干净清新的空气,需要所有国家共同努力。其中,具体措施包括以下几个方面:

1. 保护雨林生物原有的家园

在漫长的生物进化史上,雨林生物对它们原有家园周边的一切都有很好的适应性。特别是在热带雨林里,其水热环境非常特殊,土壤条件贫瘠、脆弱,要保护雨林生物以及整个雨林生态系统,首先就要对其原有生长环

图 3 "地球之肺"遭受破坏会影响地球生物的呼吸

（设计：李富荣；绘图：梁静真）

境进行维护。

2. 热带雨林开发要合理有度

掠夺性地对雨林进行开采只会让一片片苍翠的雨林濒临绝境。世界上已有不少前车之鉴，比如菲律宾原本有大片完好的雨林，1993 年以后已经由木材出口国转变为木材进口国。其实，热带雨林具有很强的生长和再生长能力，只要人类的砍伐是适度的，不至于破坏其结构，就可以阻止悲剧的发生，让持续利用的美好愿望成为现实。

3. 加强研究并制订长期保护计划

军事上讲究"知己知彼，方能百战百胜"，对雨林的保护亦然。可是由于人们难以深入雨林进行调查，雨林自身的结构又相当复杂，所以目前人们对它的了解和研究还很零散。要想合理有效地保护和利用好这片独特的大好资源，必须充分了解其内部机制，掌握科学的采伐技术，并从长远利益出发制订长期保护计划。热带雨林大多位于非发达国家，其面临的最大威胁是贫困和人口增长过快。当地农民为了生存只能"靠山吃山，靠林吃林"。所以也有人认为，拯救热带雨林的关键是要有效地控制人口增长，政

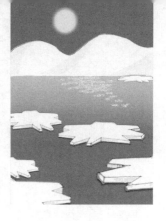

府帮助农民提高现有耕地的产量,制定正确的森林政策,指导人们进行合理采伐。

4. 国际合作发挥集体力量

人们已经越来越清楚地认识到全球变化的国际性,而目前热带雨林的破坏问题看似发生在地方和区域范围,但其影响是全球性的,因此,需要所有国家都积极参与进来,发挥集体力量来保护我们整个地球的"肺"正常运转。

5. 个人力量不可忽视

我们人类甚至整个生物界都是"地球之肺"的受益者,不要因为个人力量的渺小而忽视我们每个人的作用。让我们每个人都来做热带雨林保护的志愿者:

——了解更多的雨林知识并传递给其他人;

——拒绝食用热带雨林中的野生动植物并告诫身边的人;

——不再使用一次性筷子和饭盒;

——节约纸张并尽量使用环保纸袋。

相信通过大家的共同努力,我们地球上这条美丽的绿色"腰带"会永远光彩四射。

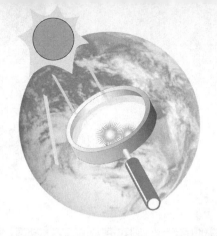

"海底热带雨林" 不再绚丽多彩

李富荣

一、多姿多彩的"海底热带雨林"

如果你有幸到海底世界作一次观光旅游,一定会被那些五光十色、千姿百态的珊瑚迷住,它们或像一簇簇鲜艳夺目的小"花朵"时开时闭,或像一棵棵枝繁叶茂的"大树"随波摇曳,其间穿梭着各种各样奇形怪状的海底动物。跟陆地上生物多样性最丰富的热带雨林一样,珊瑚礁也是最多姿多彩、最珍贵的生态系统之一。全世界有 60 万平方千米的珊瑚礁,约占世界海洋面积的 0.2%,但是这里却是海洋生态系统中生物多样性最高的地方。这里食物肥美,资源丰富,所以被许多海洋生物选作觅食、繁衍和安家的最佳场所,据科学家统计,已知海洋鱼类中超过四分之一都是靠珊瑚礁生活。因此,珊瑚礁被誉为海洋中的"热带雨林"。喜欢旅游的朋友们一定听说过世界上"最令人向往的十大水上奇观"之一的澳大利亚大堡礁,它绵延于澳大利亚东北海岸线 2000 余千米,那里色彩斑斓,海洋生物美丽多姿,是世界上最广阔的珊瑚礁体系,是由生物组成的最大架构。不过,你能否想象出如此庞大规模的珊瑚礁却是由只有米粒大小的单体珊瑚虫所筑成的呢? 一直以来,珊瑚虫都因为它特殊的形态而常常被误以为是一种海底植物,我国南海一带的渔民就把珊瑚称为"海石花",意思是海底礁石上的开花植物。其实珊瑚虫是腔肠动物门珊瑚虫纲的一种古生物,它们以海水中的单细胞海藻为食,消化后不断分泌一种石灰质,再加上死去的珊瑚虫遗留的骨骼累积成珊瑚石。许许多多的珊瑚虫聚集在一起,而且一代又一代在先辈的遗骨上继续生育繁衍。活着的珊瑚为了摄取食物和阳光,使得珊瑚就像树木抽枝发芽一样向高处和两旁延伸(图 1)。小小的珊瑚虫作为海底世界出色的建筑师,使"珊瑚树"不断开枝散叶,日积月累,形成一

座座如海底密林的珊瑚礁,有的甚至露出海面成为了岛屿。在我国的南海有一群美丽的岛屿——东沙群岛、西沙群岛、中沙群岛和南沙群岛,它们也是由许许多多微小、原始的珊瑚在漫长的地质历史年代里日积月累造成的。

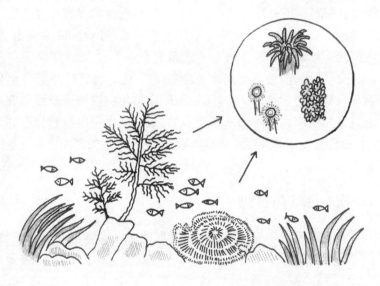

图1　形态各异的珊瑚由像"小花朵"一样的珊瑚虫形成
（设计:李富荣;绘图:梁静真）

　　更为奇特的是,珊瑚礁因为没有老化现象,它可以算是地球上最高龄的"长寿星"之一了。如果不受太大的人为或环境的干扰,它们可以一直生长存活下去。如举世闻名的大堡礁距今已有至少3000万年的历史。2005年美国佛蒙特州宣布,对外开放的一处世界上最古老的珊瑚礁有4.5亿年历史。不过,珊瑚礁生长速率十分缓慢,平均每年只增长2厘米左右,所以,最年轻的珊瑚构成也需要历经千年"修炼"才能得成"正果"。

　　在珊瑚虫庞大的家族中,根据它们不同的生态特征主要分为非造礁珊瑚和造礁珊瑚两大类,它们对生活条件如海底深度、温度、海水盐度、光照度、海水流通状况以及海底基底物质等的要求都有所不同。非造礁珊瑚适

应的范围较大,一般生活在温度 4.5～10 ℃的海水中,有个别种类甚至在 −1.1 ℃的海水中也能生存,所以它们分布的范围也较广,从浅海到深海甚至 6000 米深的海底都有分布。而造礁珊瑚对生活条件的要求较为苛刻,它们一般在水深 50 米最深不超过 100 米的范围内生活,而且对海水温度尤为敏感,一般在 25～30 ℃之间才会大量繁殖,这样就限制了它们的分布区域就是在赤道附近。这就是为什么我们只有在南纬 28 度到北纬 28 度之间的热带、亚热带浅海区域内才能见到令人向往的珊瑚水景的原因了。另外,充足的阳光、适宜的海水流通度和含盐度也是保持珊瑚礁独特魅力和迷人风姿的必要条件,因为与造礁珊瑚共生的虫黄藻必须有充足的阳光才能进行光合作用。当海水中泥沙增多、过度养殖以及遭受石油污染之后,海水的透明度就会降低,珊瑚能接受的阳光就大打折扣,以至难以生存。

二、正在褪色的风景线

绚丽多彩的珊瑚礁不仅养育了丰富多样的海洋生物,也给人类带来美的享受和不可低估的经济价值。它们作为海底世界一道亮丽的风景线为海底观光提供了大量的旅游资源,同时还是一道阻挡海浪潮水侵蚀、分解海水中的有害物质以及净化环境的坚实屏障。珊瑚礁这个世界上最为宏伟的生物结构为人类提供了大量的海洋水产品、海洋新药材、旅游休闲收益、抗御风浪侵袭的海岸防护,是沿海地区和国家的一笔重要财富。

然而,正所谓"好花不常开,好景不常在"。近几十年来,随着全球变化,人们开始发现许多珊瑚礁出现严重退化,甚至于一些远离人类居住区和较深水域的部分珊瑚礁也受到了生存威胁。1998 年,一场波及全球珊瑚礁面积 16%的大面积珊瑚礁白化事件暴发,曾经绚丽多彩的海底世界只剩下一片片皑皑"白骨",此次事件无论是严重性、扩散范围还是涉及水深都是前所未有的,世界珊瑚礁经历了一次严峻的生存大考验,向人类敲响了警钟。从 1997 年开始,每年一次的全球珊瑚礁调查结果更是让海洋科学家们对珊瑚礁的生存状况忧心忡忡。报告显示,在目前所调查的区域

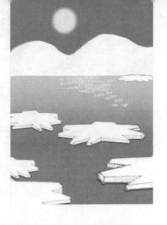

内,30%以上出现了珊瑚礁白化现象,其中印度洋的珊瑚礁死亡率最高,其次是部分亚洲海域。在印度洋的部分海域,90%的浅海珊瑚纷纷死亡,甚至在海平面以下40米的珊瑚都出现了很高的死亡率。而世界上其他海域如越南和澳大利亚大堡礁海域,一些历经漫长地质年代考验的珊瑚礁在这场异常的气候变化中都难以幸免。

让我们在一系列残酷的数据中更清楚地认识这一问题的严重性和紧迫性吧！1999年的调查报告证实,受全球气温上升的影响,全世界已经损失了15%以上的珊瑚礁。2000年全球珊瑚礁监测网络提交的年度报告表明,截至2000年底,全世界总共损失珊瑚礁27%,如果再不及时采取保护措施制止这一趋势,预计在未来的2～10年和10～30年里,将分别有24%和30%的珊瑚礁被毁掉。照这样下去,到2030年,近90%的珊瑚礁将在我们的星球上消失,这个后果是我们人类甚至整个地球都无法承受的。

三、绚丽多彩的珊瑚礁为什么被"漂白"了？

要知道珊瑚礁为什么会被"漂白",首先有必要弄清楚它绚丽的颜色来自哪里。实际上那些多彩的颜色并不是造礁珊瑚虫自身的色彩,而是来自它的秘密搭档——各种与其共生的微型海藻(虫黄藻)。它们在海底世界互惠共存,小珊瑚虫为虫黄藻的光合作用提供原料如二氧化碳等,然后又依赖其光合作用提供的养料生存并加速骨骼生长。同时,这些隐藏在珊瑚虫体内的微型海藻以其自身的鲜艳色彩赋予了珊瑚礁多姿多彩的绚丽景象。不过,这一互惠互利的共生组合有时也会显得非常敏感脆弱,当环境条件发生剧烈变化时,共生藻被迫"抛弃"珊瑚虫而游离出去,或者珊瑚虫体内的色素含量减少,有时两种情况同时发生,这样一来,珊瑚的颜色就会逐渐变浅,直至还原其骨骼的本色,变成苍白或纯白色,即发生白化(图2)。

古语说"分久必合,合久必分"。偶尔出现轻微的环境变化使少量珊瑚的共生伙伴暂时离开出现珊瑚白化,但是随后又会恢复,这都在正常的生

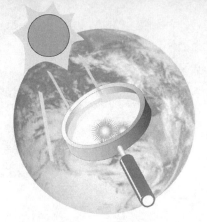

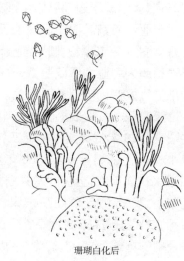

珊瑚白化前   珊瑚白化后

图2 白化前与白化后的珊瑚(设计:李富荣;绘图:梁静真)

态变化范围之内。但是,一旦白化程度过于严重,持续时间太长,发生的频率过高,就会导致珊瑚死亡,其绚丽的色彩也就难以恢复了。而且在全球变化的大背景下,珊瑚礁也难逃劫难,约60％的珊瑚礁正在遭受人类活动的威胁,而气候变暖、海平面上升、紫外辐射增强等一系列问题更是让已经脆弱的珊瑚礁雪上加霜。被誉为"人间最后的乐园"的马尔代夫,一直都以丰富的海洋资源和独特的珊瑚著称,在全球变化的影响下也面临着空前的危机。近年来,那里的珊瑚不断白化,海洋美景正在消失。其实,珊瑚礁被"漂白"的原因是多元的,环境变化中的各种因素都不是单一作用的,我们将珊瑚礁的各种"漂白剂"(图3)主要归纳如下:

1. 海水升温

海洋升温算是迫使珊瑚虫的共生伙伴虫黄藻"背信弃义"离开珊瑚虫的最直接的原因了,于是绚丽的珊瑚便会失去生命力而变成苍白的颜色。上面提到的澳大利亚大堡礁一直以来都是澳大利亚人最引以为自豪的天然景观,被称为"透明清澈的海中野生王国"。但是全球变暖的影响并没有

图3　全球变化与珊瑚（设计：李富荣；绘图：梁静真）

因为它的奇特和美丽而放弃对它的破坏。在这里，海温上升令色彩斑斓的大堡礁也面临被"漂白"的危险。而且，国际上的最新研究指出，因全球变暖，大堡礁所承受的危险比人们以前预测的还要大得多。温室气体迅速上升的步伐如果得不到缓解，到2100年，多数大堡礁内的珊瑚便将不复存在。珊瑚生长区的海水温度哪怕只升高1℃，也会引起珊瑚褪色并加速其死亡，而且这个过程不可逆转。

2. 海水变酸

有这样一个形象的比喻，就像一根粉笔泡在醋酸中会变成气泡最终被溶解一样，如果海水不断变酸，高度钙化的珊瑚有朝一日也会面临被溶解掉的危险。人类源源不断地向大气中释放二氧化碳，其中有三分之一最终会被海洋吸收形成碳酸，使海水的酸度增加，使得海水中原本以碳酸盐形式存在的碳分解。珊瑚虫跟贝壳等一样，它们的骨骼主要是靠一种碳酸盐——霰石——形成，特别容易被碳酸溶解。如果泡在过酸的海水中，珊瑚礁就如同患上"骨质疏松症"，会变得非常易碎，无法生长，也难以修复。

有科学家预测,按照目前全球变化的趋势和速度,如果未来70年内大气二氧化碳浓度增加到现在的2倍,珊瑚礁的形成将下降40%;如果二氧化碳浓度再增加1倍,则珊瑚礁的形成将下降75%。温室气体二氧化碳的污染持续增加将使珊瑚进入破碎进程,而且这一问题也是全球性的。人类的"骨质疏松症"最直接的后果是容易引起骨折,而珊瑚礁一旦患上"骨质疏松症",这个海洋世界最大的生物结构就会面临瘫痪瓦解,后果不堪设想。

3. 海面寒流的突袭

海水变暖了不利于珊瑚虫与虫黄藻稳定地合作共存,同样,海水太冷了,特别是出现表层海水剧烈降温或寒流袭击等情况时,也会造成珊瑚白化。历史上就出现过好几次这样的悲剧,其中最典型的是1945年和1946年澎湖列岛遭受冬季暴风雨的袭击,同时而来的低温造成当地大量珊瑚礁出现白化和死亡;还有1983年和1984年,由于表层海水的低温(16～14.7℃)广西北部湾涠洲岛珊瑚礁出现大片白化和死亡。特大低潮有时会使珊瑚礁暴露在海面,此时一旦有淡水径流和洪流带着大量沉积物"趁虚而入"将珊瑚礁掩盖起来,就会导致珊瑚白化。另外,低温、富营养的上升流或近海岸带受污染的表层流(如赤潮等)也是珊瑚白化的"漂白剂"。

4. 光照和紫外线增强

光是虫黄藻进行光合作用的必要条件,那么也是决定造礁珊瑚生长和分布的主要因素之一,这就是为什么造礁珊瑚不会分布于100米以下海域的原因。不过光照的作用不仅限于通过珊瑚共生藻的光合作用来影响珊瑚生长所需的各种物质,而且它能增加珊瑚周围海水的过饱和度,加速霰石晶体形成,促进珊瑚的钙化,所以光也是珊瑚生长快慢的决定因素之一。但是,凡事过犹不及,强度过大、持续时间过长的太阳辐射,会使共生藻的光合系统损伤,抑制其光合作用。这时,珊瑚会选择性地将体内的共生伙伴排除出去,最终的结果可能会是"唇亡齿寒",导致珊瑚的白化死亡。有研究表明,伴随大规模珊瑚白化事件的不仅有持续高温,往往还有非常强的太阳辐射、平静的海面和较高的透明度。另一方面,臭氧层耗减使更多

的紫外辐射能够畅通无阻地到达地球表面,从而使海洋生物遭受严重破坏。作为动物王国中的一员,珊瑚却更接近植物的生活方式,只能固着生长,无法通过游动和迁移来躲避紫外辐射的伤害,所以它受到的破坏更为严重。

5. 上升的海平面

2008 年美国科学家彼得斯(Shanan Peters)在《自然》杂志上发表文章指出,如果全球变暖持续加剧,海平面必定上升,而且这一变化对自然界最显著的影响将是珊瑚礁的死亡。2001 年,联合国政府间气候变化专门委员会(IPCC)第三次评估报告预测:2100 年全球海平面将上升 9～88 厘米。因为海平面上升是一个连续过程,而珊瑚礁自身也在持续地生长和累积,就像"水涨船高"一样,珊瑚礁也和海平面之间有一个"水涨礁高"的动态平衡。当海水的上升速率赶上珊瑚钙化生长的速率时,珊瑚礁岛屿就会被淹没甚至难以继续存在。

6. 海水变淡

生活在海水中的造礁珊瑚有着较重的"口味",比较喜欢有一定咸度的环境,对高盐度的海水有较强的耐受性,海水太淡了反倒不利于其生存,所以海水盐度也是限制珊瑚分布的一个重要因素。一般适合珊瑚生长的盐度范围为 32‰～40‰,在有些海域如波斯湾,盐度高达 42‰,珊瑚照样能生长得很好。反过来,盐度太低的海水不合珊瑚的口味,从而限制了其生长和分布,在这些水域,珊瑚只能零星分布,不能长成较好的珊瑚群落。全球的温度升高与海水盐度可以互相补偿,冰川融化后海平面升高对海水的淡化效应影响有限,加上海水温度的升高,暂时还不会威胁珊瑚礁的生存,但长期影响却难以保证。

7. 珊瑚也会生病害

随着全球气候变化,生物生存的大环境也发生了变化,难免会有不适应和疾病产生,珊瑚也不例外。珊瑚病害正在不断增加,大大降低了珊瑚对环境胁迫的"免疫力",严重影响了其健康生长,在一定程度上也加剧了

珊瑚白化。外场调查研究显示,在最暖季节的后期,珊瑚病害出现的频率和严重程度都最高,这时珊瑚组织最小,与其共生的虫黄藻的密度也最低;另外,实验室实验结果也表明,在较高温度(25 ℃)的情况下,粘在珊瑚上的细菌会大量增加,但是在较低温度(16℃)时却没有这种现象发生。可见,高温条件会滋生珊瑚病害,从而进一步加剧珊瑚的白化。

8. 海洋污染加剧

理论上说,透明度过高的海水容易导致海水透光率太强而无法保护珊瑚,但现实情况恰恰相反。随着沿海经济生活水平的提高和对海洋开发利用的加强,特别是水产养殖业的迅速发展,加上人类生产、生活污水的任意排放,近海水域出现了严重的富营养化、水体透明度降低和重金属离子严重超标。水体富营养化产生的大量水藻会在海面形成厚厚的一层"绿毛毯",使其下面生活的珊瑚"难见天日",从而难以生长。富营养化水体中含有过量的无机氮和无机磷,一方面能促进细菌迅速繁殖,与珊瑚争夺海水中的氧气而影响珊瑚的生长代谢,甚至窒息死亡,同时也增加了珊瑚病害的暴发。另一方面,这种水体也促进了一些大型海藻的暴发增殖,与珊瑚争夺地盘,威胁其生存。污染物中不断增加的重金属也严重危害着珊瑚的健康。另外,人类使用的一些化学试剂——如渔民用于大规模捕捉珊瑚礁鱼类的氰化物,以及周围农田中大量使用的除草剂和杀虫剂——经过地表流到海洋中,都会直接或间接地对珊瑚造成极大危害。

9. 恶名昭彰的天敌泛滥

如此绚丽多彩的珊瑚对于很多海洋生物来说也是"秀色可餐"的。因此,珊瑚的天敌种类繁多,其中最臭名昭彰的莫过于棘冠海星,堪称"珊瑚杀手"。1960 年以前,棘冠海星为数不多,也没有引起人们关注。在随后开展的一系列调查大规模白化事件起因的过程中人们才认识到它们的恐怖。一方面是因为它们是食量惊人的"大胃王",据统计,一只棘冠海星平均每天要吃掉约 2 平方米的珊瑚。大部分以珊瑚为食的动物都会坚持"可持续发展"的政策,它们吃掉一部分珊瑚虫然后留下大多数继续繁殖;而贪

婪的棘冠海星不然，它实行的是典型侵略者的"三光政策"，每到一处，珊瑚礁区最后都只剩下一片片"白骨"。在马里亚纳群岛中最大的珊瑚礁——关岛，从1967年起，其礁盘已被海星吃掉了38千米。另外，澳大利亚的大堡礁目前也有四分之一受到棘冠海星的威胁。近年来，中国唯一的国家级珊瑚礁保护区——海南省三亚海域——的珊瑚也频频传来受棘冠海星灾难性危害的"噩耗"。据保护区管理人员推测，三亚海域棘冠海星泛滥成灾可能是生物链被破坏所致。自然法则本是"一物降一物"，但是原本可以"降"棘冠海星的法螺，因其食味鲜美加上螺壳漂亮价高，在20世纪80年代和90年代被大量捕捞，以至现在保护区内法螺的数量已经少得可怜，让逃避了天敌限制的棘冠海星得以迅速繁殖并泛滥成灾。

四、还原五彩缤纷的世界

IPCC 2007年发布的第四次评估报告指出，只要全球气温平均上升2 ℃，地球上的珊瑚礁便会褪去原来多彩的颜色。"城门失火，殃及池鱼"，珊瑚礁作为众多海洋生物的安身立命之所，一旦遭受严重破坏，这些海洋生物就会"家破"甚至"种亡"。而且，珊瑚礁还肩负着阻挡海潮及海浪袭击的重任，如果珊瑚礁被破坏，海潮、风暴和海浪加剧，将给临海而居的人类以及全球生态环境带来巨大灾害。2004年发生在斯里兰卡地区海域的印度洋海啸就是一次惨痛的教训。

另外，人类对珊瑚礁直接和间接的破坏反过来也影响到了人类自身的日常生活。近年来在广东汕头、深圳、中山等沿海城市大规模发生的雪卡毒素中毒事件就是很好的教训。人们不仅通过燃烧释放大量的温室气体使大气和海洋的温度不断升高，而且通过排放污水等使海洋中有毒垃圾持续增加，两者一起加速了对珊瑚礁的破坏，同时促进了含有雪卡毒素的藻类植物大量生长。而这些海藻是生活在珊瑚礁附近一些小型鱼类的食物，它们被吃掉后，小型鱼类又被人类长期食用的石斑鱼、梭鱼等鱼类吃掉，这样雪卡毒素通过食物链层层累积，最终聚集在人体内。

世界各地的珊瑚礁白化现象频繁发生，一次次用惨重的悲剧向人们发

出警告。在气候变暖、二氧化碳浓度增高等全球变化因素的多重威胁下，珊瑚礁的前景究竟如何呢？澳大利亚悉尼大学教授古尔贝格（Ove Hoegh Guldberg）通过计算机模拟进行了预测，指出如果全球气候变化的趋势得不到遏制，珊瑚白化事件的发生将更频繁、更强烈，甚至将每年都会发生。不同海域的珊瑚礁的白化时间有所不同，加勒比海和东南亚的珊瑚礁白化将出现在 2020 年，大堡礁预计在 2030 年，而中太平洋将在 2040 年。除非气候不再变化，否则 100 年内，海底世界中的这道独特的美丽风景线将会从地球上的绝大部分地方消失。

　　珊瑚白化的现实惨痛而残酷，但是对珊瑚礁的保护和拯救也不是没有希望的。2004 年世界珊瑚礁状况报告指出，近期得到保护的珊瑚礁的状况正逐渐好转，让世界各地的珊瑚礁迎来了一丝曙光。为了引起人们对珊瑚礁的重视和保护，国际珊瑚礁学会（ICRI）宣布 2008 年为"珊瑚礁年"。减少温室气体排放，阻止气候持续变暖，我们任重而道远，目前世界各国的科学家和政府都在以前所未有的精力和物力投入到这项工作中来。而其在本世纪中、后叶取得成效，拯救珊瑚礁于危难之中，还原其五彩缤纷的颜色，则是珊瑚礁具有乐观前途的期望所在。

　　从我们个人的角度来说，保护珊瑚比较直接的做法是到海边从事潜泳等活动时，一定注意不要破坏珊瑚；而间接的途径就是不要在家里养珊瑚和海洋观赏鱼，更不要吃珊瑚礁产的海鲜（例如大型干贝、龙虾，色彩鲜艳的热带鱼）。因为，捕获这些海洋生物，都是以海水中增加更多化学试剂污染、海洋生物的大量死亡、珊瑚生存遭受威胁为代价的。一个人的力量可能微不足道，但大家都努力朝这个方向去做，就能让全世界的珊瑚礁"美景常在，好花常开"！

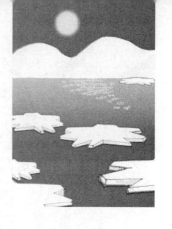

全球变化和生物分布

曾 艳

地球上目前约有 200 万种生物,它们与人类共享着这个蓝色星球。不同的物种总是趋向于选择适合自身的环境条件——包括适宜的气候、温度、光照、水分等——生存;同时,物种本身经过几亿年的进化也使得自身的行为活动、物理构造更加适应当地环境。这就能够解释为什么非洲人的皮肤黝黑、头发浓密卷曲,为什么欧洲人的鼻子那么高挺。因为非洲地区在地球赤道附近,紫外线照射强烈、气候炎热,皮肤中的黑色素有助于防止皮肤晒伤,而头发浓密卷曲,像个毡帽一样有助于隔热、散热从而保护头部;欧洲处于中高纬度地区,气候寒冷干燥,人的鼻子长得高而挺,有效增大了鼻黏膜的面积,这样当干冷的空气经过鼻腔进入肺部之前能得到充分的湿润和预热,不至于对肺部产生刺激。然而,随着气候变暖、极端天气气候事件增加等全球变化问题加剧,现今地球上的生物分布正在发生着变化。

一、动植物在忙搬家

2005 年 11 月 11 日的《科学》杂志曾报道,美国史密森学会国家自然历史博物馆古生物部的研究小组对在美国怀俄明州比格霍恩盆地(位于美国东北部五大湖附近)发现的植物化石进行了研究,结果表明,5500 万年前的一次地球温度升高促使植物分布发生重大变化,来自温暖的南方的植物取代了以前曾在那里生长的植物。

这个研究小组以古新世一始新世地质时期为研究对象,当时的地球由于刚经过了大约 1 万年的升温,正处于高温期。但是植物化石显示,高温期前后植物有所差异,比如高温期前有水杉、梧桐、胡桃、黄樟等北方植物;高温期中,北方生长的植物包括豆科植物、漆树、木瓜树等。植物化石还显

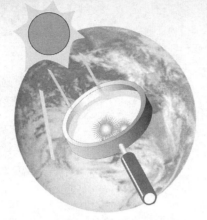

示,当时广泛分布在怀俄明州和墨西哥湾地区的南方植物在高温期之后灭亡了。那时的温度上升是由于碳进入了大气层,这就不禁让人们开始担心现在的气候变暖——因为它的原因与此类似。

另外一项刊登在《科学》的研究是以法国六座高山森林地区的植物为研究对象,将来自不同海拔高度高山上的植物种群在 1905—1985 年间的分布情况与 1986—2005 年间的分布情况作了对比,结果发现每隔十年这些植物的生长地就会向上移动 95 英尺(约 29 米)。

或许以上两则科学报道不足以引起人们的注意,但是它们都是最真实、最科学的关于全球变化与生物分布关系的证明。我国的国宝大熊猫也不得不因为气候生态环境的变化而开始迁徙——这是一则来自人民网的消息。众所周知,大熊猫之所以是珍稀动物,其最主要的原因就是它们对生存条件要求苛刻,但是近 50 年里,大熊猫栖息地年平均气温逐渐上升,原本湿润的家园变得干暖,不再适宜它们居住,所以在世界自然基金会(WWF)验收了四川省气候中心"气候变化对四川大熊猫栖息地的影响及区划研究"后,国宝大熊猫将得到拯救——未来 10～30 年向西北迁徙(图 1)。

图 1　熊猫迁徙(设计:曾艳;绘图:刘丽萍)

二、它们为何会背井离"乡"?

动植物不会像人一样有许多情绪反应,它们默默地承受着全球变化给

它们的生存环境带来的重大影响——向适合生长的地方转移。动物是能够活动的有机生命体,转移居住地点并不是一件难事;但是植物相对来说就要慢得多,在不适的环境中它们萌发的幼苗成活率极低,就这样一步一步向着"舒适"的环境转移。

这里要说明的是,生物的地理分布不是任意的,每一个物种都有一个独特的地理分布区,它反映了一个物种现在的生态位和过去的历史。凯敕勒(Kachler)制订的全球生物群系图例,可以作为全球生物群系划分的参考。按纬度由低到高依次划分为:(1)热带雨林;(2)稀树草原;(3)亚热带混交林;(4)季雨林(热带落叶林);(5)热带混交林;(6)南部疏林和灌丛;(7)荒漠和半荒漠;(8)桧柏稀树草原;(9)草地;(10)温带落叶林;(11)西海岸混交林;(12)温带混交林;(13)高山冻原和山地森林;(14)地中海灌丛;(15)泰加林;(16)北极冻原;(17)冰雪荒漠。

独特的地理分布区并不是短时间内能够形成的,今天的这种分布格局同人类的进化一样有着漫长的演变过程。从1.95亿年前的侏罗纪开始,世界植物区系的时空演变逐渐展开,随着地球板块的运动加剧(包括大陆漂移、造山运动等),世界各地的地质状况、气候条件也发生了翻天覆地的变化。植物区系由最初占优势的裸子植物逐渐向被子植物过渡(被子植物化石最早见于早白垩世——约1.3亿年前的热带地区)。直到距今1.1万年前末次冰期结束,气候回暖,海面上升,大陆架又被海水没入水下,岛屿植物与大陆联系中断,大陆植物逐渐向中高纬地区迁移。距今7000年前至距今5000年前,气候最为温暖,喜暖植物分布比现代更偏北。其后出现波动式降温,有几次降温幅度很大,引起植物分布发生相应的变化。但这期间人类活动的影响已很重要,特别是对栽培植物和杂草的传播作用更为突出。

地球上的这些生灵经历了上亿年与自然环境相互协调的过程,才有了如今这一派生机勃勃而又稳定繁荣的景象。像这样的有机体的地理分布或空间分布称为生物分布,呈动态变化,是种群拓殖和绝灭两个相反过程的结果——种群扩张到新的区域后,原有的分布区内即全部或部分消失。

生物分布的变化是生态学过程。环境条件从根本上决定并引起了地方种群的增加或减少。就像上面所提到的世界植物区系的时空演变过程，每一次植物分布的大规模变化都伴随着地球环境和地理条件的巨变。

那么，在没有大的地质变迁的背景下，现代生物的地理分布为什么会发生变化呢？究其原因，是地球环境在人类活动的影响下发生了惊人的变化——全球变化。这一变化带来的恶果包括全球变暖、海平面上升、极端灾害性天气增多等。这其中属全球变暖的危害范围最广，由此使得生物赖以生活的环境不再适宜它们生存，不得已动植物才会不断地往高海拔和高纬度地带迁移，就像本文起始描述的一样。那么，这会带来怎样的后果呢？

三、地球将面临"移容"？

前面我们介绍了部分动植物面对全球变化做出的反应，但是全球变化究竟对动植物和人类社会有什么样的影响呢？下面介绍一些基于目前科学家的基础研究工作得出的结论。

1. 对动植物的影响

气候是决定生物群落分布的主要因素，气候变化能改变一个地区不同物种的适应性，并能改变生态系统内部不同种群的竞争力。有些科学家对有可能灭绝的动植物物种、生态分布会发生变化的物种以及因此而丧失的全球生物多样性进行预测正是基于这个原因。他们还通过实际观测证明了自己的预测，比如动植物随着天气变暖不断往山峰高处迁移。这是动植物的生存本能，可是这样迁移的后果会是什么样的呢？我们可以试想一下，如果动植物都逐渐向宜栖的高处迁移，那么就必然会有一些生物地带发生断裂，而那些无法适应新气候的动植物就会惨遭灭顶之灾。

比如，美国德雷塞尔（Drexel）大学环境科学系教授斯巴特（James Spart）曾通过测量山区温度和蝾螈的新陈代谢来证明全球变暖对动植物的影响。结果显示，随着气温的上升，蝾螈的新陈代谢也不断提高，并且被迫爬向凉快的山顶；但是问题出来了，山顶原来生活的"居民"怎么办？它们

无处可去,更糟糕的是它们的新陈代谢也衰退了。

另一个实例发生在加拿大温哥华,很多绿色的树已经消失了。为什么呢?因为它们被从南面过来的一种瓢虫吃掉了。另外还有一种杉树虫,也是从纬度比较低的地方爬上来的,把生长在那里的绿色植物都破坏掉了。由此可见,动植物的大规模迁移使得一些地区的生态环境遭到了严重的破坏(图 2)。瓢虫"越岭"、杉树虫"爬坡"都是迫于它们生存地生态环境的恶化。

图 2　动植物的大规模迁移对生态环境造成了破坏(设计:曾艳;绘图:刘丽萍)

其实动植物迁移本是自然界中很正常的事情,有早至古新世—始新世地质时期的化石为证。山脉之间的山谷就是动植物迁徙的走廊,但随着这条走廊越来越干燥、炎热,动植物无法在那里正常生活便会灭绝,自然界会因为生物多样性的降低而变得脆弱。

2. 对人类社会的影响

在全球变暖大背景下,动植物会迁徙到适宜生存的环境中去,那么人类呢?是否未来我们也会在一个舒适的环境中生活呢?答案是肯定的!

但是,地球只有一个!究竟人类将如何面对适宜生存土地面积的减小与世界人口不断膨胀之间的矛盾呢?一些科学家做出了一个合理的推测:

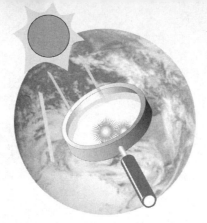

由于地理上的偶然性,除了南极洲以外,几乎所有的陆地都在北半球;只有南美洲狭长的一小部分向南延伸至高纬度地区,而非洲和澳大利亚则没有高纬度陆地。那么,在全球变化这个大背景下,土地升值带来的利益几乎全部为阿拉斯加、加拿大、格陵兰岛、俄罗斯和斯堪的纳维亚半岛所得。更确切地说,全球温度上升会使印度尼西亚、墨西哥、尼日利亚及其他低纬度地区的国家(也是相对来说较贫穷的国家)进入悲惨境地;而加拿大、格陵兰岛和斯堪的纳维亚半岛(相对来说较富裕)将进入一片喧嚣的经济繁荣——穷国处境越来越艰难、富国社会越来越发达这种差距将更加明显(图3)。目前,南极洲除了对科学家产生极大的吸引力之外,没有人对它有浓厚的兴趣,所以国际社会普遍认为它还是处于国际管理的安排下比较好。而一旦目前的全球变暖现象加剧,到南极洲冰盖完全融化的时候,对于南极洲的争夺和攫取可能非常激烈。

一些科学家估计,如果人类对于目前的全球变暖现象熟视无睹,继续破坏我们的地球环境,那么到21世纪中叶,人类将遭到自然的报复,确切地说是部分本来就生活艰难的人们将更多地承担这些风险。为什么这样说呢?因为到那时,海平面会上升,处于低纬地区的土地会被淹没,而高纬地区却因为全球变暖而变为阳光地带。更严重的后果是:赤道和低纬地区会变得越来越热,越来越不适合人类居住,相应地,土地也会贬值;高纬度地区的国家却气候宜人、适合居住,当然土地也随之升值。也就是说,气候变化会打乱全世界的地产价格,这对于处在低纬度地区经济不发达的国家来说无疑是一个沉重的打击,人们的生活也将更加艰难。

全球变化加剧对人类居住的环境有直接影响,除此之外呢?当然还有更多,比如人类生存的必需品——粮食。全球变化包括气候变化,所以这其中就存在一种难以想象的危险——粮食作物生长必不可少的降水会发生什么样的变化?如果现在的降水带从美国、中国、印度及南美洲这些产粮带移走,移到沙漠地带或者海洋,那么即使高科技使粮食能够长在原本不宜生长的其他地区,人类也要忍饥挨饿度过技术攻关的若干个年头。另一种同高纬度地区地产价格类似的结局即是粮食价格的暴涨。

图3 推测中未来的地球(设计:曾艳;绘图:刘丽萍)

　　如果产粮带的降水发生变化,人类将要面临的可能不止是挨饿。试想一下,原本充沛的雨水没有了,直接影响会是什么?——耕地退化!昔日的楼兰古国大概就是这样消失在人类历史的长河中的。而今天我们把因生存环境日益恶化而不得不迁徙的人群定义为环境难民,这种环境难民现象在非洲撒哈拉以南地区最为严重。据联合国难民署(UNHCR)估计,全球范围的难民总数为1920万人,而事实上,因环境恶化被迫迁移的人数已经接近这个数字。生态学家迈尔斯(Norman Myers)估计,若情势继续恶化,在50年内这个数字将会暴增至2亿人。

　　不仅如此,欧洲在未来也可能变得"面目全非"。欧洲科学家曾发布一份重要报告,预测在未来100年内,欧洲大陆这片给全世界带来美味葡萄酒、橄榄油和乳制品的肥沃土地将经受不住气候变化带来的可怕后果,而且地中海这片黄金度假胜地也会随着气候变化而逐渐北移。可想而知,这对当地旅游业将是一个重大打击,要知道,来这里旅游的游客中有近两成是北欧国家的居民,他们每年度假时的消费高达1000亿欧元!

四、我们该如何应对？

英国皇家鸟类保护协会编写的《欧洲鸟类气候图册》介绍了"潜在的灾难性影响"这个词语，它是为了让人们意识到，全球变暖带来的这种影响将会使英国一些常见的鸟类不再常见，因为它们会向北迁移数百英里。皇家鸟类保护协会的埃弗里（Mark Alfrey）呼吁民众："这本图册为我们敲响了警钟，我们必须立即行动起来遏制气候变化。但是某些程度的气候变化现在已不可避免，我们可以帮助野生生物提高对最坏影响的承受能力，扩大投入，扩大自然状态的区域，使乡村更适宜野生动植物生活，这样可以让更多的种类迁移到气候变得适宜它们生活的地方去。这些结果告诉我们，保护自然环境的任务在今后90年将变得越来越艰巨，我们需要在现有成果的基础上进一步努力，这样才能与那些跟我们共存了数千年的物种一起继续共享这个地球。"

全球变化背景下的生物分布发生变化这一事实已不容更改，它对动植物造成威胁的事实亦不可辩驳。在南、北美洲，全球变暖已经对当地的动植物造成了严重威胁，中国的动植物也不例外，这是世界各国科学家必须共同应对的挑战。我们只有通过科学而又有效的技术和方法，通过提高人们爱护环境的意识，才能够保护受环境胁迫的生灵；也只有这样，才能维持这个多姿多彩自然界。

全球变化对于生物分布的影响如此之大向来容易为人所忽略，不被人们"冷落"的是经济发展，因为它能带来直接经济利益，可以让人生活得更舒适。但是如果我们用逆向思维稍加思考，人们梦想中的舒适生活哪一项不是源于自然界的万物呢？名牌、时尚要有动植物的皮革、纤维才称得上名贵；钢筋水泥、家具要有大地母亲无私奉献的矿藏、珍贵树种才称得上品质；美食、燃油要有原汁原味的食材、取之有尽的石油才称得上享乐，这些包括了人类生存所需的吃、穿、住、行四个基本要素，哪一项都无法通过人工合成，更不用说所需原料还得"无中生有"地进行创造了。这一番简单的反思可以让我们意识到，地球对于人类是多么慷慨，人类应该尽自己的责任爱护它，保持地球原有的面貌，维持这个充满生机的蓝色星球！

极限的警示

周　婷/彭少麟

"人应该进行超越能力的攀登,否则,天空的存在又有何意义?"

——〔英〕勃朗宁(Robert Browning)

也许就是在这种精神的感召下,有一种运动,时刻与危险为伴,但是却招致越来越多的人痴迷向往,前仆后继,这就是登山。人类如此,植物也不例外,面对高山的恶劣环境,各种植物持续向上,渴望距离天空近些、再近些! 直到攀登它们生存环境的极限:这里低温、强风、土壤贫瘠,虽然环境条件如此恶劣,却依然有高大的树木和低矮的灌木丛、草甸等顽强地生长着。领跑在最前方的一批植物群落更为抢眼,它们形成的广阔区域就是林木线,是森林与冻原或者森林与草地之间的交错带,它们别样的风光令人神往,但同时对环境又敏感而脆弱,是对气候变化最敏感的响应区之一,是全球气候变化的植物信号。林木线指示着森林分布的极限环境,当一个极限都变得岌岌可危时,整个生态系统的危险不言而喻。

一、"林木线"非"线"

什么是"林木线"呢? 顾名思义,即为森林的界线。众所周知,不是任何地方都适合树木生长的,越冷的地方植物越低矮。随着海拔的升高或向极地分布到一定限度,森林就不能再生长了,这个限度就称为林木线(timberline)。但是,如果你认为林木线的一边是生长着繁茂的树木,而另一边是光秃秃的土地则大错特错了! 其实,林木线并非一条简单的线,而是一个多植被类型交错和过渡的特殊地带,作为一个边缘连接着两个生态系统(图1)。

根据林木线所在位置的不同,大致可以分为高山林木线和极地林木线

图 1　加拿大北部高山林木线(摄影:彭少麟)

两种。高山林木线主要是在垂直高度上森林分布的极限,极地林木线是沿赤道向极地森林水平分布的末端。除了以上两种公认的分类外,事实上,还存在一类由水分驱动的经向林木线,即由于气候分布上水分条件的不同,由海洋性湿润气候向大陆性干燥气候的经向变化,导致了植被的经向地带性分布。如热带区域的热带雨林—热带季雨林—热带稀树草原—热带草原—热带荒漠就是典型的经向地带性植被分布,其中热带季雨林与热带稀树草原之间广阔的交错带亦可以称为林木线。

　　高山林木线存在于亚高山森林和高山草甸、灌丛或者高山冻原之间,如青藏高原东南缘亚高山针叶林与高山草甸植被之间的林草交错带、东北长白山亚高山岳桦林与高山冻原之间的过渡带等。高山林木线是山地垂直带上的一条重要分界线,是当地生物群落与气候长期相互作用的结果,其内部环境异质性高,对气候变化以及其他外界干扰异常敏感。林木线分布的海拔高度大致由赤道向极地降低,在亚热带最高。

　　极地林木线存在于寒温带针叶林(泰加林)和极地苔(冻)原之间,包括

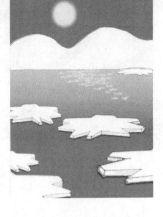

欧亚大陆北部的泰加林与极地冻原之间的过渡区域、北美北部的泰加林与极地冻原之间的过渡区域等。

那么,地球上最高的林木线在哪里呢?答案让我们颇感自豪,就在我们中国!我国西藏东部森林上限高达海拔 4400 米(阴坡)和海拔 4600 米(阳坡),为地球上最高的林木线。

可是让我们感触颇深的是,在全球变化的背景下,尤其是气候变暖、二氧化碳浓度升高,高山林木线正逐渐脱离原来的自然演变趋势,并发生着深刻的变化。这些变化不仅包括高山林木线的海拔位置波动,还包括它的物种组成、植被格局、生理等许多生态学特征的变化。这些变化到底是好还是坏、是轻微的还是严重的、是快还是慢,我们现在还不能下一个确切的结论,但是我们可以肯定的是,是人类的活动直接或间接地导致了林木线的变化,而这些变化最终必然会影响到我们人类自身。其中高山林木线有着特殊的结构和功能,并对外界环境高度敏感,所以成为全球气候变化研究的热点之一。因此,这里我们着重向大家介绍高山林木线。

二、众说纷纭的林木线形成原因

为什么林木线会对外界环境做出敏感的响应,从而成为全球变化的"监测器"呢?首先要理解的是林木线形成的机理,即林木线地区环境因子如何影响植物的生长及生存。而对于机理的解释经历了近百年的"百家争鸣",提出了各种假说。

1. 热量(温度)控制假说

部分科学家认为,热量或温度指标是驱动林木线形成的主导因素(图2)。由于在形态上,高山林木线附近植物长势不好,于是科学家们认为高山林木线所处位置的热量亏缺是植物生长不好的首要原因。由赤道向极地方向,高山林木线出现的海拔高度逐渐降低,于是有人认为这证明了温度对高山林木线的决定性影响,而且从生理上也可以得到解释:夏季低温会导致热量亏缺,使生长所需的基本条件得不到满足,不能形成干物质,而

高山林木线处于树木生长所需温度条件的平衡点附近。基于这一认识,有人提出以夏季最热月 10 ℃日平均等温线来指示高山林木线的位置。但是,有学者提出不同地区其温度数值有所差异。

太冷了,我们不能上去了

图 2　温度驱动林木线的形成(设计:周婷;绘图:梁新)

2.“碳受限”还是“碳投资”

　　由于低温、干旱、生长季节短及其他环境胁迫因素,植物的碳吸收与碳消耗关系失调,从而导致高山林木线形成。在林木线地区,海拔不断升高,空气中二氧化碳浓度下降,同时温度也在降低,这些因素都导致这些地区的乔木植物光合作用效率降低,碳吸收能力逐渐下降,处于“碳饥饿”状态,使得树木的生长及分布受到限制。而恰恰相反,有些观点认为,碳并不是高山植物生长的限制因素,形成高山林木线的原因主要是高山植物不同的“碳投资”策略。然而,无论高山林木线的形成究竟是碳缺乏造成的还是不同的碳投资策略造成的,碳都作为一个重要因素影响着林木线的形成。

　　3. 其他观点

　　“环境胁迫假说”认为,低温、冻害及因土壤冻结导致的生理干旱可能

会导致高山林木线形成。也有人认为高山地区春、冬季降水减少使植物叶和芽出现干化现象，从而限制了树木在更高海拔高度上的生长，这也是比较有代表性的一种观点。

还有一些其他因素——主要包括地形、积雪、火以及人为因素等——对林木线的形成给出了各自的解释。地形主要通过影响气温和降水而影响林木线的高低；积雪的存在限制了林木线内草甸下层树木种子的顺利生长；火干扰引起的树木更新使高山林木线稳定存在；至于人为因素对林木线的作用就更多了，如乱砍滥伐、森林火灾、过度放牧、石油泄漏、开矿、战争、水电工程、污染、打猎、修建公路等，都在不同程度上影响了林木线的形成。

林木线与环境的关系非常复杂，林木线的形成原因也可以说多种多样，目前尚无定论，但气候是主导因子，而在不同区域各因素的作用方式也各不相同。环境因子是综合作用于林木线植被的，各地的具体情况又给这种作用打上深深的区域性烙印。

三、高山林木线正在响应全球气候变化！

当前，全球变化受到了广泛的关注，大气成分变化、全球气候变化、生物多样性变化、土地利用格局与环境质量的变化等，方方面面都影响着生态系统的平衡和发展。其中，平均气温上升、降水格局变化、极端天气事件发生的频率和强度增大等气候变化现象已经对陆地生态系统产生了严重影响，而物种、群落、生态系统等都会对气候变化做出相应的响应，同时发生变化。这些响应可以作为气候变化的间接生物学和生态学证据，对未来气候变化的影响评估具有重要价值。

高山林木线作为相邻生态系统之间的过渡区，具有许多独特的性质，被认为是对气候变化反应最敏感的地区之一。在受到环境变化和干扰等的影响时，高山林木线会脱离原来的状态，适应新的环境条件，从而再次达到相对稳定的状态。气候变化作为一个重要的影响因素引起了高山林木线的再形成，主要包括三方面的过程：一是林木线组成树种个体生理特征

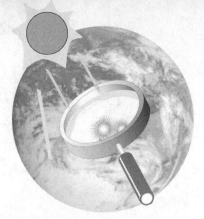

的变化;二是林木线所处海拔高度的波动;三是林木线内部植被格局的变化。

1. 树木个体对气候变化的响应

在温度和二氧化碳浓度升高的背景下,林木线树木个体碳固定的能力增加了。首先,温度升高会使得林木线植物的生长时间延长,这可能导致个体生长和系统碳库的持续增加。同时,大气二氧化碳浓度升高,植物光合作用的原料增加,可能会提高植物的光合产量,增加系统的固碳量。

对树木个体的实例研究发现,气候变化已经引起林木线处树木的高度生长和年轮宽度的变化。瑞典科学家的相关研究发现,作为对气候变暖的反应,20世纪30年代林木线处云杉的高度生长是加速的。另有研究表明,阿尔卑斯山林木线亚高山瑞士五针松年轮宽度的增加与二氧化碳浓度升高相关。除此之外,温度升高将可能增加系统中水和养分的有效性。相对于系统地上部分,全球变暖可能对地下土壤库施加更强烈的作用。

高山林木线物种组成的树木个体的成功更新,是林木线响应气候变暖从而发生位移的基础。这种林木线内部结构的变化,影响到作为整体的高山林木线向高海拔地区的推移。

2. 林木线在移动

林木线的位移并不是一蹴而就的,而是在很长的时间尺度上才实现的。经过上百年的观测和数据积累,科学家们为我们呈现出这样一幅场景:同一地区的高山林木线,目前的位置相比百年之前其海拔高度有所升高。在全球变暖这个气候变化大背景下,高山林木线的海拔位置有上升趋势(图3)。

林木线位移历来是科学家们感兴趣的课题,尤其是气候变化影响下高山林木线位置的变迁。研究者从高山林木线海拔高度的变化上,可以探讨环境变化对高山林木线以及植被分布格局的影响,揭示环境与植物分布的相互关系。这些课题研究的热点区域,主要在欧洲阿尔卑斯山脉、美洲落基山脉、俄罗斯高加索山脉以及我国喜马拉雅山脉和东北长白山一带。研

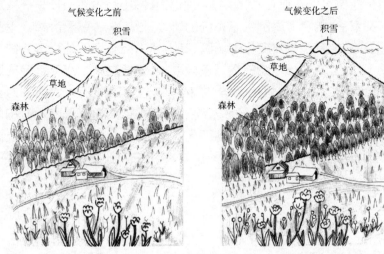

气候变化之前　　　　　　　　　　　　气候变化之后

积雪　　　　　　　　　　　　　　　积雪

草地　　　　　　　　　　　　　　草地

森林　　　　　　　　　　　　　森林

图 3　气候变化导致高山林木线海拔位置上升（设计：徐雅雯；绘图：梁静真）

究结果表明,在当前全球气候变暖、二氧化碳浓度上升的背景下,高山林木线在海拔上有上升趋势。有些结果显示了典型的林木线位移。据报道,科学家们在中欧阿尔卑斯地区通过对沿海拔梯度不同土壤类型和土壤含碳量的调查发现,当地林木线的海拔高度应该在 2500 ± 100 米,这个高度比目前林木线的海拔还要高出 250 米左右。

　　科学家针对高山林木线的海拔位置与温度的关系展开了一系列的定性及定量研究,为我们深入认识气候变化对林木线造成的影响奠定了良好的基础。林木线的位置随纬度不同而不同:沿着温度梯度变化,低纬度地区海拔较高,在高纬度地区海拔较低。另一方面,相同纬度的南、北半球,林木线高度也略有不同,这可能是海陆分布不同造成的差异。温度与高山林木线海拔高度间存在一定的数量关系:年平均温度每升高 1 ℃ 或者季节热量幅度升高 2 ℃,高山林木线便向上升高 130 米。

3. 林木线植被格局变化

　　气候变化导致高山林木线植被格局发生破碎化,由原来完整的线状林

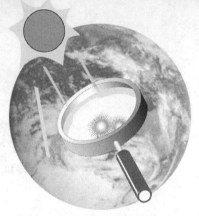

木线演化为树岛或者孤立木(图4)。理论上,高山林木线应该是一条连续的生态交错带,融合了周围生态系统的特征,形成一个过渡区域。受多种因素的影响,尤其是气候变化的影响,高山林木线整齐的理想模式往往无法实现,实际上高山林木线的格局差异很大,这通过林木线交错带的边缘形状可以看出。由于生境的差异性,林木线边缘的形状大致可分为直线形、凹形和凸形三类,分别代表林木线三种不同的发展阶段,在相互的转变过程中,林木线不停地发生着动态变化。其中凹、凸两类林木线的发展容易形成离散的树岛或者孤立木,使得林木线的抗胁迫、抗干扰能力下降。

图4 气候变化导致高山林木线植被破碎化(设计:徐雅雯;绘图:梁静真)

四、林木线的科学研究价值

也许大家会觉得奇怪,现在人类正忙于想办法去积极补救全球气候变化所产生的后果,为什么在思考使林木线恢复原貌的同时,还要花时间和精力去研究林木线的变化呢?

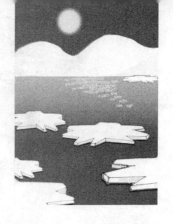

正所谓"塞翁失马,安知非福",虽然全球气候变化对林木线产生了很多严重的影响,但是林木线的变化反过来也为研究全球气候变化提供了极好的材料。

1. 科学研究的"天然实验室"

无论多么先进的实验室,能做到的也只是对自然的一种模拟。由于山地的阻隔,高山林木线物种受人为的干扰相对较少,能够较为完整地保留其本来状态,因而成为科学家研究植被与气候关系的天然实验室。由于全球气候变暖造成林木线波动已经是不争的事实,高山林木线的生态学特征及其动态变化,目前已成为全球气候变化生态学效应研究中的一个热点问题。通过了解不同的气候变化对高山林木线的影响,可以多尺度、全方位地分析高山林木线对气候变化的响应。但是全球气候变化在多大程度上影响了高山林木线的再形成过程、是否会有"后遗症"等科学问题,还有待更深入的研究。也只有充分了解全球气候变化对高山林木线再形成的影响,懂得了其起作用的机理,才能够"对症下药",更好地对高海拔森林进行科学管理,促进自然与人类自身的和谐发展。

2. 气候变化的"监测器"

林木线对于全球变化响应所产生的位移,可以用作指示全球气候变化强度的信号。林木线是高山带一条重要的景观界线,是气候长期变化的产物。树线是高山林木线过渡带的上界,处于高寒严酷气候胁迫的临界状态,全球和区域气候变暖必然在这一生态界面上有所反映。山地由于垂直梯度大,垂直带比水平带窄约上千倍,因此它对气候变化的灵敏度比水平过渡带高许多倍。此外,林木线内外不同的植被类型在短距离内交错分布,使得种群间基因交流、个体迁移、种替代等过程对气候变化响应的敏感性增加,因此林木线位移是气候变化的敏锐的"监测器"(图5)。

3. 自然灾害的"预警器"

山地约占地表陆地总面积的十分之一,其中的水资源及其他自然资源却可影响到世界半数以上人口的生存,在地球生态系统中有着举足轻重的

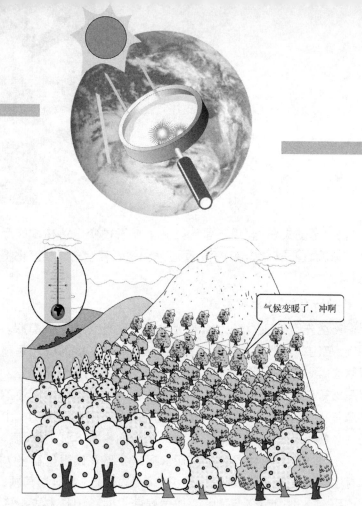

图 5　林木线指示全球气候变化的强度(设计:周婷;绘图:梁新)

作用。然而,由于经济利益的驱使,近年来采伐、挖掘药材和旅游等人类活动的影响不断加剧,对山地植被,尤其是对敏感的林木线影响较大。研究林木线的组成和动态变化,将有助于预测气候变化对山区自然环境产生的影响,如可能会加剧水土流失、山洪、滑坡和泥石流等自然灾害。"预警器"的开启,时刻提醒人类自身要未雨绸缪,保护好生态平衡,莫到"警笛"已经拉响时才意识到问题的严重性。

　　林木线挑战着生命的极限,不断地攀登,逆境中顽强的精神让人惊叹。在全球气候变化的影响下,其自然的发展态势无法保留。作为气候变化的"预兆区",我们更要给予特别的关注,保护好这片区域,珍惜这些生存在极限环境中的植被,为了大自然的和谐发展,为了我们自身的持续生存!

全球变化和物种灭绝

李代江

在过去一万年的大部分时间里,人们生活的世界上到处都充满着生机。森林风景如画,湖泊清澈透明,河流绿水长流,大自然的天籁之音响彻云霄,处处都是鸟语花香,山清水秀……在那里,垂柳依依,荻花瑟瑟,草长莺飞,鸥鹭翔集,万类苍天竞自由……

然而,随着人类成为地球上占主导地位的生物,这种和谐稳定的状态被打破了,地球上其他的物种呈现出加速灭绝的态势,而全球变化的加剧无疑更促进了这种态势。但是,我们不得不面对的问题是,当其他物种都被挤出历史舞台之后,人类还能在地球上孤独地生存吗?

一、逝去的精灵!

好比人生死有时,新物种的产生和旧物种的灭绝作为地球上一种自然现象本是正常事件。从化石和历史数据可知,所有的物种都有其特定的生命周期,以化石数据进行的理论计算表明每 100 万年就有 1/4 的地球物种灭绝,而地球上演化形成的物种有 95% 都已经灭绝了。没有人为干扰的物种灭绝通常称为本底灭绝。经计算本底灭绝的平均速率为每 400 万年灭绝一个物种。但是,自从人类进入工业社会,物种灭绝的速率大大地加快了,而新物种的产生则变得更加困难。有资料表明,在人类出现以前,物种灭绝的速率极为缓慢,鸟类平均 300 年灭绝 1 种。兽类平均 8000 年灭绝一种;到公元 1600—1700 年,鸟兽的平均灭绝速率为 10 年 1 种;1850—1950 年,鸟兽的平均灭绝速率变为每年 1 种了,也就是说,在这 100 年间,曾在我们祖先面前欢乐飞翔或奔跑的 100 多种精灵就永远消失了,而后人只能遥想它们的风姿。

1627 年波兰原牛灭绝,1680 年渡渡鸟灭绝,1780 年太平洋辉椋鸟灭

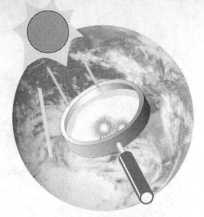

绝,1860 年南非斑驴灭绝,1876 年福岛胡狼灭绝,1883 年斑驴灭绝,1911 年白狼灭绝,1914 年北美旅鸽灭绝,1916 年新疆虎灭绝,1948 年澳洲袋狼灭绝,1952 年加勒比僧海豹灭绝,1964 年亚洲冠麻鸭灭绝,1999 年英国莱桑池蛙灭绝,2000 年中国镰翅鸡灭绝……难怪联合国的一位官员说:"如果达尔文活到今天,他的工作可能就会集中于物种的讣告,而不是物种的起源了。"

总部设在英国伦敦的"国际鸟类联盟"报道说,全球共有 134 种鸟已在 1701—2000 年间灭绝。这一组织在 2008 年一份报告中说,27 种鸟在 18 世纪灭绝,51 种鸟在 19 世纪消亡,56 种鸟在 20 世纪绝种,本世纪截至目前可能有 3 种鸟已消失。全球现存鸟种的 12.4%,即 1226 种鸟,如今也濒临灭绝的危险。过去 20 年内,225 种鸟被列为高濒危物种,仅有 32 种降为相对低级别的濒危种类。2008 年世界自然保护联盟(IUCN)出版的《物种红色名录》(世界上对地球上生物生存状况最权威的评估报告)也指出,全球有约 1222 种鸟面临灭绝的危险,比 2007 年增加了 5 种。鸟类为我们提供了一个指示环境变化的准确且简单的途径,让我们清晰地看到人类对全球物种多样性产生的巨大压力。

1600 年以来,记录在案的动物灭绝资料让人震惊:120 种兽类和 250 种鸟类已不复存在。联合国环境规划署(UNEP)的一份报告指出,目前世界上每分钟就有 1 种植物灭绝,每天有 1 种动物灭绝。科学家们估计,由于人类活动的强烈干扰和影响所引发灭绝速率比平均本底灭绝速率快 1000～10000 倍,比形成速率快 100 万倍。这种远远高于自然"本底灭绝"速率上千倍的局面是对地球生物多样性以及未来地球生命生存状况与质量的严峻警告,它们产生的影响远超出我们的想象!

科学家在对占地球表面积 20% 的全球生物种最丰富的 6 个地区进行了为期两年的研究后,在 2004 年出版的《自然》杂志上发表了一个惊人的结论——由于全球气候变暖,在未来 50 年中,地球陆地上四分之一的动物和植物将灭绝。也就是说,到 2050 年地球上将有约 100 万个物种消失!

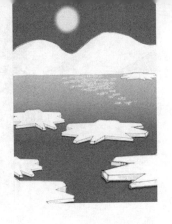

二、第六次物种大灭绝正在来临?!

达尔文(Charles Robert Darwin)的导师莱尔(Charles Lyell)是一个地质学家,他的一句名言"现在是开启过去的一把钥匙"流传至今。其实"过去是开启现在和未来的一把钥匙"也是很有道理的。让我们先来看看地球在过去的历史中物种灭绝的情况吧!

地球自诞生至今已有45亿多年的历史了,而地球诞生10亿年后,便有了生命的萌芽。但是地球生命在35亿年的演化过程中并非一帆风顺,除了断断续续的小灾难外,地球生命共经历过5次大的灭绝性的灾难(图1)。地球第一次物种大灭绝发生在距今4.4亿年前的奥陶纪末期,大约有85%的物种灭绝。在距今约3.65亿年前的泥盆纪后期,发生了第二次物种大灭绝,这次海洋生物遭到重创。而发生在距今约2.5亿年前二叠纪末期的第三次物种大灭绝,是地球史上最大、最严重的一次,估计地球上有96%的物种灭绝,其中90%的海洋生物和70%的陆地脊椎动物灭绝。第四次物种大灭绝发生在1.85亿年前,80%的爬行动物灭绝了。第五次物种大灭绝发生在6500万年前的白垩纪,也是最为大家所熟知的一次,在这次灾难中统治地球达1.6亿年的恐龙灭绝了。

前五次物种大灭绝事件,主要是由于地质灾难或气候变化造成的。例

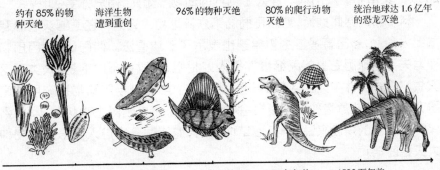

图1　历史上五次物种大灭绝(设计:李代江;绘图:梁静真)

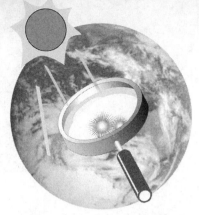

如，第一次物种大灭绝是由全球气候变冷造成的，第三次是由于全球失控的气候变暖引起的（温度上升约 6 ℃），第五次则可能是因为小行星撞击地球而导致了全球生态系统的崩溃。而且有科学家发现，地球历史上发生的五次大的物种灭绝事件，四次与"温室气体"有关。英国皇家学会会员、剑桥大学教授莫瑞斯（Simon Morris）说："化石证据可以使我们判断出，在距今约 4500 万年前地球经历过一次非常剧烈的气温变暖，当时全球气温变暖的程度和今天由于人类活动导致的、地球正在经历的变暖现象有类似的地方：它们都导致了大量动植物种类灭绝！"

英国生态学和水文学研究中心的托马斯（Jeremy Thomas）在 2004 年《科学》杂志上发表的关于英国野生动物的调查报告称，在过去 40 年中，英国本土的野生植物种类减少了 28%，本土鸟类种类减少了 54%，而本土蝴蝶种类更是惊人地减少了 71%。一直被认为种类和数量众多而且有很强恢复能力的昆虫也和众多更大型的动植物一样，正面临灭绝的命运。2008年 IUCN 出版的《物种红色名录》表明，全球有 16928 种物种濒临灭绝，比2007 年增加了 620 种，其中脊椎动物 5966 种，无脊椎动物 2496 种，植物8457 种，其他比如蘑菇等一共 9 种。联合国粮农组织（FAO）的专家在发表的《家养动物多样性世界观察》中称，在过去的 100 年里，全世界已有超过1000 个品种的家养动物灭绝；如果不采取措施，20 年内人类还将失去2000 个家畜和家禽品种。连人工饲养的动物都如此，何况野生的呢？

科学家们据此推断，地球正面临第六次生物大灭绝！在第四次国际寒武纪大会上，多国著名古生物学家也表示了上述看法。他们认为，目前物种消失与地球历史上的灭绝事件惊人地相似，与以往不同的是，人类在这次生物灭绝事件中充当了"总导演"的角色。中国科学院动物研究所首席研究员、中国濒危物种科学委员会常务副主任蒋志刚博士也认为，从自然保护生物学的角度来说，自工业革命开始，地球就已经进入了第六次物种大灭绝时期！

三、它们为什么不见了?

我们可以思考这样一个问题:人类区别于其他群体的主要特征是什么呢?语言,智力还是其他?或许这些都是,但是在这里我们不得不提到人类影响环境的能力!尤其是工业革命以后,人类改变环境的能力得到空前的提高,但随之而来的是全球变化的加剧。全球变化包括气候的变化、大气成分的变化、土地覆盖的变化、海洋的变化、生物多样性的变化、陆地水体的变化、自然灾害的变化以及人类社会的变化等方面。全球变化的主要驱动因子有土地利用方式的变化、地表覆盖的变化、物种入侵加剧、大气二氧化碳浓度升高、氮沉降加剧等。自从人类出现以后,我们已经在很大程度上不可逆地影响了环境,加快了全球变化的速率,也加剧了物种的灭绝。传统观点认为,我们对灭绝的影响主要以三种方式发生着——破坏环境;引入一些对先前稳定的生态系统有威胁的物种;过度开发利用(图2)。但是应该注意到,这三种方式都是在全球变化加剧的背景下进行的!只有考虑到这些,我们才能更好地理解全球变化对物种灭绝的影响!

1. 环境破坏

全球森林在一百年内减少了一半,热带雨林以每年 2.2% 的速率递减;城市化进程在全球范围内飞速加剧,目前世界城市人口增长率为 2.6%,其中发展中国家的增长率为 3.4%,亚洲最快,为 4.8%;大型水库的修建彻底改变了河流生态系统;近 300 年来世界草原面积减少了 7200 万公顷,退化草原面积占 20%;荒漠化土地占全球约四分之一的面积,并正以每年 600 万公顷的速率推进;世界上 61 个热带国家中,已有 49 个国家的野生环境被严重破坏,亚洲尤为严重,其中孟加拉 94%、香港 97%、斯里兰卡 83%、印度 80% 的野生生境已不复存在;全球一半的湿地都在 20 世纪期间消失……这些毁灭性的干预导致土地利用方式发生巨变,使许多物种失去赖以生存的家园,沦落到灭绝的境地。

工业革命以前大气中的二氧化碳浓度为 280 ppm,而到 2007 年则上

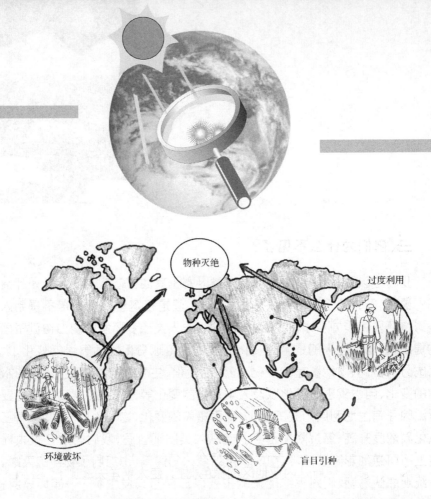

图2　物种灭绝的人为原因（设计：李代江；绘图：梁静真）

升到大约 380 ppm，到本世纪末可能达到 700 ppm。由于大气中二氧化碳等温室气体浓度的升高，地球表面的平均温度从 1906 年到 2005 年增加了 0.74 ℃，到本世纪末还可能会增加 1.1~6.4 ℃。气温的上升导致冰川融化退缩、海平面上升、干旱等一系列的问题。很多动植物的生活环境也随之发生很大的变化，其中最为人熟知的就是北极熊了。北极冰的融化导致北冰洋中冰块分离开的长度超过了北极熊的游泳能力，很多北极熊会由于找不到冰块来歇脚而溺死。

在濒临灭绝的脊椎动物中，有67%的物种遭受生境丧失、退化与破碎的威胁。生境的破坏和丧失已经成为物种灭绝最主要的原因，而长期干旱、极端天气事件等对濒危物种的栖息地产生了额外的压力，从而加速了物种灭绝。

2. 盲目引种

人类的盲目引种对濒危、稀有脊椎动物的威胁程度达 19%，但是对岛屿物种而言则是致命的，因为相对于大陆上的物种而言，岛屿生物更容易

灭绝。公元400年，波利尼西亚人进入夏威夷，带来鼠、犬、猪等，但却使该地半数的鸟类（达44种）灭绝了；1778年，欧洲人又带来了猫、马、牛、山羊以及新种类的鼠和鸟，加上砍伐森林、土地开垦，又使17种夏威夷本地特有的鸟灭绝了。16世纪欧洲人相继进入毛里求斯，1507年葡萄牙人、1598年荷兰人都把这里作为航海的中转站，同时引入了猴和猪以及8种爬行动物，导致了19种本地鸟先后灭绝，特别是渡渡鸟。

随着交通的发展以及全球变化的加速，生物入侵也越来越频繁，给当地土著物种带来越来越大的威胁！在新西兰，黄鼠狼是不会飞的枭鹦的梦魇；在北美，一种外来的斑马贻贝大量繁殖，经常阻塞水道；在肯尼亚维多利亚湖，外来的尼罗河鲈自1959年以来消灭了当地300种土著鱼中的200余种；在地中海和亚得里亚海，一种太平洋海藻覆盖了3000公顷的海底；而来源于巴布亚新几内亚地区的棕色树蛇，使太平洋关岛上11种鸟和一些蜥蜴、蝙蝠在野外绝迹……在全世界濒危物种名录中，大约有35%～46%的植物是由外来生物入侵引起的。最新的研究表明，生物入侵已成为导致物种濒危和灭绝的第二因素，仅次于生境的丧失。

3. 过度猎杀

这方面最突出的例子就是北美旅鸽的灭绝了。仅仅在100多年以前，旅鸽还在以令人难以置信的数量从空中飞过，其时天空连续几天会变得昏暗无光，以至于当时最有名的鸟类学家预言："旅鸽，是绝不会被人类消灭的。"但是由于人类的滥捕，到了20世纪初期，一度很常见的旅鸽已经很稀少了。到了20世纪30年代，只有一只被称做"玛莎"的旅鸽生活在辛辛那提的一个动物园里。1914年9月1日玛莎死后，旅鸽也就永远地消失了。

在濒临灭绝的脊椎动物中，有37%的物种是因为受到过度猎杀的威胁。象牙、犀牛角、虎皮、熊胆、藏羚绒……无不成为人类待价而沽的商品。目前，全球每年的野生动物黑市交易额都在100亿美元以上，与军火、毒品并驾齐驱。全球经济的发展更扩大了这些珍贵"奢侈品"的需求量，巨大经济利益的驱使使得许多野生物种灭绝了。

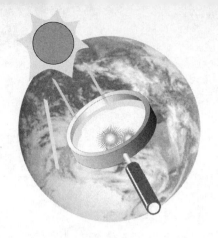

四、物种灭绝的危害是什么？

全球变化加剧了物种灭绝，对这一点已毋庸置疑。但是也许你会有这样的假设：当"最弱"的物种灭绝后，剩余的物种对环境退化的抵抗力会变得更强。如果这个假设成立的话，那么事情就不会这么糟糕了。但实际情况似乎并非如此。2004年《自然》杂志报道，有科学家分析研究了一个关于生态系统中物种间相互作用网络的数学模型。结果表明，当其他物种灭绝时，一些原本有抵抗力的物种会突然对环境退化变得敏感起来。由于这种无法预测的灭绝效应，生态系统即使失去的是最脆弱的物种，也可能会变得不稳定。

这个结果也正符合"天生我材必有用"的思想，自然界的万物历经千万年的进化后在生物圈的物质循环、能量流动和信息传递过程中都发挥着不同的作用、扮演着不同的角色。对我们来说，任何一个物种的非正常灭绝都是无可挽回的损失。一种生物如果灭绝，就永远消失了，这可不像电影《侏罗纪公园》，还能唤回逝去的精灵。而每当我们失去一个物种，我们也就失去了一项对未来的选择，也许治疗艾滋病或癌症等的希望也会随之破灭。因为一个物种的消失，至少意味着一座独特的基因库的毁灭。一个物种的存亡，同时还影响着与之相关的多个物种。据研究，每消灭1种植物，就会有10~30种依附于它的其他植物、昆虫及高等动物随后覆灭。17世纪毛里求斯渡渡鸟被杀绝后，不出数年，该岛的大栌榄树也渐渐消失了，因为这种乔木的种子必须经过渡渡鸟的消化道才能发芽、萌生。南非的自然保护区将大象迁出之后，由于没有大象践踏和吃掉树木的幼枝，致使地面林木茂密，从而造成三种羚羊——它们不能在茂密的森林中生长——的灭绝。

生态系统中无论是生产者或消费者乃至分解者，都是互惠互利、相互制约的，从而形成一种动态平衡。大自然创造了奇妙的生物链，人类既无权破坏其中任何一个环节，也没有能力修复这种破坏。而全球变化背景下加速的物种灭绝却极大地破坏了生物链，这必将对人类产生无法想象的

恶果!

五、亡羊补牢，为时不晚!

1990 年 2 月 14 日，美国"旅行者 1 号"飞船飞到了太阳系边缘，距离地球大约 64 亿千米。控制中心让它回过头最后看一眼它出发的地球。图 3 就是当时拍下的照片。请注意照片右面光束中的那个小点，它就是地球。

看到这个小点，你有什么感想? 尽管早在数百年前人们就已知道，地球不过是宇宙中的沧海一粟，然而当这张真正的"我们只有一个地球"的照片呈现在我们面前时，我们还是被深深地震撼了。宇宙虽大，但是地球只有一个。没有了地球，人类就没有了一切! 如果你想到它只是一粒尘埃的话，你就会明白我们会多么容易失去它!

面对当前的物种大灭绝，人类开始意识到自己的"恶行"，并试图尽力挽救那些岌岌可危的物种，其中影响较大的有世界自然保护联盟(IUCN)的《物种红色名录》等。1872 年，美国成立了世界上第一个国家公园——黄石国家公园，此后，保护区的发展十分迅速。在随后的 20 世纪中，44000 个保护地被设立，覆盖了地球陆地面积的 10％ 和海洋面积的 1％。目前更多的地方正在得到保护，例如在 2002 年巴西规划了世界上最大的热带雨林保护地，同年澳大利亚设立了世界上最大的海洋保护区。科学家也在收集一些动物的遗传物质，希望将来或许可以通过克隆技术使它们复生。科学家还将一些在原产地消失的物种重新引入它们原来的栖息地，比如将麋鹿从英国重新引种回了中国。《科学》杂志在 2008 年 7 月 18 日刊登了一个被称为"辅助移植"的提议:以人为方式把生存受严重威胁的物种从原栖地送往新环境生活，比如考虑将北极熊移到南极生活。但是科学界对此褒贬不一，提议仍在激烈讨论中……

《科学》杂志 2004 年 8 月的一篇文章告诉我们，人类目前已经掌握了解决二氧化碳以及气候问题的基本的科学技术和方法，这说明我们有能力在一定程度上减缓全球变化。现在的关键是我们要做出解决这些问题的

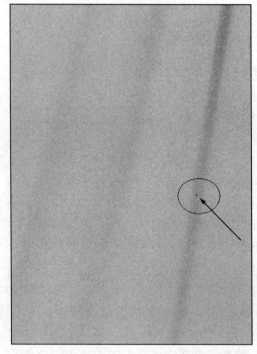

图 3　从遥远的宇宙看地球

（引自 http://www.nasa.gov/centers/jpl/images/content/161974main_pia00452-browse.jpg 略有改动）

决定，减缓全球变化对物种灭绝的影响。亡羊补牢，未为迟也！

　　人类虽然已经意识到了物种灭绝的危机，也对此采取了相应的措施，但是这些对于保护物种而言还只是杯水车薪。作为上层进化支的人类应走下凌驾于自然万物的神坛，不再以统治者的身份俯视整个进化阶层，而应该尊重和善待所有生命！唯有此，物种灭绝的颓势才能得到控制！

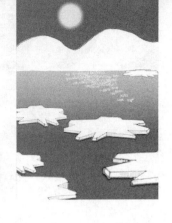

附录:灭绝的生物学含义[①]

灭绝 当今世界任何地方都没有该种的成员存在时,就认定该种是灭绝的,即绝种。根据世界自然保护联盟(IUCN)的物种等级标准:灭绝指在过去 50 年中未在野外找到的物种,如渡渡鸟。

野生灭绝 指某物种的个体仅被笼养或在人们的控制下存活,就可认为是野生灭绝。如麋鹿,自古在华夏大地广有分布,北京南苑不仅是麋鹿这个物种的科学命名地(1965 年),由于水灾和战祸,这里又成为中国本土最后一群麋鹿的消失地(1900年),但毕竟还有 18 头保存于英国乌邦寺,香火未断,所以它们属于野生灭绝,类似的事例还有普氏野马(1947 年)。

局部灭绝 台湾云豹就属于局部灭绝。因为中国大陆及东南亚许多国家和地区仍有云豹,可台湾岛上却彻底没有云豹了,这就算局部灭绝。例如中国犀牛,1922 年灭绝;白臀叶猴,1893 年灭绝;赛加羚羊,1950 年灭绝,这都指中国境内没有了,但作为一个物种,苏门犀牛在印度尼西亚、马来西亚仍有,白臀叶猴在老挝、越南还有,赛加羚羊在哈萨克斯坦还有。

亚种灭绝 巴厘虎 1937 年灭绝、西亚虎 1980 年灭绝、爪哇虎 1988 年灭绝、新疆虎 1961 年灭绝,实际上世界上的虎只有一种,繁多的名目都是亚种及亚种以下的分类。类似情况还有狼,狼是一种原产北美及欧亚、体型最大的犬科动物,亚种变种很多,纽芬兰白狼 1911 年灭绝、得克萨斯灰狼 1920 年灭绝、喀斯喀特棕狼 1940 年灭绝……

---

① 郭耕 . 2003. 灭绝动物挽歌 . 北京:中国环境科学出版社 .

生态灭绝　　由于一些野生动物数量太少,种群过小,遗传变异性丧失,被专家称为"活着的死物种",它们不仅对生态环境影响甚微,而且连自身的存亡都成问题,例如屈指可数的华南虎,即便归山,对其他群落和成员的影响也是微不足道的,这种情形称"生态灭绝"。

打上全球变化烙印的生物进化

庞俊晓

让我们陷入困境的不是无知,而是看似正确的谬误论断。

——马克·吐温

一、生物的进化变得更快了

经过 38 亿年漫长的进化,地球上的生物让这颗原本寂寞的星球的每一处角落都变得生机盎然。没有生命进化的地球,仿佛就是一部被定格的电影、一本只有第一页的小说、一棵不会发芽的枯树。然而近百年来发生的全球变化严重影响了生物赖以生存的大气、海洋和气候,于是生物进化也不可避免地被打上了全球变化的烙印。

尽管全球变化对生物进化的影响没有像美国科幻大片《后天》里严寒和暴风雪摧毁城市那样来势汹汹,也不像印度洋海啸和大地震那样刻骨铭心,但这些"润物细无声"的悄然变化却更加彻底、持久和难以恢复,宛如打在动物身上的烙印般深刻,而不是贴个标签或画个记号那样显而易见。所以,我们没有理由不去关注打上了全球变化烙印的生物进化会有怎样的命运,不论这些变化是不是我们所希望的。事实上,已经有许多生物进化的事件吸引了科学家的目光。

最先引起科学家注意的是一些动物在环境变化后产生的适应性进化。美国威斯康星大学麦迪逊分校的分子生物学家卡罗尔(Shone Carroll)发现,东非的蝴蝶色彩取决于蝶卵的孵化季节。在雨季孵化的蝴蝶身披亮丽的色彩,而旱季孵化的蝴蝶则统一被画上了单调的伪装色。类似的变化并不罕见,从带有怪异斑点的蝴蝶,到五彩斑斓的蜥蜴,到松鼠甚至是蛇学会了"飞翔"等等,不一而足。

不出所料,一些植物也发生了同样的变化。美国加利福尼亚大学生态

和进化生物学教授韦斯（Arthur Weiss）和他的同事栽培了在旱灾前后收集的两种芥菜种子。在相同的生长条件下，旱灾后采集的芥菜种子比旱灾前采集的种子开花结子要早很多。每逢干旱的年份，早开花的植物能在土壤干涸前产生种子，而晚开花的植物在产生种子前就已经枯萎，因此，为了适应干旱的环境，芥菜缩短了花期。研究表明，经过 7 代以后，芥菜的生长周期将加快 16%，即面对全球变暖，生长迅速的野草能经过数代的进化来适应气候变化。

生物进化展现出的新特征让人们重新思考进化的动力。美国纽约州立大学斯托尼布鲁克分校生态和进化系的皮柳奇（Maximo Pi Leuqi）说："我认为目前最大的一个谜团就是，自然选择是不是创造生物复杂性的唯一进程，抑或其他物质也发挥着作用。我怀疑后者是真的。"

对生物进化领域出现的新的问题，科学家提出了推动进化的新因素。一部分科学家认为，生物体在不同的环境条件下能够改变其形态或其他特征以适应环境变化，这种现象称为表型可塑性。皮柳奇说："这种变化可以传递给后代，便导致一个物种进化出新的特征，这取决于生物体面对的环境条件。"例如，蜂群中工蜂和负责守卫的蜜蜂的基因组是一样的，但是二者基因组中被激活的基因存在差异，所以它们的外形和行为也表现得迥然不同。哪种基因会被激活正是受环境因素——诸如温度和胚胎期的食物等——的调控，这种基因的差异性表达最终促使一只蜜蜂成为工蜂，而另一只则成为负责守卫的蜜蜂。

另一部分专家认为，自组织（self-organization）是生物进化的另一个动力，它能促使生物体和非生物体自发出现复杂的特征和行为，这些新的特征也会传递给后代。

在生物学上，自组织的一个例证就是蛋白质折叠（见图 1）。一条氨基酸长链弯曲、折叠成为一个三维的蛋白质，最终的形状决定了蛋白质的功能。蛋白质包含的氨基酸的数量、类型和排列方式决定了折叠过程的复杂程度。即使这个过程在生物体内只需要几秒钟，但即便是速度最快的电脑也无法与之比拟。

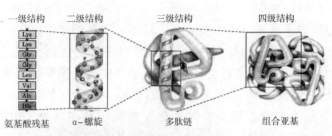
一级结构　二级结构　三级结构　四级结构

Lys
Lys
Gly
Gly
Leu
Val
Ala
His

氨基酸残基　　α−螺旋　　　多肽链　　　组合亚基

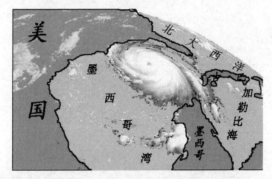

图 1　自组织案例(上:血红蛋白折叠过程,引自蛋白质数据库 http://hpdb.hbu.edu.cn;下:飓风"卡特里娜")

皮柳奇说:"大自然一个典型的例证是飓风——飓风并不是无规则的空气运动,而是组织性相当高的大气结构,是在适宜的环境状态下自发形成的。大量证据表明,生物体在发展的过程中也采取类似的方式产生了某些复杂的特性。"

二、不再南飞的候鸟和提前长大的松鼠

表型可塑性可以看作适应性进化的一种解释,但这不是全部,还存在更深层次的进化现象。生物学家已经发现了很多由于温度升高而引起种群基因频率改变从而发生进化的事例,进化的物种普遍变得更能适应季节性的变化。

美国俄勒冈大学布拉德肖(William E Bradshaw)博士和霍尔茨阿普费

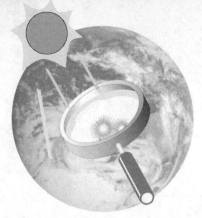

尔(Christina M Holzapfel)博士在 2006 年 6 月出版的《科学》(*Science*)杂志上发表论文,举了欧洲莺鸟的例证。这种鸟天气暖和的时候在德国东南部繁衍生息,冬天会长途迁徙到西班牙和葡萄牙的伊比利亚半岛。近年来,一部分鸟不再飞往遥远的西班牙海岸,而是飞往更近的具有适宜它们生存环境的英格兰。来年春天,这些从英国迁徙回来的莺鸟很可能先于它们的西班牙亲戚在德国的原聚居地找到最佳的筑巢地点并进行繁殖(图 2)。研究发现,这种莺鸟中有一个种群在基因上发生了变化,更倾向于选择英国为越冬地,而该种群的规模正在不断扩大,最终会使这种东—西迁徙的行为成为新的本能。

图 2　欧洲莺鸟迁徙线路的变化
(莺鸟近照引自中国科普网 http://www.kepu.gov.cn/zlg)

　　欧洲大山雀也有类似欧洲莺鸟的行为,因为天气提早回暖,松毛虫也在春天提早长大,而那些提早下蛋的大山雀就能赶在食物(毛虫)丰富的时候进行孵育。这样能灵活控制下蛋时间的大山雀将比那些不太善于控制下蛋行为的同类具有更多的优势,而何时产卵是由基因本身决定的。

此外,加拿大红松鼠提前发育并生育,这使得它们能够为过冬和来年的繁殖贮备更多的松果,具有更早繁殖的基因的松鼠将比那些晚发育的同类获得更多的生存机会。纽芬兰的蚊子现在已经进化到能够利用更长的夏季来获取资源,这些隐匿前具有更长时间活动能力的蚊子比那些过早睡眠的同类有更多的生存优势。

科学家们认为,全球变暖促进了物种的进化,最终通过生物行为的变化表现出来。这些变化在高纬度地区出现的可能性更大,因为高纬度地区在全球变暖的影响下温度变化的幅度比低纬度地区要大得多。进化遗传学家布拉德肖说,据观测,很多动物的栖息地正在朝着南、北两极方向缓慢迁移。这是因为,大多数动物依靠日光作为信号来启动迁徙、发育和繁殖等行为,而全球变暖使得阿拉斯加变得像是密西西比,动物原来习惯的信号体系在全球变化下已经不再那么准确了。

三、无家可归的蝴蝶和每况愈下的岛屿生物

全球变化一方面能促进物种产生适宜环境的进化,另一方面也会使物种走向进化的反向——退化,甚至是走向灭绝。全球变暖加剧物种多样性的丧失正在为我们敲响警钟。

近日《自然》(Nature)杂志提出全球变暖使得英国四分之三的蝴蝶物种迅速衰退。该研究是英国生态与水文学中心、蝴蝶资源保护管理中心、利兹大学、杜兰大学等机构发起的,他们对蝴蝶进行了首次大规模的专项考察。一万余名环保志愿者历时四年,分析了161万个蝴蝶聚集点。研究表明,英国野生动物栖息地遭到了严重破坏,导致多数蝴蝶物种难以生存,不迁徙蝴蝶遭受的迫害和威胁甚于迁徙蝴蝶。利兹大学方面的负责人托马斯(Chris Tomas)教授说:"近三十年来,全球变暖使不列颠北部的多数蝴蝶面临严重生存危机,但我们曾经错误地以为全球变暖会让蝴蝶过得更好。"

中国国家自然科学基金委员会主任陈宜瑜院士在2007年"地球系统过程与人类活动"联合学术大会上做了题为"生物多样性与全球变化"的演

讲。他在演讲中说:"在全球变化背景下,生物多样性也经历着地质历史上前所未有的急剧变化。据估计,目前地球上物种的灭绝速率是自然变率的100~1000倍。按照中等范围的全球变暖情形,到2050年,占地球陆地表面积20%的区域中,有15%~37%的物种注定消亡。"

引起生物多样性急剧减少的、与全球变化紧密相关的原因主要包括:肆意砍伐森林导致生境片段化和栖息地丧失,全球变暖引起的生物物候期和分布范围的变化,传染性疾病的频发,化肥的不合理使用,以及大气氮沉降紊乱等。

然而,更多的灭绝事件发生在远离大陆的岛屿上,在那里某些种群在寻找着最后的避难所。渡渡鸟是人们最早认识的一个例子,类似的还有大象鸟和爱尔兰麋鹿。官方曾对濒临灭绝的物种进行过统计,其中十分之一以上的物种集中在加拉帕戈斯群岛、加那利群岛和亚洲东南部的岛屿上。

美国田纳西大学生态学家皮姆(Stuart Pimm)和康涅狄格学院的阿斯金斯(Robert Askins)指出,夏威夷曾经拥有135种地方性鸟类(全部都是特产),但是现在除了33种之外,所有的鸟类不是已经灭绝就是濒临灭绝。海鸟灭绝的故事离我们更近了:近期在大西洋上的祖瓦群岛挖掘出的标本表明,在成为度假地后不到40年的时间里,岛上几乎一半的鸟类已经消失了,哺乳动物的数量也有相当大的缩减。海平面的上升和土地利用方式的变化是引起这些变化的主要原因。

四、生物进化的天然实验室

岛屿的规模、长期隔离的状态以及清晰的边界创造出特殊的进化推动力,常常产生戏剧性的结果,所以长久以来,科学界把岛屿看作生物进化的天然实验室。

经典的"岛屿规则"说:岛屿上的动物进化得能比大陆上的同类长得更大。时至今日,巨型海龟以及巨蜥依然出没在加拉帕戈斯群岛和其他偏远岛屿上,但是只有少数化石能够证明侏儒河马、大象、鹿等生物曾经生活在印度尼西亚、地中海和太平洋的岛屿。这些化石揭示了物种在被隔离于小

岛后,体积发生的急速变化。

澳大利亚岛屿生物多样性研究所首席科学家米伦(Virginie Millen)发表文章指出,岛屿上的物种在较短的时间内经历了加速进化。她计算了88个物种170个种群的826个个体的进化速率。结果表明,为了适应新岛屿环境,生物的形态和大小会迅速发生变化。随着时间的推移,岛屿和大陆的物种进化速率都有所减缓,但大陆上的物种减缓得更快。在大约4.5万年间,大陆和岛屿物种进化速率的差别不断减小,直到在统计学上不明显。

五、环境变化推动生物进化之舟

科学家逐渐认识到,进化之舟是由环境的变化推动的,它也是物种灭绝的主要原因,而不是先前认为的个体及物种之间的竞争。一方面,在成功进化的过程里,物种必须适应新的环境;另一方面,环境的变化又为最新的生物进化储备了能量,促进生物进化的基因发展,并给它们提供了发展的机会。这些发生在细胞内的变化过程,是对各种环境变化——如温度升高、大气成分变化、海平面变化、火山爆发、海水中溶解氧含量下降等——做出的所有可能的反应。

让我们一起来看看生物进化之舟的旅程是怎样的:

首先,自然选择促使生物因为环境变化而发生进化。有人做过细菌对高温的耐受实验,可以很好地说明这一点。在一个有多种不同突变个体的细菌群体中,有一些更加适宜在高温下生存和繁殖。温度升高的时候,这些耐热个体一定会有更多的生存优势并产生更多的后代,而这些后代也将带有耐热基因。很多世代以后,会产生一个适合在酷热环境下生存的新种群。细菌就这样在特定的环境下发生了进化。

其次,生物体的基因重组需要特定的环境。基因本身不会产生交配行为,只有个体才会,而且还是选择特定的地点——鸟类有着自己习惯的树枝,鱼类顺着一定的水流方向,哺乳动物则挑选在安全舒适的地方。基因的混合引起了一定规律的重组,进而产生了新的后代。如果理想的环境受到干扰甚至破坏,就阻碍了基因的混合,减少了生物进化的几率。

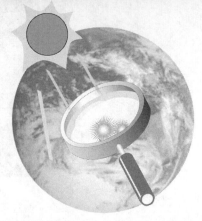

第三,新环境是引发基因重组的重要刺激因子。这一点在人类进化过程中能得到验证:早期人类的皮肤是暗色而不是黑色的,非洲人发展了这一特征,以帮助他们抵御过强的太阳辐射;欧洲人以谷物为主食的饮食习惯导致了缺乏维生素 D 和佝偻病的产生,因此他们形成白色皮肤来减少辐射,以生成更多的维生素 D;西伯利亚人狭长的鼻孔使得冷空气有足够的时间加热,以降低身体被冻僵的危险。正是因为这些变化可以很容易而迅速地发生,所以人类迁入新的环境时才没有灭亡。

事实上,不同生物对环境变化的敏感性是有很大差别的。生物应对全球变暖的进化能力很可能决定了哪些物种能够成为新环境的胜利者,甚至会关系到一个物种的生死存亡。从某种意义上说,能对环境变化做出及时反应的生物体是幸运的。

一般来说,小体型动物比大型动物更容易发生进化。因为前者具有很大的种群数量和较短的繁殖周期,大数量的种群意味着更容易出现进化所需的基因突变,短的繁殖周期则意味着拥有能赶上环境变化的进化速率。相反,大型动物——比如北极熊——很可能难以适应在短短几十年内就彻底变化的环境,最终的结果也许只能是灭绝。

六、全球变化将人类推向何方?

1. "昨天"的人类进化越来越快

全球气候变化对人类进化有着不容忽视的影响,科学家们将近 2.5 亿年来全球环境变化与人类进化的历程进行了对比,从表 1 可以看出,在某种情况下,气候变化驱动了人类的进化。

人类学家过去认为人类进化的速率已经放缓甚至停滞了。然而,美国威斯康星大学人类学教授霍克斯(John Hocks)的最新研究报告称,过去 5000～10000 年间,人类进化的速率其实加快了 100 倍。

霍克斯对全球不同国家和地区的 269 人的 DNA 样本进行比较后得出了上述结论。随着时间的推移,DNA 累积的不规则突变越来越多,这个过

程就像皮肤上的皱纹一天比一天多了一样。突变越少的 DNA 片段越长，其产生的年代便离现在越近。基于这一理论，霍克斯得出了一个结论：新近基因变化约占人类全部基因的 7%。他说，在过去 1 万年间全球人口数量增长了 1000 倍，人口的急速增长对基因的迅速变化起到了推波助澜的作用。

表 1   2.5 亿年来全球环境变化与人类进化历程

距今时间/年	地球平均温度/℃	环境特征	人类进化的标志事件
2.5 亿～1.75 亿	21	广阔的联合古陆生活着恐龙的祖先	哺乳动物的祖先——獾类出现
1.75 亿～6500 万	23	古陆分裂，恐龙统治世界	早期灵长类动物出现
6500 万～2500 万	16	全球变冷，森林被小块草原分割	人类与黑猩猩分家
2500 万～250 万	13	北极出现冰帽，森林剧减	出现直立行走的原始人
250 万～12.5 万	18	短暂的温暖，植被广布全球	早期现代人类——智人出现在非洲
12.5 万～1.8 万	10	地球史上最冷的气候时期	人类强化狩猎和采集
1.8 万～1.1 万	15	冰川随变暖趋势而消失	人类开始依赖农业

美国芝加哥大学的普里查德（Jonathan Pritchard）认为，人类为了适应周围环境的变化，近 15000 年来出现了许多新的基因，比如说那些能保证吸收碳水化合物和脂肪酸以及消化奶类的基因。正是因为有了它们，我们才能适应新的食物。顺便说说，白皮肤基因也是新的，是人类在迁居北部地区之后才有的。

2. 人类进化在"今天"停滞了么？

一部分学者认为人类在退化——过度依赖药物导致抵抗力不断弱化，大众体能普遍下降，新型遗传疾病接踵而至。这些让我们不得不担心电影《机器人瓦力》里面连翻身都困难的胖子们会成为将来人类的真实写照。

英国伦敦大学琼斯（Steven Jones）教授指出，人类的进化过程已经处于

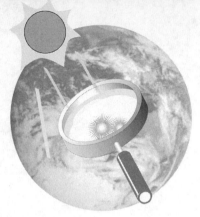

停滞状态,既不会进化也不会退化了。这是因为促使人类进化的动力——自然选择和基因突变等——已经不在人类生活中占有重要地位。比如,在冰期中的英国,如果基因突变使一个婴儿在面对严寒和自然灾害时恢复能力更强,毋庸置疑他会有很强的生存竞争力,也更有可能活下来并将此基因传给子孙后代。然而在现代社会,我们有中央空调系统且衣食无忧,类似的基因突变在现在看来已经显示不出多大的优势了。

然而事情并不完全像上面讲的那么糟糕。越来越多的科学家正利用基因排序和其他现代科技手段对人类的进化过程进行细致的研究,美国威斯康星大学人类学教授霍克斯就是其中之一。霍克斯认为人类在面临千变万化的环境时会调整人类基因组,并将这种基因变化遗传给后代,包括增强糖代谢能力和抵抗疾病能力。

11000 年前,没人开垦耕地,没人为家畜挤奶,也没人生活在城市中,人类消化乳糖(存在于牛奶中的糖)的能力仅仅在过去的 3000 年才逐渐出现。消化乳糖的能力取决于乳糖酶。乳糖经过乳糖酶分解为半乳糖和葡萄糖之后被人体吸收。缺乏乳糖酶的人喝了牛奶就会腹胀、肠鸣、腹痛甚至腹泻,有些人还会有嗳气、恶心等(图 3)。如今德国约 95% 的人都具备消化乳糖的能力,而非洲的马赛人和芬兰的拉普兰人身上也经历了这种基因突变。霍克斯不由得感叹:"这真是一场快速的进化啊!"

图 3 乳糖不耐受的人喝牛奶的反应(设计:庞俊晓;绘图:刘丽萍)

　　抵抗疾病能力的基因也是人类基因组中最活跃的分子。早先生活在欧洲城市里的人的后裔对天花有先天的抵抗能力，而生活在撒哈拉以南非洲的人则对疟疾的抵抗能力强于一般人。如果历史为我们提供了借鉴，那么人类将继续进化以应对新出现的各种疾病。不久前有报告说，在一些非洲人中发现了一种对疟疾具有抵抗能力的基因，但是这部分人更易感染艾滋病，这一发现有可能会对在非洲治疗艾滋病的方式做出调整。

　　此外，在对付像糖尿病这样的现代灾难时，突变基因也发挥着关键作用。美国杜克大学进化生物学家威廉（Gregory William）指出："我们人体运输糖分以及消化糖分的方式确实发生过巨大变化，正是得益于这种变化，我们吃得才更加可口、健康。"现代医学证实，北美土著和波利尼西亚人的糖尿病发病率是全世界最高的，有种理论认为，由于经历了太久的大饥荒，他们的基因组直到很晚才适应了注重精制谷物的饮食习惯。

　　迄今为止，致力于绘制人类家谱的生物学家对人类的起源还莫衷一是，全球变化又让人类的未来仿佛蒙上了一层面纱，变得愈发扑朔迷离。想彻底揭开这层薄纱，恐怕还得有一阵子呢。

　　一颗小石子就能让整个池塘泛起涟漪，一只蝴蝶扇动翅膀也能改变非常遥远的地方的天气，许多出人意料的重大结果最初都源于一些微小的事物变化。从上面讲的故事里，我们知道了全球变化为生物进化这张画布增添了全新的色彩，尽管这些影响现在看起来或许还谈不上惊天动地，但是谁又能说它就不是那只蝴蝶呢？从现在开始，从我们身边开始，关注发生在动植物和人类身上的进化事件，怎么也比事情发展到超乎我们想象的时候才去了解它更从容和理性一点吧。

第五编

全球变化之
人类社会影响

气候变暖了人为什么容易得病？

虞依娜

一、气候变暖直接影响人们身体健康

人类对气候条件的适应能力是有一定限度的。当外界气候发生变化时，人们将需要一段时间来适应，而人体功能的盛衰决定了适应时段的长短。当天气渐冷的时候，人体通过感觉器官把外界的信息传达给下丘脑，下丘脑通过分泌激素来使外界的环境和体内环境达到一种平衡。这个过程需要一定的时间，如果时间不足，就会导致生病。《黄帝内经》云"天食人以五气，地食人以五味""人以天地之气生，四时之法成"，阐明了气候是人类生存不可或缺的条件。

科技的发展已经改变了地球原有的面貌，特别是工业革命以来，人类把深藏在地球深处的石油和煤炭等挖出来，随着这些能源的使用，大量本该深眠在土地之下的物质变成了二氧化碳、甲烷、氮氧化物、卤代烃等气体而大量排放到大气圈中。大气圈作为地球的保护层是非常脆弱的，这些气体的排放改变了大气圈的成分，如同给地球加盖了一层厚厚的棉被，增强了温室效应，引起全球变暖等一系列环境问题，使热浪等极端天气事件发生频率增多、强度增大。

由于城市的热岛效应，全球变暖对城市人群健康的影响比农村要大得多。2003 年，中国疾病预防控制中心金银龙研究员与日本合作的关于气候变化对心脑血管疾病、呼吸系统疾病死亡及人口总死亡的影响研究表明，在哈尔滨、南京、广州等城市区，人们的心脑血管疾病、呼吸系统疾病患者死亡率与气温的关系曲线均呈"U"形或"V"形，说明气候变化会使死亡率增加。《美国科学院院刊》(*Proceedings of the National Academy of Sciences*)发表的一项研究报告也指出，气候变化对人类健康有直接的负面影

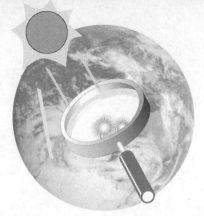

响。《自然》杂志在 2004 年 1 月 8 日刊登了一项关于全球变暖影响的调查报告,全球每年因气候变暖而死亡的人数为 15 万人;而且预估在未来 50 年间,四分之一的陆上动植物将死于气候变化,超过 100 万种生物将在地球上消失;全球变暖将导致地球母亲"失明"。

除了死亡外,全球变暖还会带来意想不到的疾病。如热浪天气会使人脱水从而使肾功能失调;由于高温,食物易变质从而导致疾病更容易传播,而受害的主要是儿童。据世界卫生组织(WHO)官员表示,在法国 14802 名因高温而死亡的病人中,超过 60% 的人是在室内死亡的。

由于全球变暖,旱涝灾害更为频繁,生长季节缩短,各种产品的产量减少,提供给人类的食物减少,从而使全球很多地方出现饥荒,会有更多的人出现营养不良。这种现象在穷国尤其明显,特别是儿童很容易成为疾病的牺牲品(图 1)。

图 1　全球变暖导致人类体质减弱(设计:赵娜;绘图:梁静真)

二、气候变暖使病原微生物更加活跃

全球气候变暖还会给各种病菌繁殖提供有利条件。很多有害动物——如蚊子、跳蚤、老鼠等——由于气候变暖,会扩大适宜它们生长繁殖

的空间,从而使繁殖期增加,世代增多(图2)。在气候变暖环境下,昆虫体内的病原体毒力增强,从而使致病能力增强。同时,还会有一些新的病原体出现,而新的病原体将会引起新的传染病,对人类健康造成意想不到的危害,如非典型性肺炎(SARS)。还有可能导致多种传染病(如瘟疫等)暴发而引发大规模灾难性死亡事件。美国普林斯顿大学生态学家多布森(Andrew Dobson)指出,"气候的大幅度波动会导致大规模疾病的暴发"。例如,坦桑尼亚的塞伦盖蒂(Serengeti)国家公园和恩戈罗恩戈罗(Ngor-ongoro)火山口的狮子分别在1994年和2001年由于犬瘟热病毒而大规模死亡。

图2　全球变暖导致有害动物泛滥(设计赵娜;绘图:梁静真)

2008年,在西班牙巴塞罗那新一届世界自然保护大会上,科学家们列举了由于全球变暖而产生的12种疾病:

(1)流感。暴风雨天气的增加经常搅乱鸟类迁徙,迫使一些被感染的野生禽类进入新的区域,从而增加了它们与家禽接触的概率。

(2)犬巴贝斯虫。人类身上日益多见,气候变化导致它们在狮子和水

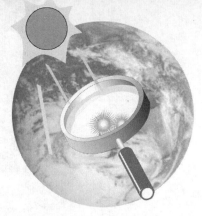

牛身上快速衍生。

（3）霍乱。霍乱病原体非常适合温暖的天气，全球气候日益变暖很可能导致它们在全球大暴发。

（4）埃博拉病毒。雨林的变化会对其产生影响，这种病毒能够杀死猩猩和人类。

（5）寄生虫。温度升高、降雨增多，会让肠内外寄生虫存活得更久，它们对人类和动物的威胁日益增大。

（6）莱姆病。白尾鹿和白足鼠的数量变化促使这种疾病从美国向加拿大传播。

（7）瘟疫。瘟疫通过啮齿动物和跳蚤传播，气候变暖已经大大扩展了它们的生存空间。

（8）赤潮。赤潮通过释放双鞭甲藻神经毒素、软骨藻酸以及贝类毒素杀死人类，但它们最大的影响是对自然资源的破坏。

（9）裂谷热。这种病毒对健康、食物安全以及生态影响非常大，特别是在非洲和中东地区。

（10）昏睡病。昏睡病又称为睡眠病，以过度睡眠为主要临床表现。发病初期患者淋巴结肿大、发烧和头痛，如不及时采取治疗措施，经过一段时间后，便会出现脑脊膜炎、脑膜炎、全脑炎等疾病，严重时可导致昏迷甚至死亡。主要通过舌蝇传播，分布范围已经扩大

（11）肺结核。饮用被污染了的牛奶，人类会被感染肺结核。因为当炎热导致河流干涸后，家畜将被迫与一些被感染了的动物饮用同样的水源。

（12）黄热病。黄热病通过蚊子传播，随着雨季和温度的变化，黄热病已经开始向新区域传播。它对人类和野生动物是最致命的（图3）。

三、如何防止因气候变暖而得病

首先应该重视气候变暖导致的疾病。有句老话"人定胜天"，人真的能够战胜自然吗？如果战胜了，人为什么在面对自然灾害的时候显得那么渺小和无助，甚至有时候，我们任凭自然界的摆布却无能为力呢？恩格斯曾

图 3　全球变暖导致人类疾病增加（设计：赵娜；绘图：梁静真）

经说过："我们不要过分陶醉于我们对自然界的胜利，对于每一次这样的胜利，自然界都报复了我们。"科技的最终发展可以消灭疾病么？不会！世界处于不断的螺旋上升之中，矛盾永不停止。当我们人类消灭了某些疾病并且在偷着乐的时候，新的疾病又会光顾，夺走人们的生命，让医生束手无策。在过去，当我们在为消灭了霍乱、鼠疫这些恶性传染病而欢呼的时候，在人类中又滋生了癌症和艾滋病这些不治之症。为什么新的疾病会不断产生呢？因为人类处在一个不断变化着的世界，在新的环境下就可能产生新的疾病。我们必须立即行动起来，加大宣传力度，普及气候变化方面的相关知识，让公众认识到气候变化对人，尤其是敏感人群的影响，认识气候变暖对健康的危害；采取措施减少对地球母亲的损害。

　　全球变暖不是一个国家和地区的事情，而关系到整个地球未来的发展。世界卫生组织在 2008 年世界卫生日提出了"应对气候变化，保护人类健康"的主题，该主题突出了全球气候变化对人类健康的危害，提示人们注重防范气候变暖。政府应建立健全疾病防御和治疗的应急措施和方案，同

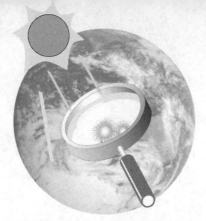

时应大力开展各种国际间交流,促进各国家和地区之间的合作,深入研究气候学、生物学、全球变化和流行病学之间的关系,防控全球变化滋生的疾病。

应增强对主要流行病、传染病开展气候风险评估,加大对疾病的科学研究和预防投入,提高预测和监测能力,建立气候变化与人体健康监测预报预警系统。民众自身也应该养成健康的生活习惯,提高免疫力,以减少全球变化导致的疾病。

花粉症越来越"流行"

王丽丽

一、花粉过敏更"流行"了

冰雪融化,草木复苏,春天悄悄地来了。万物跃动,百花争艳,花粉在空气中弥漫。但有些人却因此而变得忧心忡忡,这花香弥漫的季节对他们来说并不是好事,因为越来越频繁的花粉过敏使他们无法享受赏春看花的好心情。漫山遍野的花草生机盎然,到处呈现出欣欣向荣的景象,有些人却变得愁眉苦脸。

最近几年,在花儿盛开的季节,喷嚏不断、眼睛搔痒等敏感病症是不是过早地困扰着你呢(图1)? 为什么会有这么多人罹患花粉过敏症呢? 科

图1　郊游中的花粉过敏现象(设计:王丽丽;绘图:刘丽萍)

239

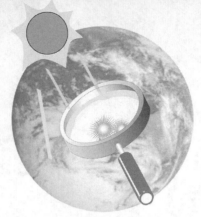

学家们研究发现,这主要是由全球变暖所致。近些年,许多植被出现了早开花、花粉增多的现象,这些现象与全球变暖的诸多问题(大气中二氧化碳含量升高等)密不可分,暖冬使花粉过敏高峰期与往年相比大大提前,每年春季持续的时间也变长,人类呼吸的花粉过敏原就更多。

那么,什么是花粉呢? 花粉就是种子植物体中的雄性细胞,相当于植物的"精子",在花的花蕊上方有一花药,内含的就是花粉,它是植物生命的精华(图2和图3)。成熟花粉粒具有两层细胞壁——外壁和内壁,内含2~3个细胞,即1个营养细胞和1个生殖细胞或两个精细胞。不同植物的花粉粒大小相差很大,大型的如紫茉莉花粉直径为250微米,小型的如勿忘草花粉粒仅2~5微米,大多数植物花粉粒的直径为15~60微米,如大白菜约20微米,小麦为45~60微米。

花粉过敏又是怎么回事呢? 花粉过敏又称枯草热、花粉症等,是由于花粉中的油质和多糖物质被人吸入,和体内的抗体相遇所引起的过敏现象。通常患者表现出眼鼻充血、发痒、流鼻涕等症状。并不是所有植物的

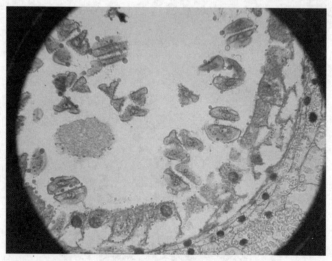

图2 麝香百合花药横切面分布着许多花粉粒(示花粉粒)

(引自 http://jpkc.sysu.edu.cn/zhiwuxue/web2004/source/jxx/thumbnails)

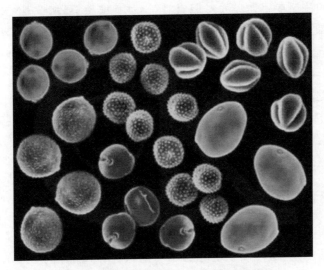

图 3　扫描电镜下不同植物的花粉粒

(引自 http://xyzw.plantlib.net/plant/plant/08/0802.htm)

花粉都能引起过敏现象,在自然界中,植物的花按照花粉传播的方式可分为风媒花和虫媒花两类,由于风媒花花粉产量多、体积小、质量轻、容易借风力传播,所以,风媒花才是造成花粉症的主要花粉。花粉过敏其实与人体对尘土、动物毛发或食品的过敏一样,是人体对某些物质刺激的夸大反应。过敏人群与花粉起反应主要有以下两个阶段:第一阶段是花粉进入眼睛、鼻子和肺,激活免疫系统,过敏人群体内这时会分泌大量抗体,而这些抗体附着在一种特定免疫细胞(肥大细胞)上;第二阶段是同类花粉再次侵入并与抗体结合在一起,肥大细胞开始分泌引起炎症和过敏性疾病的主要物质组胺,组胺分子游动到眼鼻的接受器,引起血管膨胀,导致眼鼻充血、发痒、流鼻涕等过敏症状出现。

　　美国科学家介绍,空气中单位花粉粒浓度只有达到一定水平才能引起花粉过敏症。具体来说,当 24 小时内每立方米空气中出现的花粉颗粒数达到 8.1～12.0 时,对花粉过敏的绝大多数人才普遍受到影响。而且不同季节有着不同的过敏花粉种类,在春季以树木花粉为主,榆树、杨树、柳树

等散发出的花粉在早春较为常见,柏树、椿树、橡树、桑树、胡桃等树木的花粉则在晚春时较为常见,所以春天出现花粉过敏者非常多。在夏秋季节主要是莠类、蒿属、向日葵、大麻、蓖麻及禾本科等花粉,其中莠类所散发的花粉量较多。目前在世界上许多国家,花粉症已经成为季节性的流行病,具有相当高的发病率。资料显示,我国居民花粉症的发病率为 0.5%～1%,高发病区达 5%;美国居民花粉症发病率为 2%～10%;而欧洲的发病率已经由 20 世纪初的 1%上升到了 20 世纪末的 20%,预计在未来 20 年内发病率将会上升到 35%。

二、花粉过敏对人体的危害

很多人误以为花粉过敏是小事,不会对身体产生什么恶劣影响。这里要提醒大家的是,这种掉以轻心的思想是大错特错的,花粉过敏如果不及时治疗、长期拖延不治,很容易恶化为慢性哮喘、鼻咽炎、结膜炎、肺炎等呼吸系统疾病,甚至导致心力衰竭或肝肾损害,而这些都是致命性疾病,所以对花粉过敏症一定要高度重视。尤其要注意的是患花粉过敏的中老年人,他们的细胞免疫力较差,所以在出门或者气候变化的时候,比较容易对花粉过敏,一旦过敏暴发,咳喘剧烈,血压突然升高,就很容易导致休克和脑猝死等后果。瑞士的过敏、皮肤和哮喘中心(AHA)的资料显示,19%的瑞士人口(140 万人)对花粉过敏,若不进行治疗,该过敏症状会恶化为哮喘。该中心还指出,尤其是在大气污染严重的地区,污染物质将会覆盖在花粉孢子颗粒的表面,使造成过敏的成分发生变化而加重它的危害性。因此,当空气污染严重时,某些污染物质将会强化过敏反应,敏感人群就更受其害。研究甚至证明,它们还使儿童哮喘进一步恶化。从医学角度来看,花粉过敏者低估该症状的情况屡见不鲜,然而,如果症状得不到治疗或没有被正确治疗,则每两个患者中就可能有一个会患上哮喘。统计数字显示,30%的花粉过敏者患有哮喘,使其生活质量下降,所以,专家提醒一旦发现过敏症状一定要引起重视,及时进行跟踪治疗。

三、为什么近些年花粉过敏症如此盛行？

1. 升高的气温使产生过敏花粉的植被花期提前

温度通常是影响植物物候期的重要气候因子。植物发育的每个阶段都需要一个固定的积温或热值,温度升高,植物物候进程就会加快;温度降低,植物物候进程就会延缓。气候变暖使萌发提前,因此也显著影响着植物群落的开花格局。近百年来,全球变暖已成为全球关注的重要问题,随着全球气温日益升高(图4),陆地日最低气温每 10 年增加 0.2℃,日最高气温每 10 年增加 0.1℃,这使植物物候也发生了一些响应变化,如北半球中高纬度地区植被生长季延长、植物提早开花等,其中植物花期的变化尤为明显。以桦树为例,自 20 世纪 90 年代起,它的开花期提前了 15 天。此外,禾本科植物及草类的授粉期也明显变长。

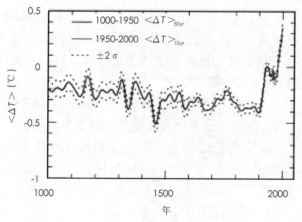

图4　1000 年内北半球温度变化趋势

（引自 http://www.wikilib.com/wiki? title = Image:GlobwarmNH.png & variant = zh-sg）

相关资料显示,近年来,美国华盛顿著名的樱花 3 月底已进入盛开期,然而 30 年前,那里的樱花通常要到 4 月初才会开花。3 月中旬,美国加利

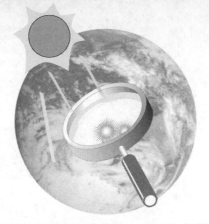

福尼亚州中部的田野间已经能够看到一种土褐色的小蝴蝶在翩翩起舞,可是25年前,它们的倩影要到4月中旬至5月中旬才会出现。在费城,过敏引起的打喷嚏症状也提前了,然而在20年前,枫树花粉的监测工作要迟至4月底才会展开。相关资料显示,1952—2000年间地中海地区、1851—1994年间匈牙利地区、1936—1998年间美国威斯康星地区以及1970—1999年间美国华盛顿地区的花期均提前了大约1周,这些观察结果与地中海西部地区温度每升高1℃最大花粉浓度的到达日期提前6天的模拟结果相似。近年来,越来越多的人持续遭受花粉症和哮喘病的折磨,对于鼻炎患者来说,由于全球变暖使许多植被出现早开花且产出更多花粉的现象,加之每年春季持续时间延长,吸入的花粉过敏原就更多,病情也就随之加重。在瑞士,每5人中就有1人患过敏症状。种种迹象还表明,过敏人群的数量还在不断增加,全球变暖可能在这一过程中起着重要作用。

2. 增长的 CO_2 浓度使过敏花粉的产量增加

在过去两百年中,大气中 CO_2 浓度从280 ppm增加到360 ppm,增加了大约30%,CO_2 浓度的升高使植物花粉的产量显著增加,这主要表现在过敏花粉植物的花期延长和花粉产量增加两方面。对温带成年林 CO_2 浓度增加的实验表明,温度不变的情况下增加 CO_2 浓度,树木物候期春季将提前3~6天,结实和种子成熟期也将提前。美国农业部研究人员进行的一项最新研究表明,全球变暖可能会加重花粉过敏者的病情,这主要是由于空气中引发过敏的花粉含量显著升高,而该现象又与温室气体增多密切相关。研究人员首次就 CO_2 与花粉量之间的关系进行了研究。通过室内种植实验发现,在相当于1990年大气 CO_2 含量条件下生长的豚草的花粉含量是每株5.5克,而在目前状况下生长的豚草每株含花粉10克。以2100年的大气 CO_2 水平来推算,豚草的花粉含量为每株20克。在美国,大约15%~20%的人患有花粉过敏症,患者对植物花粉、灰尘和其他空气中的悬浮粒子有过敏性反应,而花粉过敏症的主要过敏原便是随处可见的豚草,其花粉能够传播好几千米。他们还在马里兰州的几个不同地区分别种植豚草,然后比较其生长情况。结果发现,在气温和二氧化碳浓度更高

时,豚草的生长速度更快,其花粉含量也更多。科学家指出,全球变暖导致豚草大量生长的事实将会对过敏性病人产生很大的影响。全球变暖与大气中二氧化碳浓度不断升高相关,目前科学家已研究了大气中二氧化碳含量对农业的影响,而二氧化碳水平与过敏和其他健康问题的关系尚处于初步研究阶段。

四、全球变化趋势下怎样预防花粉过敏

在全球变暖的大趋势下,花粉过敏症将是一种严重危害人体健康的常见病和多发病。因此,对于花粉过敏症患者来说,应该了解不同地区、不同季节空气中的花粉浓度实况,这对诊断和预防花粉过敏症有切实意义。那么人们如何有效地防治花粉症呢?

专家指出,对花粉过敏的患者,应该在发病前的3~4个月开始做好准备,做一些治疗性的预防措施,例如可以及早服用脱敏因子生物制剂,早日彻底摆脱花粉过敏。除了服用抗过敏药物以外,既往有花粉过敏史或属于过敏性体质的人应提高警惕,注意从以下六个方面加强防护:

——花草树木茂盛的地方尽量少去,不要随便嗅闻花草;睡觉前注意关好窗户,以防花粉飘进房间。

——每天上午10点到下午2点空气中花粉浓度最大,这个时间段内应尽量避免外出。

——饮食上注意少吃高蛋白、高热量的饮食,如鱼、虾、蟹等海鲜类食品和鸡蛋等(图5)。高蛋白、高热量饮食不仅会增加过敏机会,如果已发生过敏,还会使过敏症状加重。

——外出特别是郊游时,应戴上太阳镜和帽子,最好打伞和涂润肤霜,另外要随身携带一些抗过敏药物,如扑尔敏、维生素C和地塞米松霜等。如果出现皮肤发痒、咳嗽和呼吸困难,症状较轻时,可按照说明书自行使用上述药物;若症状较重,应中止行程并及时到正规医院就诊。

——在花粉传播的季节,尽量选择室内锻炼身体,同时坚持每天晚上洗头、洗澡,以防将花粉沾染到床上用品上,这也是很好的自我保护措施。

图5　怎样从饮食上预防花粉过敏(设计：王丽丽；绘图：刘丽萍)

——在城市绿化物种的选择与配置上,尽量选择那些既美观又无致敏性的植物;还可以通过合理修剪或改变栽培密度及水肥条件等方法减少现有花粉致敏植物的开花数量,以降低致敏花粉的浓度,从而有效防止花粉过敏。

全球气候变化与粮食安全

赵　娜

一、全球变化影响粮食安全

民以食为天。当今世界上还有些人吃不饱穿不暖,挣扎在贫困线上,但总体上还是足食的,甚至有少部分人在饮食方面追求"食不厌精,脍不厌细"。当我们在酒足饭饱之余,有没有想过未来的某一天,自己会因揭不开锅而饿肚子? 这不是"杞人忧天",有科学家预测说,不久的将来全球变化可能导致全球性的粮荒,整个世界的"粮仓"将大大缩水,会有更多的人吃不饱饭。

全球有超过 100 个国家种植水稻,世界一半以上人口把大米作为主要食物来源。日本有着历史悠久的稻米文化,在 2000 年前,稻米就成为日本的主食。在日本,米的食法博大精深,最具特色的是做寿司、盖浇饭、饭团,以及茶泡饭等。但据科学家预测:"到 2060 年左右,日本东北以南地带大米减产 8%～15%,受气温上升的影响,日本著名的'越光'稻米 50 年后将减产 10%,同时品质也会下降。不仅稻米如此,日本关东以南适宜栽培苹果的土地可能全部消失。"巧妇难为无米之炊,如果没有了优质的大米,日本的稻米文化是否会因此而衰败呢?

意大利曾经被古希腊人称为"葡萄酒之国"。该国的葡萄酒历史久远,据说古罗马士兵南征北战的时候都是带着葡萄苗的,侵占到哪里,葡萄苗就栽种在哪里,从那个时代就开始了葡萄酒文化的扩张。现在意大利的葡萄酒产量是世界的四分之一。但是全球变暖影响了意大利的酿酒业,2007年意大利遭受 250 多年来最热的夏天。酿酒葡萄的收获时间因此而成为30 年来最早的一次,但因气候变暖葡萄的产量下降了 10%。

美国科学家发表文章称:"南部非洲国家的最主要粮食作物玉米可能

会减产30%。在南亚地区的印度、巴基斯坦、斯里兰卡等国家，粟米、玉米、大米等主要粮食作物的产量至少会下降5%。"

我国是一个人口大国，粮食的消耗量自然也是世界第一，因此粮食问题是我国政府工作的重中之重。据科学家估算："在2030年，因为全球变暖，我国种植业的总产量会减少5%～10%，其中灌溉春小麦减产17.7%，雨养春小麦减产31.4%，我国玉米的总产量将减少3%～6%。"

不仅农作物受全球变暖影响很大，家禽家畜的生长也会受到影响。每种动物的生长都有一个最佳的温度。气温升高会影响牲畜的体表温度，进而影响家禽家畜的热平衡，家禽家畜食欲下降，既不利于动物的"增肥"，又会使其生殖能力下降。例如，如果在养鸡的过程中提高温度，鸡会延迟生长并逐渐消瘦。据科学家预测："当全球变暖加剧时，从2020年起，在日本中西部地区，鸡肉产量减少5%～15%。"相信在未来，鸡要么搬迁到高山上比较凉爽的地区，要么就干脆住上"空调房"。

二、全球变化会改变粮食的质量？

对于水果和粮食来说，一般的，全球变化会导致粮食品质下降。这是因为，随着大气二氧化碳浓度增高，农作物光合作用增强，植物制造的有机物中含碳量将增加，而含氮量则相对降低，因此，蛋白质含量也随之降低。由于粮食中的蛋白质含量是衡量粮食品质的重要指标之一，所以认为全球变暖会导致粮食品质下降。通常，按照面粉中含有蛋白质的多少把面粉分为高筋粉、中筋粉和低筋粉。高筋粉的蛋白质含量比较高，口感特别柔韧并且有劲道，适宜制作面包、起酥、泡夫、松酥饼等；低筋粉的蛋白质含量比较低，适宜制作饼干。蛋白质含量越低，饼干吃起来就越脆。未来全球变暖使小麦的蛋白质含量降低，将使我们有可能吃不上品质上乘的面包了。另外，对豆科作物而言，气候变化会使豆类含油量下降，蛋白质含量增加。

植物在漫长的进化当中已经很好地适应了地球的气候，全球变暖将打破植物本身的节律。气候的提前转暖会导致很多植物提前开花，在蜜蜂等为植物授粉的小动物还未结束冬眠的时候，花儿就凋谢了。因此果实的产

量会大大下降。不仅如此,果实也不会像以前那样好吃了。果树在昼夜温差大的地区生长,在凉爽的夜间才能降低消耗多贮存糖分,全球变暖让夜间也炎热起来,植物的呼吸作用增强了,长出的果实很可能淡而无味。我国的新疆地区一直流传着一句俗语:"早穿棉袄午穿纱,抱着火炉吃西瓜。"形象地道出了新疆地区昼夜温差大而导致那里的瓜果也特别甜的道理。

全球变暖对畜牧业的影响,直接表现为影响牧草生产而抑制了畜牧业的发展。草原大多分布于中纬度温带地区,未来的高温和干旱将使许多牧场的土壤水分严重亏缺,从而使牧草的产量和品质降低。气候变暖会使植物细胞壁加厚、细胞内可溶性物质减少、难消化的纤维含量提高,从而影响牲畜的食欲。

三、全球变化将威胁到粮食的产量?

1. 全球变暖会导致粮食产量下降?

气温升高虽然看似能使作物生长发育加快,但是超过一定的温度区间,植物就会因生长期和生育期缩短而减少果实积累有机物的总时间,从而造成产量下降。但是对于块根作物和牧草,则会因生长期延长而增加产量。科学家认为:"小幅的升温会对农业有益,但是大幅度的升温(如气温升高 3 ℃)将会产生负面影响,尤其是对于热带地区而言。"美国加州劳伦斯利弗莫国家实验室的罗贝尔(David Lobell)博士说:"温度升高导致植物迅速生长但不能积累干物质,全球变暖已经让食物减少。"根据他们的研究,"1981—2002 年间的气温升高,造成谷类平均每年减少 4000 万吨,约合每年损失 50 亿美元。"国际农业研究磋商小组(Consultative Group on International Agricultural Research)的最新结果预计,印度小麦产量将由于全球变暖而减少 51%,几百万人将因此而遭受饥荒。

"靠天吃饭"的农业对气候变化非常敏感,美国农业部分子生物学家称:"中国东北等高纬度地区的粮食产量能从温度升高中获益,而中国南部则会因气温升高而影响粮食产量。华北地区、西北地区、西南地区的作物

对温度升高的适应性较差,使粮食产量下降。华东地区、中南地区的农作物对温度变化的响应不明显,说明其对气候变暖的影响还不敏感,潜在适应性较好。"未来气候变化将对我国水稻、小麦、玉米等主要作物的产量产生影响,主要原因是气候变暖对我国作物的生育期有明显影响。据研究,气温增高将导致水稻生育期缩短,最后导致总干重和穗重下降,产量降低,冬小麦生育日数全国平均缩短 17 天左右,北部冬麦区缩短 26 天,青藏高原缩短 28 天,华南缩短 10 天。生育期缩短将使果实中有机物的累积时间相应减少,使子粒产量下降(图 1)。

收割的季节,咋不见种子呢?

图 1　全球变暖会使小麦减产(设计:赵娜;绘图:赵亮)

如果大家认为全球变暖仅仅会导致温度太高,那就大错特错了。气候变暖同时也加剧了气候灾害对农业生产的影响。气候变暖会使热带风暴增强、频率增加,热浪、大风等天气的发生频繁会增多,某些区域的风蚀作用和水土流失将加剧。恶劣的天气会直接对农作物造成灾难。

2. 二氧化碳能给农作物"施肥"从而增加产量?

二氧化碳是植物进行光合作用的原料之一。二氧化碳对于植物相当于氧气对于人类;二氧化碳能够促进植物的生长。大气二氧化碳浓度的增加,对农作物有"施肥效应"(图2),直接表现是作物的生长发育加快,同时抑制作物的呼吸作用,提高植物水分利用率,导致产量增加。二氧化碳对植物的影响在一般情况下是正效应。不过二氧化碳浓度的增加对于不同种类、不同地区的作物来说,其效果亦不甚相同。二氧化碳浓度升高产生的"施肥效应"只有在光照、水分、营养状况等条件充足时才能体现,一般而言,C_3 植物(小麦、水稻、豆类等)对二氧化碳浓度的增加较 C_4 植物(玉米、高粱、小米、甘蔗等)更为敏感,据实验,当二氧化碳浓度成倍增加的时候(330 ppm 增至 660 ppm),C_3 作物产量可以增产 10%~50%,而 C_4 作物增产效果不明显。

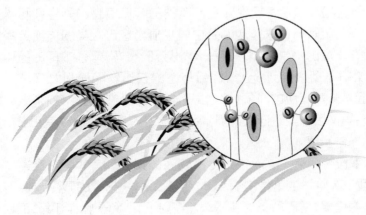

图2 二氧化碳的"施肥效应"(设计:赵娜;绘图:赵亮)

3. 臭氧会毒死农作物?

臭氧层耗减的结果是照射到地球表面的紫外辐射增加,紫外辐射是一种看不见的太阳短波辐射,带着很高的能量,能够影响植物生长。紫外辐射对农作物的直接伤害主要表现为破坏了光合作用器官——叶绿体,降低

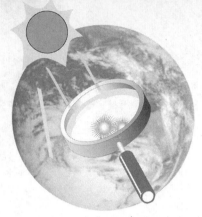

光合作用的酶的活性，减少了二氧化碳的固定。间接伤害表现为促使气孔关闭、增加叶的厚度、减小叶面积、使叶的内部结构发生不利于植物生长发育的变化等。

地表臭氧水平的提高也会减少作物收成。电厂、汽车、工厂等排放的二氧化氮能在温暖和阳光充足的条件下发生化学反应生成臭氧。有科学家研究发现臭氧浓度的小幅度增加将导致农作物大大减产。美国《农业研究》（Agricultural Research）报道："臭氧和其他空气污染物使农民在农业收成方面每年至少损失 10 亿美元。臭氧是通过气孔进入叶子内部的，引起大豆、小麦、棉花、花生和其他农作物叶子早衰、褪色，叶细胞死亡，光合作用减弱，产量减低。"

四、气候变暖会导致农作物灭绝？

农业野生植物是所有与农业生产有关的栽培植物的野生种和半野生种。我们现在所栽培的农作物都是由野生植物经过人类的长期选择培育而来的。在丰富的野生种中，只有一小部分口感好、营养丰富的品种被农业采用。由于长期的人工选择，我们现在的农作物品种相对来说过于单一，当受到病虫害威胁的时候，就会导致减产。而许多野生的亲缘种携带抗虫、抗旱等基因，是农业育种的"基因库"，对农作物品种改良和增加农作物多样性非常重要。

全球变暖将会使一些农业野生植物濒临灭绝。有科学家报道："在今后 50 年里，51 种野生花生中有约 30 种将灭绝。花生的野生亲缘种对气候变化最为脆弱，是因为花生种子深埋在地下，不利于物种迁移，而且花生一般生长在平原地区，要迁移很远的距离才能到达不同气候的区域，而山区植物则只需向上迁移很短距离就能找到更凉爽的生长地（图3）。108 种野生土豆中有约 13 种将灭绝，豇豆的 48 个野生亲缘种里将只有 2 种灭绝。其余幸免于难的物种生长区域也将大大缩小，灭绝风险增加。"为了人类的粮食安全，很多国家和地区都为农业野生植物营造了"安乐窝"，建立了自然保护区来保护我们的农业野生植物。为了保护农作物的生物多样

性,很多政府和国际组织建立了特别的"种质库"。在挪威斯匹次卑尔根岛这个荒岛上,建设了一个世界上最好的种子库——"世界末日种质库",它将储藏全世界数百万种农作物的种子。当遇到最恶劣的气候变化情况时,这个种质库将成为人类农业的最后一道防线。

图3 全球变暖会导致农作物"迁移"(设计:赵娜;绘图:赵亮)

五、全球变化将迫使农作物搬迁与耕作制度变化?

气候的变化曾经导致农作物的种植分布发生重大变化,玉米本是喜阳耐旱的植物,原产地是墨西哥,主要分布于热带和温带地区,在挪威本不适宜种植,但是在公元800—1200年间,北大西洋地区的平均温度比现在高1℃,使玉米可以"移民"到挪威。到了公元1500—1800年,西欧出现小冰期,平均气温也只比现在低1~2℃,造成挪威约一半的农场弃耕,冰岛的农业耕种活动则几乎全部停止。由此可见,温度可以影响农作物的分布。

在当今全球气候持续变暖的情况下,对于特定地区来说,农民可能不得不尝试调整种植时节,或更换种植农作物种类来应对全球变暖的影响。在过去,英国肯特郡以种植农作物和蔬菜为主,素有"英格兰花园"之称,但

近年来随着气温的不断升高,这里的大批农民已不得不改种更适合温暖气候的葡萄,"英格兰花园"也渐渐更名为"英国葡萄园"。一项报告指出,"到2025年,英国南部地区的平均气温比现在还将升高2℃。"到那个时候,"英国葡萄园"恐怕也得易名了。

气候变暖使我国年平均气温上升、生长期延长,从而导致种植区普遍北移。据报道,"我国冬小麦的安全种植北界将由目前的'长城一线'北移到'沈阳—张家口—包头—乌鲁木齐一线'"。气候变暖还将使我国的作物种植制度发生较大的变化。据预测,"到2050年,气候变暖将使我国目前大部分'两熟制'地区被不同组合的'三熟制'取代,'三熟制'的北界将北移500千米之多。在以小麦为前茬的两熟制为主的黄河流域,水资源本已十分短缺,将来发展对水分需求更大的水稻为主的三熟制将更为困难。气候变化后,东北地区可以扩大晚熟高产品种的种植面积,减轻或避免低温冷害的影响,但降水变率加大可能使目前的春旱和涝害更加频繁,农业生产依然不稳。"至于未来我国农业究竟如何发展还需继续研究。

六、全球变化会使农业成本更高?

气候变化尤其是气温升高后,化肥的利用率将降低,因此会增加农业的投入。气温升高后,土壤微生物分解有机质加速,造成土地肥力下降。科学家研究发现,"环境温度升高会导致农田施入的化肥肥效降低,尤其是氮肥。因此,要想保持原有的肥效,只能加大施肥量,每次的施用量需增加4%左右。"施肥量的增加不仅需要增加投入,同时还会污染环境。施入土壤中的氮肥,被植物吸收利用的只有30%～50%,其他通过挥发、分解、淋溶而流失。流失的氮肥进入水体,可以引起水体富营养化。氮肥也可以转化为氮氧化物,氮氧化物是光化学反应的重要起始反应物,在一定条件下,能形成光化学烟雾污染。同时,它也是形成酸雨的重要因素之一。

气候变暖会加剧我国的病虫害。"瑞雪兆丰年""冬天麦盖三层被,来年枕着馒头睡",冬天"棉被"(积雪)盖得越厚,春天的麦子就长得越好。这并不是信口开河,而是有着充分的科学根据。一来由于雪的特殊功能,可

以在地面上形成一层保温层,给麦苗保温;二来当春天天气暖和的时候,积雪融化形成的雪水渗入土壤,可以增加麦苗的水分供应,这样一来,就有望大丰收了。除此之外,雪还有一个非常重要的作用——可以冻死越冬的害虫。气候变化,尤其是冬季增温后,北方许多害虫的虫卵和病原体容易越冬;温度升高还可以使害虫发育提前,越冬休眠推迟,这样一年中害虫的世代数就会增多,农田受害的几率也会增大。另外,二氧化碳浓度的增高还会产生负面效应,它会使植物的含氮量下降,害虫为了满足自身对蛋白质的需求,其采食量就会增大,从而加重虫害造成的损失。

水稻也是我国南方重要的粮食作物,未来气候变化会使我国水稻病虫害有加重的趋势。我国科学家研究发现,"未来全球变暖后,南方水稻主产区将是早稻、一季中稻、一季晚稻和双季稻同时并存的局面,十分有利于水稻多种病害和虫媒的滋生、繁殖与传播。种植面积进一步扩大的优质稻多不抗稻瘟病。一旦气候条件适宜,极易引起稻瘟病流行。"另外,棉花害虫特别是红蜘蛛、棉铃虫等都有严重发生的趋势。玉米螟将有大发生或局部地区大发生的可能。

七、应对气候变化的粮食安全对策

全球气候变化将对我国未来的农业生产产生深远的影响,既存在有利的一面,也存在不利的一面,我们要充分合理地利用其有利方面,控制并减少其不利影响,调整农业生产布局和方式,趋利避害,充分利用气候变化所带来的气候资源变化优势,减轻气候变化对农业生产的负面影响。

1. 提高复种指数,调整耕作制度,充分利用气候资源

现今中国的种植制度是以热量为主导因素的,多熟制在我国农业增产中一直发挥着重要作用,大致分为一熟、二熟和三熟三种类型。气候变化后,水分将取代热量成为农作物种植的主要限制因素。稻一麦两熟、麦一棉两熟、稻一油两熟、麦(油)一稻一稻三熟、麦一玉米一稻三熟等多熟制的面积将有所扩大;为了提高农业经济效益,套种各种经济作物的多熟制将

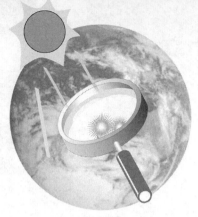

会得到较大的发展。

2. 加强农业生产管理措施,减小气候变化的不利影响

调整管理措施包括有效利用水资源、控制水土流失、增加灌溉和施肥、防治病虫害、推广生态农业技术等,以提高农业生态系统的适应能力。要提高对盐碱沙荒、水土流失等的综合治理技术,同时要研究推广以自动化、智能化为基础的精准耕作技术,实现农业的现代化管理,降低农业生产成本,提高土地利用率和产出率。气候变化会使北方干旱和半干旱地区的降水趋于更不稳定或更加干旱,这些地区应以改土治水为中心,加强农田基本建设,改善农业生态环境,建设高产稳产农田。

3. 培育和选用抗逆新品种和适应不同气候条件的作物种类,加强稳产增产技术研究

气候变化势必对作物的品种特性提出新的要求。作物的种植过程有着巨大的适应能力,随着对不同作物种植培育的详尽了解以及有关遗传控制技术的发展,在全球大部分地区,使作物和气候变化条件相适宜还是能够做到的。加强生物技术、抗逆技术等的研究和开发,强化人类适应气候变化的能力,人为减少气候变化对农作物的不利影响,有计划地培育和选用耐高温、耐干旱、抗病虫害,耐盐碱等抗逆品种,以适应气候变暖和干旱化的影响。

4. 改进农业技术措施,提高防灾抗灾能力

全球变暖将使水分困扰中国,尤其是对北方地区来说。因此,在农业技术上应该采取相应措施,改善灌溉系统,推行节水灌溉技术,加强用水管理,实行科学灌溉。改进抗旱措施,推行农业化学抗旱,可以用保水剂作为种子包衣和幼苗根部的涂层,用抗旱剂和抑制蒸发剂喷施植物和水面以减少蒸腾和蒸发;改良覆盖栽培技术,可用秸秆覆盖免耕法减少风蚀和提高地力,用薄膜覆盖抑制蒸发,提高地温,抑制杂草病虫害等。

5. 逐步调整农业结构,改进耕作制度,加强农田基本建设,改善农田生态环境

将当前勉强或不适合农作的地区逐步调整转变为牧业或林业地区,或牧林结合地区。增加土壤的植被覆盖率不仅有利于吸收利用大气中的二氧化碳,也有利于防止土壤退化和荒漠化。在种植业内部适时改革耕作制度,调整作物品种布局,以充分适应气候变化。"顺天时,尽地力"的种植不仅可以增加农作物吸收二氧化碳的能力,还能大幅度提高作物的产量水平。农田水利建设、节水农业体系、农田防护林等都有利于提高农业对气候变化的适应能力。

6. 加强农业灾害性天气的预测预报以及防御工作

气候变化导致农业气象灾害出现一些新的变化,总体来说是灾害的发生更频繁,强度更大,损失更加严重。因此,必须加强农业灾害性天气的预测、预报以及预防工作,真正提高防灾减灾意识,增加农业科技、资金等方面的投入,建设诸如气候变化和气象灾害自动监测预警系统,完善防灾体系,提高防灾能力。

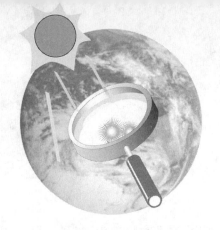

燃 尽 地 球

陈磊夫

一、能源公司成为众矢之的

　　基瓦利纳是美国阿拉斯加海岸附近坐落在珊瑚礁上的一个小渔村,现在,村里的爱斯基摩渔民们不得不做出一个痛苦的决定——搬离他们世代居住的家园,同时,他们将美国的 24 家能源企业告上了法庭,要求索赔 4 亿美元的搬迁费用。

　　为什么能源企业会莫名其妙地成为被告呢?原来,村民们认为,这些企业排放的大量温室气体加速了全球变暖,导致村庄周围海面的冰山过快地融化。如今,失去"冰墙"保护的村民们,不得不在秋冬季节直面海水风暴的侵袭,忍受汹涌海浪的冲击。在阿拉斯加沿海,还有很多北美土著居民的村庄也同样面临被海水淹没的威胁,他们都苦于无处申述自己的遭遇。

　　事实上,希望打官司的又岂止这些海边的居民,世界各地还有太多太多的人、动物和植物都希望能将能源公司告上法庭(图 1)。因为,他们无一例外都是全球气候变化的受害者,只要倾听一下他们的声音,任何人都会为他们的遭遇而感到震惊,也会为正义无法得到伸张而深感愤怒。由于冬季不再会那样寒冷,世界上的很多植物误以为春天已经来到而提前开花;很多海湾、湖泊和河流不再会像以前一样在冬季结冰;人们再也无法看到大雁南飞时美丽的身影,因为大雁们再也感觉不到足够的低温信号而不再南飞;那些本该在冬季甜睡的北极熊们变得睡意全无,醒来后不得不忍饥挨饿地度过漫长冬季。此外,世界各地火警声四起,印尼、智利、美国的大片森林开始被大火吞噬,而南半球的澳洲森林也同样面临烈焰的炙烤。美国人开始要经受比往年更加肆虐的飓风,而欧洲人则要面对从未见过的

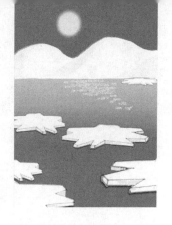

冰雪风暴。有科学家预计,如果地球现在的气候异常现象长久持续下去,世界各地就都有可能不断遭受各种从未有过的天灾。

图 1　地球生灵的控诉(设计:陈磊夫;绘图:刘丽萍)

二、谁才是真正的被告?

地球上发生的这一切都归罪于能源公司吗?是否还有其他凶手未得到应有的制裁呢?为了彻底查清真相,1988 年,世界气象组织和联合国环境署成立了政府间气候变化专门委员会(IPCC),组织大批科学家系统评估与气候变化有关的科学、技术以及社会经济等信息。

2007 年,IPCC 发布了第四次评估报告。该评估报告由全世界超过 2500 名的顶尖科学家参与编写,于 2007 年 2 月 2 日正式发布,其结果让全世界为之震惊。报告中写道,近半个世纪以来,人类活动产生的温室气体排放与一直以来所观测到的大部分温度上升现象密切相关,完全可以认为,这些温度上升至少在过去一千多年中都是很不寻常的。

IPCC 评估报告还认为,这些气候变化很有可能是人类活动造成的,可

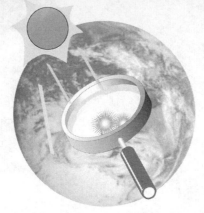

能性超过 90%。在确凿的证据面前，我们不得不承认，原来应该成为被告的就是我们人类自己，而我们使用的"凶器"就是矿物能源。

人们感到十分委屈，地球一直都是我们热爱的家园，它为人类提供了良好舒适的生存环境，被爱称为"地球母亲"，哪有孩子会伤害自己母亲的呢？生活中那些再普通不过的矿物能源究竟是如何成为破坏力惊人的"凶器"的呢？人类在忏悔的同时不断进行着反思，最终，在科学家的帮助下，人们了解了真相。

原来，石油、煤炭、天然气等正被我们大量使用的矿物能源在燃烧过程中会产生并释放大量气体。这些气体可大体分为两类，一类叫完全燃烧产物，包括硫化物、氮氧化物；另一类叫不完全燃烧产物，包括碳氧化物、炭黑、碳氢化物等。以煤炭为例，每当人们将其点燃，熊熊燃烧的煤炭会向大气中释放大量二氧化碳、氧化氮、痕量元素（如砷、镉、汞、铅；氟、铍等），以及二氧化硫等气体。而所有这些气态污染物一旦被排入大气中，就会产生诸如全球变暖和臭氧层破坏等影响全球气候的恶果。

二氧化碳是人类活动产生的最主要的温室气体，在人类产生和排放的二氧化碳中，有四分之三是由于矿物能源的生产和使用所造成的。高浓度的二氧化碳会在大气层产生一种类似于温室大棚一样的保温作用，这就是著名的"温室效应"。人们惊恐地发现，自第二次世界大战以来，大气中二氧化碳的浓度几乎增加了 25%，而在接下来的 40 年中，其浓度还有可能比工业革命前翻一番。有人预计，全球二氧化碳的排放量在 2010 年时有可能会比 20 年前增加一半。一旦大气中的温室气体浓度比过去增加 1 倍，则地球的表面气温就会上升 1.5～4.5 ℃，后果不堪设想。

地球上的碳循环是地球经过亿万年的演变而形成的。地球表面上有大量的碳，它的排放和转换都应该是基本平衡的，也就是说，既有碳不断地被排放到大气中，同时也会有碳不断地被转换并被贮存到陆地。这样一来，地球大气中碳的总量就不会产生巨大的变化。这个碳循环就包括二氧化碳气体的排放和固定。

在漫长的古代岁月里，地球大气中有大量的碳被转换和固定到陆地

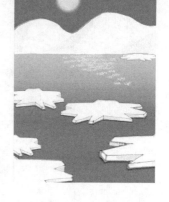

上，并最终被埋藏到地下，经过很长时间的演变逐渐变成了今天我们所看到的矿物能源。这些矿物能源其实就是几亿年以前被埋藏到地下并沉积的动植物躯体，也可以说，它们就是几千万年以来早已被深埋在地下的碳。今天，人们却把这些地下的碳大量挖出，并燃烧掉，使它们重新回到大气中去，于是直接导致大气中的温室气体浓度不断增加。与此同时，科学家发现，现在陆地对二氧化碳的转换固定速率跟其排放的速率相比要慢得多，排放速率比吸收固定速率快2倍多。除了矿物燃料燃烧之外地球上其他正常活动所产生的二氧化碳，最终都会被转换固定下来，不会对地球的碳循环造成大的变化。这样一来，我们不难看出，矿物燃料燃烧无疑就是造成温室气体浓度迅速增加的真正诱因。

矿物燃料燃烧产生的气体，除了会增强温室效应外，还会制造另一个麻烦——破坏臭氧层。地球上空的臭氧层为地球屏蔽了99%的太阳紫外辐射，一旦其遭受破坏，进入地表层的紫外辐射将大量增加，人类和所有地球上的动植物都将因此而受害。

三、上帝的警告：地球正在被"燃尽"

试问一下，如果我们不能改变这种趋势，任凭气候如此变化下去，人类的前景会是什么样的呢？科学家给出了一些可能的答案。《科学》杂志曾指出，"地球在3亿年前曾经发生过大规模温室效应"，人类文明之所以能够在3亿年后开始起源，都要归功于自地球冰河期结束以后的1万多年中地球气候的相对稳定。这告诉我们，3亿年前的地球上之所以没有人类和其他哺乳动物，很可能是因为那时的气候根本不适合人类及其他哺乳动物的生存。

长期以来，我们都在思考矿物能源被用光了之后的能源替代方式。如今，我们的科学技术已经可以让水能、风能、太阳能、生物质能等可再生能源作为人类的新能源。然而，一个更加严峻的新问题却突然出现，这是因为，剧烈的气候变化可能会使地球在矿物能源还没来得及被全部烧光之前就变成一颗无人居住的荒芜行星。除非矿物能源燃烧后的二氧化碳排放

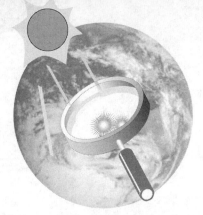

得到有效制止，否则，另一种由温室气体排放引发的"能源危机"会最先暴发，人类似乎有必要重新改写能源危机的时间表了。最糟糕的是，即使现在完全停止了温室气体的排放，由于现有的气候变化影响，冰川的消融和海平面的上涨趋势还会持续数百年。

完全可以这样认为，人类每烧掉一桶石油或是点燃一块煤炭，都会如同给本以酷热难耐的地球再添一把火，烧掉的不仅仅是这些矿物能源，人类的未来也会伴随着付之一炬(图2)。

图 2　危在旦夕的地球(设计:陈磊夫;绘图:刘丽萍)

四、有解决的途径吗?

人类已经认识到了温室气体产生的原因，和由其带来的全球性气候变暖危机，为了大家共同的明天，人类开始携手拯救自己的生存环境。1992年，153 个国家和地区的一体化组织签署了《联合国气候变化框架公约》。2007 年召开的亚太经合组织(APEC)会议通过了旨在合理利用能源、应对

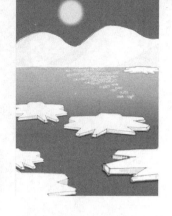

气候变化的《悉尼宣言》；同年，包括美国、中国、俄罗斯、日本等在内的 16 个排放大国坐在一起召开了"主要经济体能源安全与气候变化会议"，一起讨论了如何采取措施降低温室气体排放量。同年 12 月，人们又在巴厘岛举行的联合国气候变化大会中通过了"巴厘路线图"，再次规定了发达国家二氧化碳的"减排承诺"，提出了发展中国家的"减排行动"。有人曾说到，人类社会正悄悄地从信息技术（Information Technology, IT）时代步入了能源和环境技术（Energy & Environment Technology, ET）和生态科学（Ecology Science, ES）时代。

1. 控制矿物能源的使用量，提高能源效率

科学家估计，在 100 年内，世界绝大部分的能源需求仍然必须依靠现有的矿物能源来解决，因此，如何减少现有矿物能源对环境的污染，降低生产设备、车辆和生活设施的能量消耗率和排放水平是最迫切需要解决的问题。研究发现，提高能源利用效率可以帮助我们减少矿物能源的使用量和气体排放量。例如，通过研制并运用新的技术，可以提高发电时的能源转换率，降低民用建筑采暖或降温所需能耗并大大减少交通工具每千米的能源能耗。据报道，欧盟已经制定法律来规定机动车的二氧化碳排放量，目标是在 2012 年使机动车的二氧化碳排放量降低到每千米 120 克。几年之后，美国将会建成一座不会排放任何废气的"零污染"燃煤发电厂，这和现在的高污染发电厂相比无疑是巨大的进步。新的节能建筑已经可以比传统建筑节省 30% 的电能，这意味着，我们将不再需要那么多的电来照明和制冷。享有世界"煤都"之称的山西省大同市，传统的煤炭正开始被用来生产成一种新型的可替代燃油的清洁燃料——水煤浆，这将大大降低使用煤炭时的污染排放。

2. 寻找新的可再生能源

纵观人类社会的发展史，人类文明的每一次重大进步都伴随着能源的改进和更替。今天，人类对新能源和可再生能源的开发利用有了长足的进步，生物质能可以形成正常的碳循环，不会造成碳排放量的增加；而像太阳

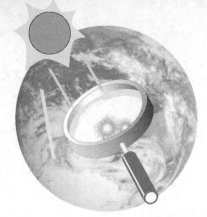

能、风能、海洋能、地热能这些可再生能源,根本就不会排放温室气体,这些新能源都已经被用来替代传统的矿物能源(图3)。

图3　使用绿色能源的美好生活(设计:陈磊夫;绘图:刘丽萍)

　　2006 年底,全世界可再生能源(包括小水电、风电、生物质发电、地热发电、太阳能发电等)的发电量已突破了 200 吉瓦(1 吉瓦 = 10^9 瓦),由生物生产的燃料每年也已超过了 3500 万吨,特别值得一提的是,燃料乙醇每年的产量已超过 3000 万吨。一些国家已经开始推广"国家乙醇计划""国家生物柴油生产和使用计划"等。欧盟打算在 2010 年让可再生能源比例占到其全部能源的 12%。美国也计划到 2030 年使生物能源达到其总能源的 15%。如今,太阳能电池已经能将 17% 的太阳光转换成电能。如今,风力发电机生产一度电只需要 7 美分,而在 20 年前则需要 80 美分。进入21 世纪后,人们逐渐发现氢能是一种清洁、高效、安全、可持续的能源,人们已经研制出了用氢能作为燃料的电动汽车,和普通汽车相比,它毫无污染尾气排放,而且能效更高。在我国,一座 70 千瓦塔式太阳能热发电系统已经在南京建成并且开始成功发电,其原料只是太阳的光芒。

3. 面临的问题

新能源的不断进步和出现让我们看到了美好的前景,然而就在我们高呼替代能源万岁的时候,我们必须对面临的困难有清醒的认识,在短期内,人类仍将无法摆脱对矿物能源的依赖,矿物能源对环境的破坏作用仍将持续很长的时间。核聚变技术曾被认为是从根本上解决世界能源问题的法宝,但现状让人并不乐观,现在的核能发电所生产的电能,还不到全世界能源总量的 10%,铀矿和水力资源的稀缺是限制其发展的主要因素之一,另外,核电的发电技术含量很高、安全隐患巨大、需大规模投资建造等因素导致众多发展中国家无力普及。太阳能、水能和风能虽然潜力很大,但规模还十分有限,目前这几种能源的比重仍然太小。对于燃料乙醇等众多生物质能源,其发展需要占用大量的土地,在当今土地紧缺、饥荒仍不时发生的现实下,土地是否应该被大量用作生产燃料还有待商榷,而且,对于生物质能源是否真的是绿色能源现在还存在争议。《时代》周刊就曾发表过文章对生物质燃料产生质疑,认为生物质燃料并没有起到环保的作用,相反,它却加剧了全球变暖,以拯救地球的名义危害着地球。据《科学》周刊报道,如果将砍伐森林造成的影响考虑在内,那么使用玉米乙醇和大豆生物柴油所释放的温室气体是使用传统汽油的 2 倍,于是有人指出,生物燃料不仅不是从根本上解决问题的一个方法,而且当前,它还是众多问题中的一个。

严酷的现实告诉我们,再也不能这样无节制地使用矿物能源了!当地球仿佛变成燃烧般的地狱时,人类又将何去何从?!

苦食污染之果

王瑞龙

春天本应是万物苏醒、百花争艳、百鸟齐鸣的季节,处处生机勃勃,尤其是在春天的田野里更是热闹非凡。可是大家有没有注意到,从某个时候起,突然间,在我们生存的周围再也听不到黄莺的低吟、燕子的呢喃,春天的田野变得万籁俱寂了……

这是美国海洋生物学家蕾切尔·卡逊(Rachel Carson)在 1962 年出版的《寂静的春天》中描述的一幅场景。书中用一桩桩血淋淋的事实强烈地控诉了人类对大自然掠夺式的开发和肆无忌惮的索取所造成的恶果。人类在大量使用杀虫剂、除草剂等化学物品杀死害虫、杂草的同时严重污染了大气、水和土壤,同样也杀害了其他所有的生物,包括我们人类自身。这本书主要是希望唤醒自以为聪明的人类,要珍惜我们人类唯一赖以生存的星球,不要再任意地污染、践踏她。否则在未来的某一天,人类将会为自己的愚昧付出极为惨重的代价。接下来就让我们来看看全球变化下的污染给人类和其他生物带来的危害吧!

一、"生物变种"频现

近年来,一些有关"生物变种"的报道频现于各种新闻媒体。1996 年美国生态学家雅各布·米尔(Jacob Mir)带领科学探险考察队,在亚马孙河流域的原始热带雨林中进行考察时意外地发现两只背部通红、腹部及四肢呈紫色的特异双色小青蛙——"血蛙"。一考察队员非常好奇地用手去摸,突然间,血蛙向他的眼睛喷射了一股黑汁,当时感到异常疼痛,结果导致双眼残疾。后来无数只血蛙向考察队员们发动了攻击,队员们费尽周折才摆脱了血蛙的追击……可是原本憨态可掬的小青蛙为何会变成令人胆战心惊的可怕"杀手"呢?后来研究发现,森林水源遭到有害重金属的严重污

染,青蛙生存在这样恶劣的环境中产生不断的变异,于是变成前所未见的"怪物"了。

1995年夏,在美国明尼苏达州靠近湖泊和河流的湿地中发现了大量严重畸形的青蛙,有的没有腿,有的却有三四条后腿,有的甚至在躯体上长满了密密麻麻的肉瘤;2002年在泰国首都曼谷的一家鳄鱼养殖场中发现的一只连体鳄鱼居然有两个脑袋、四只爪子;2004年在北京市四季青桥往北1500米处的一建筑工地上,工人们在施工时挖出了一条双头蛇;2005年在哥斯达黎加的海滩上发现了一只双头海龟;此外在美国一家农场还孵化出一只长有四条腿的母鸡……为什么近来会出现如此多的"生物变种"呢?经研究发现这与日益严重的环境污染有着密切的关系。由于人们肆意践踏生物生存的空间,向江河中排放大量未经净化处理的污水,向大气中排放各种有毒有害的气体,大量的固体废弃物任意抛弃……使我们生存空间变得越来越脏,环境质量越来越差,难怪会不断地出现所谓的"怪病村"、"癌症村"和"畸形村"!

恩格斯曾谆谆地告诫人们:"我们不要过分陶醉于人类对自然界的胜利,对于每一次这样的胜利,自然界都报复了我们。"环境污染同样也加速了各种病菌的变异和进化,在世界范围内经常大规模地暴发各种广泛传播的流行病,此起彼伏,绵绵不断,传染性之强、危害之大实属罕见。2003年突如其来的SARS(非典型性肺炎)风暴席卷亚洲,波及世界。SARS的暴发已造成亚洲损失近110亿美元。随后而来的禽流感、登革热、"日本脑炎"等疾病的暴发无不与日益加剧的环境污染有着密切的关系。

二、生物失窃的未来

大家是否还记得我国著名的古典神话小说《西游记》在第五十四回"法性西来逢女国,心猿定计脱烟花"中向我们描述唐僧师徒四人途中路过女儿国的故事呢?很多人都不相信在现实生活中会真有其事,如若如此,那生物岂不是要种族灭绝了?可是在英国威尔士北部还果真存在"女儿国"。据当地的老人讲,近五十多年来,在这个村庄里出生的婴儿无一例外都是

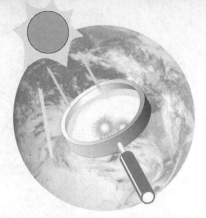

女孩,几乎没有一个男孩出生,对此人们忧心忡忡、一筹莫展,在当地还引起了不少恐慌,甚至有人搞起了各种迷信活动……后来生物学家通过对村庄周围环境的彻底调查,发现在村庄附近有一座废弃多年的锌矿,矿床中的镉、铅、砷等剧毒元素严重地污染了当地的水源,长期饮用受污染的水影响了男性Y精子的存活。后来经过对锌矿和水源的综合治理,村民们喝上了干净卫生的水,村庄里的情况才慢慢好转,在这个所谓的"女儿国"里又有男婴出生了。

提起海豚,大家不禁会想起在水族馆中海豚那矫健的身躯、优美的泳姿和精彩的表演。海豚是一种智力发达、非常聪明的动物,它那温顺可亲的样子特别受小朋友们的欢迎。然而1992年在厄瓜多尔首都基多西南方向560千米的昌杜伊海滩上有57只海豚集体自杀。2004年97头鲸和海豚在澳大利亚东南部国王岛搁浅死亡。2007年152条海豚死在伊朗南部港口贾斯克附近海滩上。2008年6月数以百计的海豚聚集在马达加斯加西海岸的安楚希希海域,且争先恐后地冲向海滩,结果有55只海豚死亡。海豚"集体自杀"的问题一直以来就是科学家们迷惑不解的难题。日前,日本科学家岩田久人等检测海豚的尸体,发现其中含有高浓度的有毒物质三丁基锡和三苯基锡等有机锡化合物。这些化学物质原本用作渔网防腐剂和船底涂料的,大量使用这些有机锡化合物,会使海水中有毒物质的含量超标。此外,海豚喜欢在船头的浪潮中嬉闹,于是产生三丁基锡和三苯基锡等有机锡化合物慢性中毒的现象,这会损害海豚的神经细胞,失去正确辨别方向的能力,这可能是出现海豚"集体自杀"现象的原因。

环境污染还会对动物的性别比产生很大的影响,1990年以来,世界各地不断发现鱼类、两栖类、鸟类、哺乳类等动物两性化的现象。英国《每日电信报》报道说,通过对英国境内约2000多条雄性石斑鱼进行分析后发现,生活在污染严重地区的雄性石斑鱼,竟然有65%发生了严重的变性现象。同时还发现,栖息在受化学污染严重的格雷特湖区周围,以捕食鱼类为生的鱼类、爬行类、鸟类、哺乳类等16类动物,其后代均不能正常发育至成年,即使少量发育成熟,也不能正常繁衍后代。可见这些化学污染物对

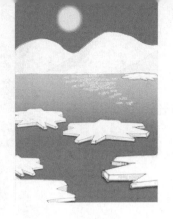

动物的生长、发育和繁殖都产生了极为严重的破坏作用。

科学家还在位于北极与挪威之间的斯瓦尔巴特(Svalbard)群岛惊讶地发现,生活在当地的北极熊中有约 1.2% 是"两性熊"。分析研究认为这是日益恶化的环境污染引起的。斯瓦尔巴特群岛的北极熊主要是受多氯联二苯(PCB)的影响,它可以导致动物体内分泌生理活动失调。PCB 是一种广泛应用于电气设备的化学品,尽管目前已在许多国家被禁用,但是之前大量使用的 PCB 已经进入到自然环境中,开始逐渐显现出其对生物体的危害。

同样,环境污染也祸及我们人类的生存和发展。目前,科学家通过分析 1938—1990 年全球 21 个国家近 1.5 万人的精液质量报告后惊奇地发现,男性精子的数目降低了约 40%,精液量减少了约 20%。2003 年,在世界卫生组织(WHO)召开的"环境对生殖影响国际研讨会"上,各国科学家再次郑重地发出警告:全球人类精子质量正在不断下降——精子密度下降了将近 62%。这些结论听起来有些骇人听闻,但全球男性精子质量的下降却是毋庸置疑的事实。

美国科幻片《人类之子》给我们描述了这样一个情景:当时间进入 2027 年时,人类不知何故丧失了生育的能力,已经 19 年没有一个新生儿出生了。面对即将来临的人类灭绝,科学家们束手无策,人类社会因此陷入了极度的混乱和恐慌之中……同时美国作家西奥·科尔伯恩(Theo Colborne)在《我们被偷走的未来》一书中也提前向人类敲响了"绝种浩劫"的警钟。

三、"桑田"变"沧海"

人类在生活和生产实践中,排放了大量的二氧化碳、甲烷、一氧化碳等温室气体,这些气体可以增强地球的温室效应,使全球气候变暖,极地冰川融化致使海平面上升,可能会淹没世界上一些低洼的沿海地区。近百年来全球海平面已上升了约 10~20 厘米,并且在不久的未来还有加速上升的趋势,这些海拔较低的沿海区域将会变"桑田"为"沧海"。

同时,全球变暖使得空气中的水汽增多,将会带来更多的降水。海洋温度越高,形成飓风的破坏力就越强,在过去30年中飓风的破坏力增强了一倍。1999年一场大风暴光顾了印度奥里萨,飓风所到之处,白天如同夜晚一样漆黑,树木被连根拔起,房屋成片地倒塌,不计其数的人们来不及逃离就被无情的飓风夺去了生命。2005年"卡特里娜"飓风席卷美国南部四州(图1),大约有近万人在飓风袭击中丧生,造成极为严重的人员和财产损失,直接经济损失高达300亿美元之巨,特别是新奥尔良市几乎全部被淹没,成为汪洋泽国,此惨状不仅是美国有史以来所独有,也是人类所罕见的!

图1 飓风(设计:王瑞龙;绘图:刘丽萍)

在我国几乎每年都有洪灾发生,1998年我国发生了严重的洪涝灾害,洪水量级大、持续时间长,大量的农田、房屋被毁,全国约有五分之一的人口受灾,损失触目惊心!2002年一场百年不遇的特大洪水袭击了从德国到俄罗斯黑海沿岸的广大地区,大批良田被淹,房屋被毁,数万居民无家可归,经济损失无法估量!同样,世界上其他的大江大河如印度河、恒河、尼罗河、亚马孙河等也时常发生洪灾。暴雨袭来时,还常常引发泥石流、山洪和滑坡等次生灾害,给人类生命财产造成巨大的损失。这些事件从表面上

看,是自然界对人类的伤害,其实是人类活动对环境的污染和对生态的破坏而使各种自然灾害加剧的结果。

全世界在农业生产中每年使用数百万吨的化肥、杀虫剂、除草剂等,它们虽然可以保护农作物茁壮成长,增加农产品的产量,解决世界粮食问题,但同时其中的有害有毒物质还会残留在食品、大气、湖泊以及江河环境中(图2),对人类和其他生物的生存环境造成难以估量的损失。我们应科学合理地使用农药,积极保护各种益虫、益鸟,利用生物控制方法来有效地防治害虫、杂草,从而维持整个生态系统的和谐发展。

图2　水资源受到严重污染(设计:王瑞龙;绘图:刘丽萍)

四、惨痛的"八大公害"和"十大事件"

20世纪以来,世界范围内的环境污染事件频频发生,其中对人类社会和生态系统造成严重危害、震惊世界的有"八大公害"和"十大事件"。

1952年12月,一场灾难正悄悄地降临到英国的"雾都"——伦敦。时值冬季,居民取暖和工业生产燃烧煤炭,向大气中排放了大量的烟尘以及二氧化碳、二氧化硫、二氧化氮等物质。当时伦敦近地层连续几天的"逆温"(指温度随高度而升高,空气层结稳定,不利于污染物扩散。——编辑

注),使伦敦市空气质量急剧恶化,烟尘浓度是平时的 10 倍,二氧化硫的浓度增加了 6 倍。市民们感到呼吸困难、头晕恶心、眼睛刺痛,呼吸道疾病患者剧增,整个伦敦城被一阵阵咳嗽声笼罩着。短短五天时间,死亡人数就高达 4000 多人,随后又有 8000 多人陆续丧生。这就是耸人听闻的"英国伦敦烟雾事件"(图 3)。此外还有比利时马斯河谷烟雾事件、美国洛杉矶光化学烟雾事件、美国多诺拉事件、日本水俣病事件、日本爱知县米糠油事件、日本神通山的骨痛病事件和日本四日市哮喘病事件等,被认为是 20 世纪 30 年代至 60 年代间的世界"八大公害"。

图 3　1952 年英国伦敦烟雾事件(设计:王瑞龙;绘图:刘丽萍)

1986 年 4 月,苏联乌克兰共和国的切尔诺贝利核电站发生严重爆炸及泄漏事件,其威力相当于 500 颗美国投在日本广岛的原子弹。事件导致

31 人当场死亡,核电站周围数十万居民被迫紧急疏散,泄漏的核辐射尘还随着大气飘散到了周边地区,八千多人死于与放射相关的疾病,数万平方千米的土地受到污染,时至今日仍有受核辐射影响而导致畸形或残疾婴儿出生……这是有史以来最为严重的核事故。此外还有北美死湖事件、德国莱茵河污染事件、墨西哥湾井喷事件、西德森林枯死病事件、巴西库巴唐"死亡谷"事件、印度博帕尔公害事件、"卡迪兹"号油轮事件、雅典"紧急状态"事件和海湾战争油污染事件等被公认为世界污染的"十大事件"。

五、人类发展与延续必须防治污染

近年来为了降伏污染这一"恶魔",拯救我们赖以生存的环境,各国政治家、科学家和民众都在积极采取防范措施,努力致力于环境污染的防治。一些国家纷纷制定各种法律法规,控制环境污染,如美国的《有毒物质控制法》、《联邦杀鼠剂杀虫剂法》、《资源保护与回收法案》,日本近年来颁布实施的《新能源法》以及我国的《水中优先控制污染物黑名单》、《中华人民共和国农产品质量安全法》等,以此来唤醒和约束民众要珍爱我们的环境,减少污染。

日前,日本研发出一项新技术可以对城市垃圾进行"减量化、资源化、无害化"处理。利用垃圾燃烧来产生电力,通过对燃烧装置的改进,可以有效地防止燃烧过程中二噁英的产生。美国运用现代生物技术培育出一种可以从环境中大量吸收砷的转基因拟南芥,利用植物来清理受砷污染的土壤。巴西研制出利用稻壳和甘蔗渣等农业废弃物为原料来生产环保、价廉的"绿色"水泥,不仅可以大幅度地减少温室气体的排放,还可以实现废弃物的循环利用。我国也有许多新型环保技术,包括垃圾发电、粪便沼气等,同时利用很多荒山、荒坡等非农业用地来种植甘蔗、苜蓿等,以生产生物能源,并大力发展和推广使用水电、风能、太阳能等可再生能源,以保护环境,减少污染。

1972 年 6 月 5 日,联合国在瑞典首都斯德哥尔摩召开了有 113 个国家参加的联合国人类环境会议,将每年的 6 月 5 日定为"世界环境日"。从

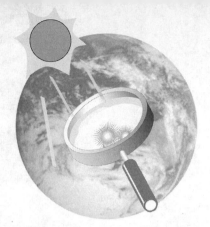

1974 年起,联合国环境规划署(UNEP)每年都根据当年的世界主要环境热点问题,为世界环境日确立一个主题,并开展相关的宣传活动,以提高公众的环境保护意识。2008 年世界环境日的主题为"转变传统观念,推行低碳经济"。中国主题为"绿色奥运与环境友好型社会",动员全社会的力量积极参与环境保护,为成功举办绿色奥运、共建环境友好型社会贡献力量。人类要生存、要发展、要延续下去,必须与所生存的环境和谐相处。让我们大家共同行动起来,保护好我们生存的环境,共建绿色家园,使我们的周围变得山青水秀、鸟语花香、欣欣向荣。

全球变化将打开潘多拉魔盒吗？

朱丽蓉

一、谁曾打开潘多拉魔盒？

什么是潘多拉魔盒？潘多拉魔盒来源于古希腊神话故事。话说人类诞生后，天上的众神希望通过掌控人类生存的必需之物——"火"来控制人类。普罗米修斯（Prometheus）为了解救人类，就盗取火种送到人间，并教会人们如何使用火。主神宙斯（Zeus）知道后大发雷霆，决定报复人间。他先命令众神共同创造一个散发着迷人香味的心灵手巧的美丽女子，名为潘多拉（Pandora），意为"被赋予所有优点的人"。然后，他给潘多拉一个密封的魔盒，让她交给普罗米修斯的弟弟埃庇米修斯（Epimetheus）。普罗米修斯早已猜到宙斯会进行报复，他告诫他的弟弟埃庇米修斯不要接受宙斯的任何赠礼。埃庇米修斯本意为"后知者"，他本人就如同他的名字一样愚钝。当他见到潘多拉时就被她的美貌所吸引，完全忘记哥哥的告诫，决定娶她为妻。新婚之日，潘多拉按照宙斯的吩咐把魔盒转交给埃庇米修斯，刚刚放到他手上的那一瞬间，密封的盒子突然打开，一股黑烟疾驰而出，顿时天空被乌云笼罩，人间被疾病、灾难、罪恶、嫉妒、奸淫、偷窃、贪婪等各种各样的祸害所充斥（图1）。原来，魔盒里装满了诸神对人间的诅咒，诅咒随着黑烟飘到世界各处，危害整个人间。后来，人们就以"潘多拉魔盒"意指"灾难的渊薮"。

是谁打开了潘多拉的魔盒释放了灾难呢？有人认为是潘多拉，有人说是宙斯，然而在追根溯源后人们发现，真正促使魔盒打开的是"火"，是人类生存发展不可或缺的资源。如果没有对火的掌控欲，宙斯就不会让灾难降临人间，潘多拉也不会存在。

现实中，战争如同潘多拉魔盒一般，带给人间无数的灾祸，成为人类与

图 1 潘多拉魔盒打开（设计：朱丽蓉；绘图：陈小康）

生态环境的梦魇；而水、粮食、能源等人类生存和发展所必需的资源也如同"火"一样一次又一次地"点燃"战争。

在原始社会，人类的生活方式是刀耕火种。人类的生存和繁衍在很大程度上依赖于基本自然资源。当一个地区人口越来越多、资源越来越少的情况下，人们为了生存发展就会进行迁移、扩张与战争。考古学家发现，早在 4500 年前两河流域即如今的伊拉克南部地区就开始了水域管理权争夺战。

随着社会的发展，人们虽然告别了生产力低下的原始社会的生存方式，但为争夺资源而进行的战争却未停止过。工业革命后，机械的大量应用大大促进了生产力的发展，同时也使工业生产和经济发展对金属、煤炭、石油等资源的依赖程度更高。掠夺式的战争更成为各列强直接获取其他国家能源的主要手段。空前惨烈的两场世界大战主要是由于各国对世界资源的瓜分和争夺而引起的。19 世纪中叶，日本明治维新后工业得到迅速发展，对能源的需求也不断扩张，但本土能源远远不能满足其需要。为了拥有大量可利用的能源和资源，日本对邻近的中国、朝鲜半岛等地发动大规模的侵略战争，对这些民族犯下了不可饶恕的滔天罪行。与日本一

样,德国也不属于资源丰富的国家,一次次战争的发动,其实质也是为了掠夺邻近国家丰富的资源。

二、谁会将潘多拉魔盒再次打开?

当今世界,全球经济一体化进程不断加快,各国间"相互依存"的关系也更加密切,一些曾经战事频发的地区也出现了和平与发展的景象,潘多拉魔盒似乎已经被关上。但是两次世界大战给人们心灵造成的巨大创伤难以修复,留下的阴影也依然挥之不去。人们不禁猜想,战争是否会再次暴发?潘多拉魔盒会不会再次被打开?谁可能将它再次打开?2004年2月22日英国《观察家报》报道,美国五角大楼一份研究报告指出,由于全球变化而导致的能源危机以及粮食和水资源短缺,将成为未来战争的根源(图2)。

图2 全球变化引爆魔盒(设计:朱丽蓉;绘图:陈小康)

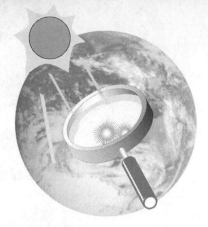

1. 能源危机与战争

伴随着工业发展及全球气候异常变化,能源紧缺成为困扰人类的一个难题。近几年夏季,我国南方一些城市都会出现供电紧张的现象,这主要是由于全球变暖,高温天气持续出现,居民与工厂用电增加而造成的。据美国五角大楼预测,不久的将来,英国也将成为异常天气的受害者,该地冬季将越来越冷,2015 年时气温将经常达到 - 30 ℃。随着寒冷不断加剧,供暖所需的能源将不断增加,其最终后果是世界石油和天然气价格不断上涨。人们也不得不开始担心战争是否会再次暴发,因为自古能源就是战争的焦点,特别是在近代掠夺财富的战争中,石油就像是导火索,不断引发战争,而且还使战争不断扩大化。

二战结束之后,局部战争和武装冲突仍然不断发生,其中较大规模的局部战争主要发生在阿富汗、中东等世界石油主要产区,这些地区也被喻为"世界油库"。各国都清楚,谁控制了这里的石油,谁就控制了世界的经济命脉,进而控制了世界。20 世纪 90 年代著名的海湾战争被公认为是为争夺"世界油库"而发生的战争。科威特时间 1990 年 8 月 2 日凌晨 1 时伊拉克作战部队侵入科威特境内,这标志着海湾战争的开始。伊拉克发动战争的主要目的是通过攻占科威特而拒还拖欠科威特的巨额债务,并用这个"油库"来解决本国经济发展中面临的问题。而以美国为首的多国部队打击伊拉克的主要原因是美国、西欧、日本等工业国家进口的石油大部分来自海湾地区。如果伊拉克吞并科威特后进而占领沙特阿拉伯,就可控制全世界一半以上的石油资源,美国和其他一些主要工业国家的经济发展将受到严重制约,他们是绝不能让这种事情发生。进入 21 世纪,2003 年发生的美英借口打击恐怖主义而对伊拉克进行制裁依然是为了"油库"、为了维护自己及盟国的石油利益、为了充当世界的领导。美国进步周刊《民族》(*The Nation*)指出:"对伊拉克的战争是以士兵和国民的生命、鲜血为担保的石油战争。"

2. 粮食短缺与战争

在古代对战争的描写中,我们经常会看到"粮草先行"这个词语。在全

球变暖的今天,粮食再次成为战争的"先行军"。联合国高层气候专家在一份报告中指出,在全球气候变化影响下的一些国家,特别是贫穷的热带地区国家,粮食安全将受到威胁。联合国粮农组织也曾指出,目前全球仍有37个国家面临粮食短缺,8.15亿人无法得到足够的食物;据测,到2050年世界人口将达到90亿人,届时将会有更多人要面对这个问题。

中国古代格言说:"家无三年积蓄(指粮)不为家,国无九年存粮不为国"。对于一个人来说,粮食是生存的基础;对于一个家庭来说,粮食是生活的必需品;对于一个国家来说,粮食是重要战略物资。缺少粮食,人类的健康与生命将受到威胁;缺少粮食,一个家庭将面对家人远走他乡奔波求生的可能;缺少粮食,一个国家必将发生社会动荡和政治危机(图3)。一个国家为了避免这样的社会矛盾发生,就需通过其他途径解决本国的粮食矛盾,通过战争解决问题的可能性大大增加。粮食危机已使多个国家出现动荡局面,在加勒比、非洲和亚洲地区不少国家发生骚乱和流血冲突,海地总理还因此而辞职下台。

为什么全球变化会影响粮食生产呢?首先,全球变暖会导致许多自然灾害的发生频次和强度增大,如洪水、干旱等。《自然》杂志载文指出,2007年全球许多地区的洪涝灾害导致粮食减产,其根本原因就是全球气候变暖。其次,在温暖湿润的环境下细菌更易生存,蝗虫能够躲避冬天的寒冷,因此病虫害侵扰作物、蝗灾暴发的几率将大大增加,粮食产量将极大地受到影响。再次,由于全球天气异常变化,一些地区的物候将发生变化。有关研究表明,气候变化后,作物生长加快,生长期普遍缩短,干物质积累和子粒产量将减少。另外,异常天气还会给粮食的储存和转运增添麻烦,增加粮食损耗。

《人类生态学》杂志网络版报道,科学家调查研究公元1000—1911年间中国东部地区发生的899次战争的相关数据发现,中国东部地区的战争频率,尤其是部分南方地区的战争频率与温度变化有着极为重要的关联。因此,该研究小组称,在粮食紧缺的情况下,战争将成为重新分配资源的最终手段;未来的战争冲突可能将归咎于气候变化以及因气候变化而发生的

图3　粮食战争(设计:朱丽蓉;绘图:陈小康)

粮食短缺。

3. 水资源紧缺与战争

你知道吗?中东地区曾经是茂密的大森林。那里丰富的地下石油和大量热带森林古动物化石便是明证。然而随着气候变迁,降水减少,以及连年战争和人口膨胀对环境的破坏,往日的森林变成了沙漠。这片土地上的人们,不仅饱受战火的洗礼,而且还要承受水资源短缺的考验。在这片水比石油贵的土地上,人们忧虑的是严重水资源危机是否会引发动乱。以色列已故总理拉宾曾说,不解决水问题,中东将爆发动乱。

联合国政府间气候变化专门委员会(IPCC)预测,由于人类排放的温室气体增加、全球变暖加剧等原因,淡水资源更加匮乏,一些地区的荒漠化更加严重。如果继续发展下去,我们也要与中东地区一样面临水危机吗?也要面对战争不断的生活吗?美国五角大楼预测,如果全球变化进程继续,人类不增强保护水资源的意识,那么水资源匮乏就不仅仅是中东地区要面临的问题,同时也将成为美德法等发达国家要面对的问题。美国五角大楼

的科学家还指出,水很可能会成为未来战争的根源。其中在跨境河流流域发生争端的可能性较大。

水,生命之源。水,战争之源(图4)。地球,看似一个美丽的蓝色水球,但实际上,大多数水是不能直接使用的海水,人类可以饮用的淡水很少。由于人类对水资源的消耗污染与人口的快速增加,水资源的供需矛盾日益加剧。同时由于全球变化的影响,许多地区的降水格局发生变化,致使一些地区降水集中度过高,将形成洪流影响区域地下水的补给与水资源的蓄积;而另一些地区由于温度升高,降水量减少,蒸发量增加而变得干旱。水资源分布的不合理,最终有可能导致战争频发。

图4 天使也来争水源(设计:朱丽蓉;绘图:陈小康)

三、潘多拉魔盒是否能够紧锁?

战争与潘多拉魔盒一样,给人们带来无数的伤与痛,渴望幸福与爱好和平的人们都希望将它紧紧锁住,不再释放!人们的愿望能够实现吗?潘

多拉魔盒能够被紧锁吗？

有人说，全球变化与"恐怖袭击"一样可怕，人类前景的好坏取决于是否赢得这场"反全球变化战争"。多国政要也已经意识到，全球变化不仅仅是由于自然因素造成的，其中还有许多人类活动因素。为了减少全球变化对环境、经济、战争等众多人类可能面临的棘手问题的影响，人们必须付出更多的努力，弥补过去的错误，积极投入到减缓全球变暖的工作中。1997年12月，149个国家和地区的代表通过了《京都议定书》，很多国家积极响应，朱镕基总理也代表中国政府在《京都议定书》上签了字，希望通过限制发达国家温室气体的排放量来减缓全球变暖。

在积极参与减缓全球变化的同时，人们还应该意识到，全球变化只是可能诱发战争发生的一个因素，而战争的发生还与宗教、主权、经济等很多种因素息息相关。减缓全球变化不能真正紧锁战争，只能还人们一个希望，让战争发生的几率小一些，让灾难离我们的生活更远一些。

如果说全球变化是天灾人祸的结合，那么战争就一定是人祸。无论因何而起，战争造成的惨烈后果——硝烟弥漫、森林焚毁、河流污染、生灵涂炭、瘟疫蔓延等——都是由我们所在的地球来承担的。换个角度看，每场战争都没有真正的胜利者，因为地球只有一个，失去它，我们将无立足之地，无生存之处。因此，紧锁潘多拉的魔盒，需要全人类共同的努力！

第六编

全球变化之
对策篇

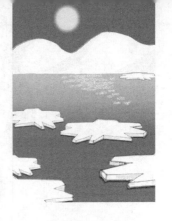

全球变化并非"无因之果"

吴　瑾/周　婷/彭少麟

一、全球正在急剧变化

在过去的两三百万年里,人类在爬行、直立、取火、造具、工业、信息等时代的交替中度过了其历史长河的悠悠岁月,完成了由猿到人的进化。可这两三百万年与恐龙生存的一亿三千多万年相比,就像是一阵风吹过,转瞬即逝。曾经是地球统治者的恐龙突然消失了,留下谜一般的悬念。从古到今,全球环境一直在变化,真的是沧海桑田变化万千。但我们今天所讲的全球变化却有着更加复杂的内涵。因为自工业革命以来,人类改造自然的能力越来越大,对自然的影响也越来越大。所以现在的全球变化不但包括全球的自然演变,同时还包括人类活动对全球的影响。在自然和人类活动两种因素的共同作用下,全球变化相当剧烈,给人类的生存和发展也带来了非常大的影响,可以说是天翻地覆在人间。

近期,由于人类的干扰加剧,大气成分发生了明显的变化,臭氧层遭到破坏。臭氧洞的出现主要是人类对破坏臭氧的物质——氟氯碳化物——的大量使用造成的。气候变化的基本原因是大气中温室气体浓度的增加,在过去的 100 年中二氧化碳排放的增加导致气温上升了 0.6 ℃。20 世纪90 年代是近千年来最热的十年。2003 年,欧洲 15000 人死于热浪天气。据英国《泰晤士报》(Times)报导,2006 年,圣诞老人的故乡芬兰拉普兰(其首府罗瓦涅米位于北极圈内)到圣诞节时却是美丽的雪花不再降临。2007年 7 月,一些科学家发现,北美洲最冷的梅尔维尔岛温度居然高达 22 ℃,其实这里以前的平均气温一般只有 5 ℃左右。

随着气候变化、海洋热膨胀以及冰川、冰帽消融(图 1),阿尔卑斯山的冰峰已经少了好些,格陵兰岛的冰盖每年都会缩小 100～150 立方千米。据联合国政府间气候变化专门委员会(IPCC)的评估报告,"如果温室气体继

续大量排放,则北极海冰到本世纪末可能会不再存在"。而冰川、冰帽消融又使得全球海平面不断上升。20 世纪,全球海平面平均上升了 20 厘米。

2005 年 9 月 21 日

2007 年 9 月 16 日

图 1　北极冰帽的对比照片(欧洲航天局,上图摄于 2005 年 9 月 21 日,下图摄于 2007 年 9 月 16 日)(引自 http://news.sohu.com/20071009/n252546547.shtml)

　　由于全球气候变化,很多人被迫背井离乡成为环境难民,现在全世界环境难民的总数已经达到 2500 万,比战争难民还多。巴西东北部、尼日利亚、西太平洋岛国图瓦卢,这些受全球气候变化影响严重的地区都是环境难民的重灾区。巴西东北部的气候越来越干旱,不适人居;尼日利亚土地沙漠化非常严重;海平面上升已淹没图瓦卢不少民居,这些地方的人民只好逃离故乡,远走他乡(图 2)。

图2　尼日利亚和图瓦卢的环境难民（设计：吴瑾；绘图：梁静真）

　　全球变暖还会影响粮食生产，这可是影响人口生计的大事。一般看来，应该是温度升高，作物生长会更好。但实际上，作物生长有其最适生长温度，如果温度适度上升又未超过其最适生长温度，作物的确会越长越好；可是如果温度上升幅度过大，超过了其最适生长温度，则作物产量就会下降。所以，全球变暖条件下，粮食生产影响最为严重的地区就是温度本来就较高的热带和亚热带地区。而这些地区也刚好是人口密集区，所以粮食一旦减产，后果将非常严重。

　　全球变暖还有可能成为战争的导火索。联合国秘书长潘基文（Ban Ki-moon）在一次全球变暖会议上说："在接下来的数十年间，环境变化及其可能带来的干旱、沿海地区被淹没等剧变很可能成为战争和冲突的主要原因。"

二、全球变暖的争议

　　在全球变化问题上，争议最大的就是全球变暖。
　　大家还记得美国前副总统戈尔的纪录片《难以忽视的真相》（*An Incon-*

venient Truth)吗？戈尔虽未能竞选上美国总统，却因此片而成为 2007 年诺贝尔和平奖的联合得主，全球变暖的话题在美国也变得家喻户晓、争议不断（图 3）。目前科学界许多人认为全球变暖是铁证如山，但也有人认为全球变暖是谎言。

1. 全球变暖是谎言吗？

"全球变暖是谎言"的支持者认为戈尔是政治家而不是科学家，一个政治家的纪录片又怎么能成为全球气候变化的科学宝典呢？而且关于全球变暖尚有不少令人啼笑皆非的反例存在。如 2007 年的冬天，本来美国国会计划要在华盛顿召开全球变暖的听证会，结果不但预期的暖冬没有降临，天气反而变得异常寒冷，最后这个全球变暖的会议因为天气太冷而推迟了。IPCC 得出全球变暖的结论是因为他们的报告是基于公元 1400 年以来的北半球平均夏季温度序列作为对照的古气候资料。但是 15 世纪是一个介于"中世纪温暖期"和"小冰期"之间的时期，如果用包括了中世纪暖期的 10 世纪以来的气候资料作为对照的古气候资料，那么会发现现在所谓的全球变暖还根本未达到中世纪暖期的温暖程度。

图 3　全球变暖的激烈争论（设计：吴瑾；绘图：陈琳琳）

2. 全球变暖已是不争事实

"气候系统正在变暖是无可辩驳的事实",IPCC 在其 2007 年 2 月发布的第四次全球气候变化评估报告中郑重声明。据新华社 2007 年 2 月 1 日报道,许多欧洲国家为了表示对全球变暖的支持,都将其标志性建筑物熄灯来呼应这份报告的发表,这些熄灯的标志性建筑物有巴黎的埃菲尔铁塔、意大利罗马圆形剧场遗址、希腊雅典议会大厦等。

也许会有人不认同 IPCC 报告的结论,"但 IPCC 的报告让我们在全球气候变暖问题上达成了共识——全球变暖是真的。"美国普林斯顿大学地球学家奥本海默(Michael Oppenheimer)说。

三、全球变暖是人类活动引起的还是自然变率的结果?

1. 人类活动原因说

《荀子·天论》:"天有其时,地有其财,人有其治,夫是之谓能参。"(其意为:天有四时的变化,地有资材的产生,人有治理自然与社会的能力,因而能与天地并列为三。——)可见,人具有主观能动性,可以作用于自然界。在全球变化的起因问题上也有不少人支持这种观点,认为全球变化是人类活动作用的结果。

IPCC 第四次评估报告指出,"人类活动因素是全球大气中温室气体浓度大幅升高的主要原因"。《科学》(*Sciences*)杂志报道的海洋模式模拟结果表明,"全球变暖主要是由人类活动排放的温室气体造成的,该因素的比重占所有原因的 95%"。英国哈得莱气候预测与研究中心的气候学家泰特(Simon Tett)也说:"人类活动很可能是全球变暖的主要原因。"

俗话说:"天道好还"。现在人类与自然的关系正是如此。自从工业革命以来,随着科学技术的进步,人类改造自然的能力越来越强,对自然资源的利用也越来越贪婪,对自然的破坏也越来越严重。然而,自然也开始对人类施以惩罚了,全球变暖了,随之粮食减产、海平面上升,人类也开始意识到自己的错误了。

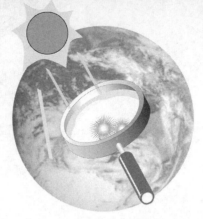

　　诺贝尔奖得主、荷兰大气化学家克鲁岑（Paul J Crutzen）把我们现在所处的地质时期命名为"人类世"，因为人类的力量的确是前所未有的强大，对全球环境的改造力也是空前的。当然其反作用力——自然对人类的响应也会与作用力相当。因此，"人类世"到底会是一个人类继续走向发展的时期，还是一个人类自取灭亡的时期，这些将由我们自己来谱写。

2. 自然原因说

　　老子曰："人法地，地法天，天法道，道法自然。"也有不少人认为全球变化是自然过程。

　　冰芯、海底沉积物、溶洞石笋、树木年轮等证据表明，人类排放的二氧化碳并非全球变暖的主要原因。如果我们以 100 万年历史的气候变化为对照，将会发现现在的气候变暖并不剧烈，它只是 1500 年气候自然周期中的一部分（图 4）。

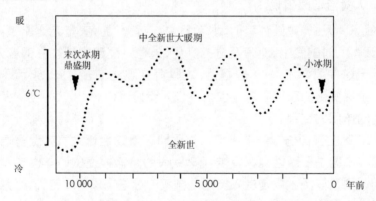

图 4　过去 1 万年全球的气温变化（图片引自《地球科学园地》1997 年第 3 期）

（引自 http://earth. fg. tp. edu. tw/learn/esf/magazine/970901. htm）

　　据 2001 年《科学》杂志报导，地球气候的变化与太阳活动是有联系的。太阳辐射只要稍微变化，就能引起地球气候的明显变化。这主要是因为有两个放大器，一是宇宙线，一是大气层中的臭氧。太阳活动减弱时，对地球起保护作用的"太阳风"减小，因此更多的宇宙线会射进地球的大气层，宇

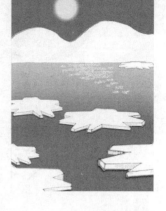

宙线会使大气层产生更多的能反射太阳辐射的云团,从而使地球温度降低。太阳活动增强时,到达地球大气层的紫外线增多,又产生更多能吸收太阳紫外辐射的臭氧,所以地球的温度上升了。还有科学家有其他一些看法,如印度地球科学家夏尔马(Mukul Sharma)的观点是全球变暖是太阳磁活动的一个周期变化。当然,他们都认为全球变暖的主要原因是太阳活动,而非人类活动。

《礼记·月令》:"毋变天之道,毋绝地之理,毋乱人之纪。"所以不管全球变暖是人类活动造成的还是自然变率的结果,我们都应该合理利用资源,爱护环境,走可持续发展的道路。

四、全球变暖真的会带来灾难吗?[①]

关于导致海平面上升的争议　许多学者研究认为,人类活动造成的气候变暖会导致冰川融化,到 2100 年海平面将上升 9～88 厘米。但也有不少研究者不同意上述结果。如前海平面委员会主席、瑞典地质学家莫纳(Nils Akzo Morner)的研究观察结果与 IPCC 的评估结论完全不同:"不管是过去的 300 年里还是过去的 50 年间,海平面都没有什么明显变化。所以担心全球气候变暖导致大规模的水灾是完全没有必要的。"这部分人认为气候变暖造成的冰川融化会促使海平面上升;但同时,高温也将使海洋蒸发掉更多的水汽,蒸发掉的水汽会有一部分凝结成冰雪降在格陵兰和南极大陆上,这会导致海平面下降。

关于生物多样性锐减的争议　据 2004 年《自然》(Nature)报导,"到 21世纪 50 年代,可能会有超过 100 万个生物物种灭绝或濒临灭绝"。有科学家通过全球气候模式预测,大量鸟类、兽类、鱼类和低生命形式的生物将灭绝,因为这些物种将随着全球气候的剧烈变化转向其"生存极限"。但也有人对此持不同观点。美国纽约州立大学生物进化与生态学系主任莱文顿

---

① 本节的观点主要引自专著《全球变暖——毫无由来的恐慌》(S·弗雷德·辛格丹尼斯,T·艾沃利著,林文鹏,王臣立译.上海科学技术文献出版社,2008)。

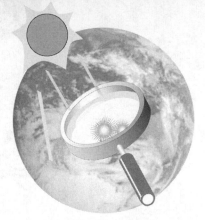

（Geoffrey Lewington）于 1992 年在《科学》杂志上发表了一篇著名论文，该论文的观点是："世界上的很多物种都已经进化了 100 多万年，它们在进化过程中已经适应了天敌、疾病、恶劣气候以及气温高于今天的温暖期"。还有科学家认为全球变暖不但不会使物种灭绝，还会导致生物多样性增加。如马歇尔研究所公布了一份名为《物种灭绝的幻影》的研究报告，报告认为，全球气候变暖将带来更多的生物多样性而非物种灭绝。

关于导致暴风雨频发的争议　有些学者认为全球变暖可能会带来更多的极端天气事件。他们认为 1975—2005 年飓风破坏力突飞猛进，原因就是北大西洋和北太平洋的温度上升了 0.5 ℃。反面观点认为，其实飓风发生曲线的波峰和波谷之间的距离一般是 25～40 年。美国国家海洋和大气管理局（NOAA）飓风研究分支机构的研究人员也认为，现在并没有证据能证明飓风和全球变暖是有联系的。风、波浪、洋流直至风暴的力量与赤道与极地之间的温度差呈正相关，所以全球变暖后极地和赤道的温差减小，按理风暴应该更温和才是。也有事实证明的确如此，如加勒比海每年发生主要飓风的频率，1701—1850 年的小冰期约是 1950—1998 年"暖期"的 3 倍。

关于导致饥荒、干旱、土地贫瘠的争议　"随着全球变暖，一些农作物收成可能会下降约三分之一"，这是来自联合国环境规划署（UNEP）的警告。菲律宾马尼拉的国际大米研究所则认为，"热带地区的温度本来就已经很高了，全球变暖使得该地区温度过高，超过了一些粮食作物的生长极限。作物花期时如果温度超过 30 ℃，温度每上升 1 ℃，大米和小麦这些谷物的产量将减少 10%。现在柬埔寨和印度等国家正面临这一难题。"为了生存，农民们将转而种植一些非粮食类经济作物，这样更会带来粮食减产。但事情往往具有两面性：对北方中高纬度国家——如德国、加拿大、俄罗斯等国而言，气候变暖带来的更多的二氧化碳（能为植物施肥）以及更多的阳光（有利于光合作用）是有利于农业生产的。与气候变暖对中低纬度地区所带来的粮食减产相比，对中高纬度地区带来的粮食增产要大得多。现在世界的粮食生产总量比 17 世纪翻了两番，这是高科技农业带来的，而非气

候。在这个全球一体化的年代,我们可以将热带地区农业高科技化,通过现代交通将粮食从高产区运送到缺粮地区,如从西伯利亚运到印度、尼日利亚。只要人类自身运筹得当,是不会发生饥荒的。

有关全球变化真实性的争论还会持续下去。但随着研究的深入,真理会越辩越明。

铁能降温吗?

虞依娜

一、地球在升温

当人们出现感冒、头痛时,常常伴随着发热等病症。地球是我们的母亲,她也一样会生病发热,一样会感到痛苦(图 1)。人类就像孩子一样,自从出生后就开始吸取母亲的乳汁,然后一直不停地向母亲索取。砍伐森林、破坏草原,把地球深处的石油和煤炭挖出来,排放废弃物,导致大气成分发生变化,还制造了很多有毒物质污染河流和农田……再强壮的身体在人类的压榨下也会难以承受。据 2006 年 4 月 24 日《中国环境报》报道:"联合国政府间气候变化专门委员会(IPCC)预测,因二氧化碳等温室气体的继续增多,在未来 100 年内,全球温度将升高 1.4~5.8 ℃。"

人生病发热,会伴随出现一些不适症状,如头痛、食欲不振、全身酸痛

图 1　我好热呀(设计:赵娜;绘图:陈伟彪)

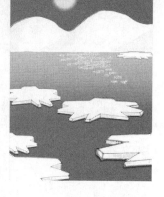

等。地球如果变暖了,将会出现什么症状呢? 地球升温了,将会使全球的极端灾害事件发生频率升高,冰川退缩、海平面升高,将影响自然生态系统的结构与功能,减少生物多样性和加重土地荒漠化,将使世界粮食生产的稳定性和分布状况发生很大的变化从而影响粮食安全。同时,地球变暖还会对人类健康造成极大的影响,原来曾被人类控制的疾病(如登革热等)有可能重新流行。

二、什么"药"可以降温?

当人体出现发热症状后,我们会去药店或者去医院,根据生病的情况对症下药。回家后病人将多卧床休息,多喝水,多吃流食(如粥、面条等),少吃辛辣食品并用冰块等辅助措施进行物理降温。那地球发热怎么办? 有没有给地球看病的医生? 应该给它吃什么药? 怎么才能使它降温呢?

科学家开动脑筋想了很多办法,开出了许多"药方"。抑制地球发热一种是减少热量进入地球的身体,另一种是加强地球对热量的自我调节能力,还有就是降低大气中的二氧化碳含量。

当夏天炎炎烈日炙烤着大地时,我们经常会选择走到树荫下去,这样会觉得凉爽一些。在几十年前没有电风扇和空调的时候,人们就习惯于在树荫下乘凉来度过炎热的夏季。即使一个人走在没有树荫的马路上也会打一把小伞,这样可以避免阳光直接曝晒。那么,我们是否也可以给地球撑一把阳伞呢(图2)? 平面镜能够成像,月亮倒映在水中,我们是否可以制造一个巨型反光镜将阳光反射到太空,把射向地球的阳光反射到太空中呢? 是否可以将数以十亿计的白色聚苯乙烯高尔夫球投向海洋或者将地球上所有房屋的房顶都涂成白色? 是否可以将数千平方千米的阴云"漂白"来反射更多的阳光呢?

反射阳光降温是一个很好的想法,但技术与成本均有问题。植树造林吸收二氧化碳是更为实在的行动,这已在全球开展多年了。而引起广泛关注的另一个"药方",就是给大海施铁肥。给大海施铁肥是通过消耗地球体内大气中的二氧化碳,从而减少温室效应。

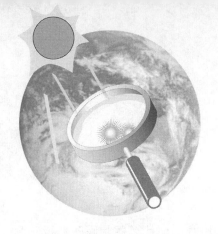

图 2 　为地球打把"遮阳伞"（设计:赵娜;绘图:陈伟彪）

三、施铁能降温吗?

　　铁是一种金属材料,它能降温吗(图 3)? 那么施铁肥又是什么呢? 我们先要从海洋浮游植物藻类说起。

　　海洋浮游植物的种类包括细菌和单细胞藻类。海洋浮游藻类的一生是非常短暂的,但是对地球的贡献却是巨大的。假如说海洋浮游藻类是地球的肺,那么这些微小的藻类就如同地球的"肺泡",从空气中吸收二氧化碳,同时释放氧气。它们吸收二氧化碳作为原料,进行光合作用,制造有机物。一些藻类进入食物链,另外一些很快死去并经过微生物分解而成为泥土的一部分。一些藻类残体混合其他生物的排泄物和残骸避开了微生物的分解,下沉几百米存留几百年。其中有一小部分成为海底沉积物的一部分,变成了石油、天然气等。所以,海洋藻类有天然的吸收大气二氧化碳的能力,因此被科学家当成抑制全球变暖的救星。

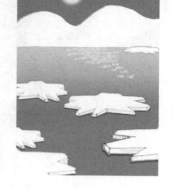

图 3　给地球"施铁肥"（设计：赵娜；绘图：陈伟彪）

　　这些藻类的生长需要铁元素，每个投放到海里的铁原子能够吸收 1 万到 10 万个之间的碳原子，而铁元素在某些海域是非常缺乏的，往海洋添加硫酸铁，铁可以充当"肥料"，促进海洋浮游微生物的生长，这些浮游微生物能够吸收二氧化碳，最终把二氧化碳带到海洋深处，从而有效地降低地球的温室效应。

四、如何降温？

　　已故海洋学家马丁（John Martin）在 20 世纪 80 年代末提出了铁和海洋浮游植物关系的假说，他认为铁元素将会对海洋浮游植物的生长起到限制作用。1988 和 1994 年，《自然》杂志分别刊登了他关于铁和海洋浮游植物方面的研究。他甚至开玩笑说"给我半油轮铁，我将给你一个冰河世纪"。非常有趣的是，很多科学家在听到这种言论之后，在世界各地的大海里倾

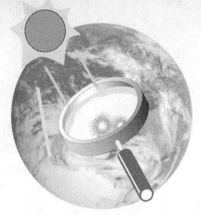

倒了大量可溶的铁元素。虽然冰河世纪没有到来,但科学家在这个过程中也的确发现了:有些海洋的铁元素非常匮乏,在海洋施加大量的铁在一定程度上可以降温。

为了验证铁对全球变化的作用,加利福尼亚海洋研究所的一些海洋学家于 2002 年将 1.7 吨硫酸铁倒向南太平洋。他们的试验结果表明,硫酸铁是单细胞浮游藻类的"大餐"——在向海洋加铁后,单细胞浮游藻类大量繁殖,在连续生长 3 个星期后开始死亡,死去的浮游藻类陆续沉到大洋深处。组织此次研究的斯梅塔切克教授说:"这意味着浮游藻类通过光合作用吸收了大气中的二氧化碳,将其转变成有机物。藻类的死亡和下沉就相当于大气中的二氧化碳被'固定'到了海底。"

斯梅塔切克教授还指出:"理论上海洋浮游藻类能吸收人类每年排放二氧化碳的 15%,如何利用这一可调节的自然机制,将是非常有意义的课题。"

五、有副作用吗?

很多科学家对此药方提出质疑。有科学家提出,一旦单细胞浮游藻类死亡,经微生物分解后会将有机碳再次转变成二氧化碳排放到大气。有些人认为,人类为浩瀚无边的海洋施加的铁对于海洋来说是微乎其微的,能否达到抑制全球变暖使地球温度降低呢? 这还有待于考证。美国历史最悠久的海洋研究机构——斯克里普斯海洋研究所的巴内特(Tim Barnett)教授研究指出,倾倒铁渣引起赤潮会使海洋表层和深海的温差扩大。海洋的这种分层会导致表层氧气不能有效地扩散到深层海水中。那么,随着时间的推移,海洋深处的氧气将耗尽,海洋生物因为不能呼吸,要么远走他乡,要么就死无葬身之地。另外,加铁之后引起海藻大量繁殖,这对海洋生态系统的影响等问题也还不清楚,根据以往的经验,人类梦想通过自身力量干涉大自然,最后通常是失败而告终。所以,更多的科学家呼吁,在真正进行这个项目之前应该多做一些地质工程和海洋科学的研究。加利福尼亚劳伦斯-伯克利国家实验室的海洋学家毕肖普(James Bishop)也提出,碳

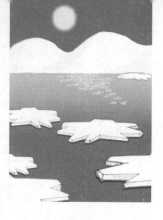

循环和海洋生物进程的关系是非常复杂的,要把这个方法推广到更深、更广的范围,目前时机还不成熟。

然而,铁元素不只是被人类有意施入海洋的,人类在无意中也在为海洋施肥。我们知道亚马孙河全长 6751 千米,年降雨量 1500 毫米以上,是世界上长度最长、流量最大、流域面积最广的河流,同时安第斯山每年注入大西洋的冰雪融水多达 3800 立方千米。亚马孙河哺育了千千万万人的生命,由于工业、农业和生活的影响,再加上每年的洪水季节,亚马孙河会带走大量的有机物质,随着亚马孙河注入大西洋不光有水,其中被固氮生物摄食的铁与磷的化合物是最关键的物质,而空气中的氮与二氧化碳则被固氮生物吸收后形成固态的有机物质并沉积海底。有科学家还发现,流量位居全球第一的亚马孙河,能够将营养物质推送到距离出海口几百千米的地方,其对大气层中碳循环与氮循环的影响程度,超过科学界先前的预估。

尽管科学家为了给地球医病开出了各种"药方",俗话说"偏方治大病",但是也得对症下药才行。不仅要考虑疗效而且还要考虑有没有副作用。任何一种方法的使用都不是随随便便一拍脑袋就能决定的,需要科学家经过长期的研究和全面的论证。这些"偏方"是否真的可以抑制全球变暖呢?我们拭目以待。

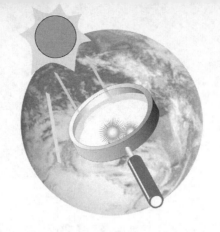

太阳遮得住吗?

徐雅雯

据《环球时报》2008 年 10 月 20 日报道,野生动植物专家表示,印度申达本动物保护区老虎伤人事件呈上升趋势。然而,值得注意的是,引发这种现象的原因不是老虎凶残本性的突然暴露,真正的元凶是目前愈演愈烈的全球变化。全球气候变暖导致当地老虎的栖息地和猎物数量减少,使得老虎迫于无奈进入人类生活的村庄觅食。

这是一个多么骇人的消息啊,老虎吃人啦!可是,由于老虎属于重点保护动物,人类反而不能伤害它,真是可笑!难道我们就只能坐以待毙,等着老虎来吃?其实,在这篇报道中更应该引起人类关注的是包括老虎及其猎物在内的野生动物的不断减少!这都是由于全球气候变暖所导致的生物多样性减少甚至灭绝所造成的恶果!

面对地球的"过热症",我们显然有些手足无措,拯救地球的想法听起来也有些疯狂,但是我们必须积极面对地球变暖这一全球气候变化的严峻挑战,随着科技进步日新月异,人类也在不断地想方设法给地球降温,为地球遮阳!

一、什么是遮阳?

"遮阳",相信大家再熟悉不过了,因为它可是与我们的日常生活密切相关的!特别是在炎热的夏季,烈日下随处可见戴着太阳镜、撑着遮阳伞的人;当窗外烈日当空时,人们也会习惯性地拉上窗帘,整个房间很快就变得阴凉起来;动物们也会找个阴凉的地方休息;就算是植物人们也会给它遮阳,例如园丁会给幼嫩的植物铺上一层遮阳网来防止植物失水过多而枯萎……

顾名思义,遮阳就是阻挡太阳辐射。但是,这里的遮阳指的可不单单

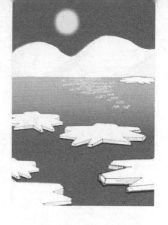

是撑把太阳伞或是躲在树荫下那么容易解决的，它可是对整个地球进行"遮阳"！这是怎样浩大的一项工程啊！

太阳辐射能是我们日常生活和生产所必需的最重要的免费能源；它是维持地球表面温度的主要动力，给世界带来光明和温暖；它是促进地球上的水、大气、生物活动和变化的最重要的因素，是地球能量流动来源的最大供应商；同时大陆、岛屿、海洋等地理环境的形成和变化也离不开太阳辐射能。没有了阳光，世界万物的生命也就停止了。既然太阳辐射能是如此重要，为什么我们还要"遮阳"呢？这是因为全球温室气体浓度的增加增强了温室效应，为了减缓全球气候变暖，人类在采取一系列解决措施的同时，自然而然地想到要减少地球接收到的热量，从而降低地球的温度，减轻地球的"过热症"。于是，为地球"遮阳"的想法就出现啦！

二、地球也需要遮阳?!

我们经常说的一句俗语叫"温水煮青蛙"，可怜的青蛙，在水温慢慢升高的时候察觉不到自己处境的危险，等到恍然大悟的时候，水已经煮沸了，它再也无力挽救自己的生命，在不知不觉中一命呜呼了。而目前人类在地球上正处于这样的状态(图1)。人类为生存和发展而进行的生产经营活动不断对排放温室气体，导致了强烈的温室效应，引发全球气温升高、冰川融化、海平面上升、自然灾害加剧……而这些变化是在不知不觉中缓慢发生的。

我们生活的家园——地球——诞生于46亿年前，而人类在地球上进化、繁衍的时间才几百万年，相对于地球的整个生命史，人类的活动只能算得上是弹指一挥间，然而人类活动对地球产生的影响却是最严重、最剧烈的。随着人类活动的增加，二氧化碳、甲烷、氧化亚氮等温室气体的浓度也逐渐增加，大大增强了地球的温室效应，引起全球变暖。有气候专家分析指出，全球变暖的"七宗罪"：水供需矛盾加剧；天灾威胁加重；岛国命运堪忧；夏天热浪滚滚；生物链被打乱；传染性疾病肆虐；经济发展前景不确定。

美国科学家表示，目前越来越严重的全球变暖使得全球气候稳定期已

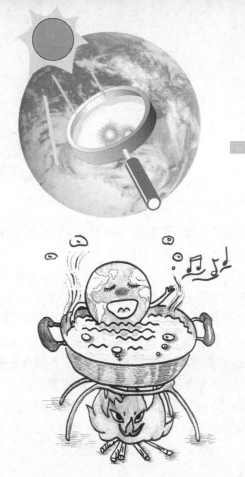

图 1 "温水煮地球"（设计：徐雅雯；绘图：梁静真）

经走到尽头，它正在威胁着人类文明，而这一威胁比联合国政府间气候变化专门委员会（IPCC）预计的还要严重。如果温室气体的排放量仍然得不到很好的控制，则全球气候变暖的现状仍将不能被有效遏制，那么我们将要面临人类无法掌控的危险。科学家们表示，目前海平面的上升速度被严重低估了，此前 IPCC 认为，到 2100 年海平面将上升几米；但有一些科学家的看法更为悲观，他们认为温室效应可能在南极冰盖和格陵兰冰盖引发一场空前的灾难——冰盖坍塌！他们解释，地球温度的持续升高会引起南极冰盖迅速融化，冰盖融化后露出的深色地表面或海面将会比冰盖表面吸收更多的阳光，积聚更多的热能，从而使地球表面的温度更高。

全球变暖最终势必会危及我们自身的生活，只是目前人类还尚未认识到自己将面临危急时刻。不过可以确定的是，从长远来看这一问题正日趋严峻（图 2）。

一百年，对于一个人的生命来说似乎显得还是比较长，但是，对于整个人类发展史来说却那么的微不足道！当然，可能今天你不会碰上灾难降临，但是，你的子孙后代就不一定能那么幸运了。已经有科学家发出警告：

图2　好热啊！我都冒烟啦！（设计：徐雅雯；绘图：梁静真）

人类要改变温室气体排放和全球变暖的现状，机会只有十年的时间了。我们应该深刻地认识到全球变暖问题的严重性，为了我们子孙后代，更为了整个人类的生存繁衍发展，我们一定要积极制定和响应遏止全球变暖的措施。所以，那么多国家签署《联合国气候变化框架公约》及其《京都议定书》，积极投身于国际社会的共同行动——减少温室气体排放的工作中来；连世界经济论坛都会非常关注全球变暖，大家就不难理解了。

三、给地球遮阳——"天方夜谭"？

地球在变暖，这已经是个不争的事实，也是我们人类必须面对的严峻挑战。但是地球那么大，要给她降温需要制造一把多大的遮阳伞啊！？显然，这是不切实际的。尽管地球人为了未来的可持续发展，已经从生活的许多方面开始采取行动，为不让自己的生存环境变得更加恶劣而努力，但地球环境仍在不断恶化，全球升温的压力还在持续加重。难道，人类真的没有办法给地球降温吗？

在几百年前，一些有远见的科学家们就开始担心这样一个问题：如果

有一天地球温度过高,人类将用什么方式给它降温呢?一些看似"天方夜谭"的建议和设想,不时地出现在人们面前。每一次,电视、报纸等公众媒体都会对这些奇思妙想大肆报道,每一次,都会吸引无数关注的目光,但是,几乎每一篇的报道都会以"不可能实现""简直太荒谬了"……等否定的观点结尾,难道这些"天方夜谭"真的都不能成功吗?

于是,多年来,这些近似荒诞的设想就如"不可能完成的任务"一样,一直被人们所忽视,大家都对其可行性持怀疑态度,因此想要对这些设想进一步深入研究就非常困难,因为这些科学家们得不到经费上的支持。但是,在电影《不可能的任务》(*Mission Impossible*)中,每一次男主角最后都能出色地完成任务,消灭坏人,这些"天方夜谭"式的奇思妙想会不会也会有翻身的机会?目前,一些气候科学领域的权威科学家已经表示,应该重新认真考虑这些构想的可行性。

"大千世界,无奇不有",接下来我们将介绍科学家们提出的一些给地球降温的奇思妙想,让大家能够更多地了解这个丰富多彩的世界,同时,大家也可以一起思考这些方案到底能不能实现!

有人提出给地球加把"遮阳伞",让地球凉快凉快(图3)!图中可怜的地球热得热汗淋漓,唯有撑一把大大的太阳伞躲在伞阴下休息,看似很简单,加把伞不就得了?!当然大家都知道这种想法听起来很荒唐,要制造一把能遮住整个地球的大伞几乎不可能!但是,这种想法的提出也是有一定科学依据的哦!科学家们注意到,地球吸收的太阳辐射只占约70%,其余的30%则被反射回太空。如果将地球的反射率提高,就能减少地球吸收的太阳辐射,降低地球表面的温度,这样就能抵消温室气体造成的地球升温。于是,有科学家提出,可以在地球绕太阳公转的轨道上安装一把巨大的遮阳伞,这把遮阳伞全由一片片小镜子组成,因为镜子能将阳光反射回太空,不过这项工程耗时很长,可能需要几十年的努力。当然,这种想法并没有得到所有人的赞同!美国卡耐基研究所的一个研究小组在美国《国家科学院学报》上发表论文说,经过对11种这类方案的电脑模拟分析后,他们承认这些方案确实能降低气温,但是,所有这些方案都会产生副作用,引

图3 给地球加把"遮阳伞"（设计：徐雅雯；绘图：梁静真）

起其他的全球变化，例如将会改变全球的降水分布情况，导致有些地区发生涝灾，而另一些地区却发生旱灾。另外，还有科学家指出，由于地球上局部地区的气候变暖是多种因素引起的综合效应，即使这种方法很有效，能够使得全球平均气温下降，但是南极和北极的冰盖可能还会继续消融。

天使头上闪闪发亮的光环带给人们希望，人们相信，正是因为有了光环，天使才拥有了神奇的力量，能实现人类美好的愿望。如果给地球也戴上"光环"，世界会不会变得更加美好呢？科学家们的确这样设想过，"光环"被定位在地球的赤道上空，也就是环绕在地球身体最中间部位的一个圈，由一些能遮挡、反射太阳光，降低地球温度的小型粒子组成。如果不加控制，这些粒子会随意飘动，为了使其始终保持在"光环"上，还需要在地球轨道上安置一些太空船，它们将作为"守护神"，时刻维持着这些粒子的位置。大家觉得给地球安装"光环"的主意看上去是否非常离奇和荒唐呢？尽管它可以减少人类对"全球变暖"的担忧。不过，已经有人发现，这种方法会带来一些不好的副产品，例如这个"光环"在夜晚也会发光，这样地球上某些地区可能只有白昼，不再会有黑夜。

　　俗话说，"距离产生美"，用到地球和太阳的关系上也是很恰如其分的！如果将地球和太阳的距离拉大，这样太阳照射到地球的热量就会减少了，地球的温度自然就会下降一些，这是一个很简单的道理。可是如何拉大地球与太阳的距离呢？而且，包括地球在内的八大行星都是按照各自固有的轨道和周期绕太阳旋转，如果地球与太阳的距离增大了，就意味着地球绕太阳旋转的轨道半径增大了，地球公转的周期以及地球相对于其他星体的位置也会发生变化，这些变化的后果究竟是什么？是好还是坏？有多严重？这些都是难以想象和估量的。就其实现的原理而言，这一想法也存在巨大的隐患。科学家们对其原理的解释是利用重力加速度拉大地球与太阳的距离，具体的方法是让一些小行星或彗星从地球身边通过，借此来调整地球的轨道，将地球的运行轨道从目前的距离太阳 1.5 亿千米调整到 2.3 亿千米，使地球变得更为凉爽。但是，这样做的后果不仅会干扰太阳系各行星的轨道运行，引发混乱，而且重力拖曳可能会加快地球自转的速度，那么地球自转一周的时间将不再是 24 小时，而可能会大大缩短甚至只有几个小时，其所带来的灾难真是难以想象！

　　也许很多人都不知道，原来火山爆发是可以降低气温的！也许你觉得不可思议，火山爆发给人最深的印象明明就是"热"呀，怎么会出现与之完全相反的结果呢？这是因为火山爆发时大量的火山灰和火山气体被喷到高空中去，弥漫在大气平流层中，它们随风散布到很远的地方，这些火山物质会遮住阳光，提高地球对阳光的反照率，从而导致气温下降。此外，英国 2008 年公布的科学发现表明，火山喷发产生的气体会引发大面积酸雨，同时导致空气中形成悬浮硫酸液滴，这些液滴会增加对阳光的反射作用，使地球吸收的太阳辐射减少 2%，从而使地表气温下降，并破坏地球长期稳定的大气环流分布，这可能是过去 5.45 亿年间大量物种（包括恐龙）灭绝的原因。那么，我们似乎可以模拟火山爆发来给地球降温！这种思想科学家们早就考虑过了。美国氢弹之父、物理学家爱德华·泰勒（Edward Teller）临终前曾设想：可以用飞行于 13 千米高空的飞机和部署于赤道上的美国海军大炮，向空中抛撒铝粉和硫粉，给地球降温。泰勒提出的这种办法

就是要模仿大规模的火山爆发。但是,散布于空中的这些铝粉和硫粉,很可能会严重破坏其所处的平流层,给全球气候造成极大的影响,并带来严重的环境破坏;而且,这种方法存在降温不均匀的缺陷,热带地区的冷却效应大于两极地区,而由于全球变暖导致的冰川消融、海平面上升,使得两极恰好是最需要降温的地区;同时,所形成的二氧化硫会阻碍臭氧层的修复。另外,这项工程所需的花费也是十分惊人的,据估计约相当于全球军事开销的5%。

自工业革命以来,尽管人类一直在将大量的二氧化碳(最主要的温室气体)排放到大气中,但大气中二氧化碳含量的上升速度却只是人类排放量的一半,为什么呢?据专家研究,那些没有进入大气的二氧化碳最终会进入海洋。据估计,海洋每年自然吸收的二氧化碳气体高达180亿吨,这个数据或许会让人类欣喜若狂,因为这看起来似乎是一种减少二氧化碳的好途径,因为将二氧化碳释放到大气中会使地球变暖,然而当二氧化碳被海洋吸收后,温室效应就会降低,于是之前有很长一段时间,大多数科学家都把海洋吸收二氧化碳看做一件好事,同时这也给研究人员提供了极大的想象空间。有科学家认为,可以利用海洋浮游生物来吸收二氧化碳,这是因为光合作用需要消耗二氧化碳。为了达到更好的效果,需要增加浮游生物的数量和光合作用效率,很简单,向其提供大量的铁元素就能实现目的。而当这些浮游生物死亡后,二氧化碳也会随之沉入海底,永无出头之日。但是这种想法似乎过于理想化,虽然海洋对二氧化碳的吸收在很大程度上减缓了全球变暖,然而这些多余的二氧化碳也可能使海洋"自食其果"。大家知道,大多数生物生活在海洋表面,而海洋表面正是 pH 值变化最大的地方,深海生物可能对 pH 值的变化更加敏感,一旦沉入海底的二氧化碳被释放出来,它们会严重扰乱深海的 pH 值,打破深海生态系统的平衡,威胁海洋生物的生存,最终势必危及人类。

既然二氧化碳溶解在海水后会带来一系列的严重后果,那么把二氧化碳深埋于地层中给地球降温又将如何呢?这一项目虽然不能带来明显的经济效益,但却具有不可低估的环境价值。目前这一设想正在少数发达国

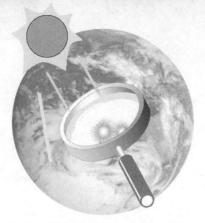

家逐步实现,其中美国和欧盟已经拨出巨款来研究在地层中贮存二氧化碳的办法。从理论上讲,地层可以贮存人类在数千年内排放的二氧化碳。但是,深埋二氧化碳也不可避免地存在许多难题,其中之一就是分离,也就是从混合气体中分离出二氧化碳,并将其进行密封,以免再次泄漏到大气中。然而,就单单考虑会产生大量二氧化碳等温室气体的汽车,其实现就存在很大问题,因为在每台汽车引擎上都装一个二氧化碳分离器是不大可能的,这就使深埋二氧化碳的效率大打折扣。贮存二氧化碳在技术上也有困难,因为之前人们研究的一个重要方向是将二氧化碳贮存于深海,使得在地层深埋二氧化碳的技术研究得较晚,还不很成熟。同时,目前二氧化碳深埋技术的成本也太高,一项研究报告表明,使用该技术每收集 1 吨二氧化碳要花费 40 欧元,这也给推广这种方法带来了相当的难度。

大家应该都有这样的生活经验,夏天穿浅色的衣服比穿深色的衣服更凉爽,或者说深色衣服比浅色衣服更吸热,这是有科学依据的。当阳光照在物体表面时,部分被物体表面吸收,部分被物体表面反射。被物体表面吸收的那部分光的颜色,我们是看不到的;而被反射的那部分光的颜色就是我们肉眼看到的物体的颜色。如果物体表面能吸收所有颜色的光,而没有反射光,我们看到的物体就是黑色的。如果物体表面不能吸收任何颜色的光,而将照射到其表面的光全部反射出来,我们看到的物体就是白色的。因此物体的颜色越浅,说明物体能反射的阳光越多。于是,有科学家从提高地球对阳光反射率的角度,对给地球降温进行了探索,产生了一些新奇有趣的新想法,例如将大量的白色聚苯乙烯(经常用来制作一次性泡沫饭盒等)小球投向海洋;以及将地球上所有房屋的房顶都涂成白色等。美国有位科学家提出了一项更富有诗意的方案——向天空中的阴云中喷一些微粒,使云中的雨滴数至少增加 10%,由于光学作用,阴云会被照亮变成白云,从而能够反射更多的阳光。这些方案似乎不会造成什么严重的后果,只是要在全球范围实现似乎十分困难。

冰川是地球上最大的淡水资源,但是随着全球变暖,冰川正面临消融的威胁,给冰川保温显得尤为重要。目前,世界闻名的绝热材料生产

商——瑞士著名纺织品企业弗利兹·兰多特公司发明了一种双层轻质合成纺织品,能够很好地对冰雪进行保温,即使夏天的阳光也无法使之融化。这种巨大的地毯上层是聚酯材料,可以反射阳光的红外线和紫外线;下层则是聚丙烯,具有良好的隔热性能。研究表明,使用了这张大毯子的区域,其冰雪融化程度比周边地区减少了约80%。目前该公司开始研发面积更大的覆盖材料,难道它打算将南极和北极大面积的冰层和冰盖都覆盖起来?如果真的能够发明出一张如此巨大的毯子将所有冰川都保护起来,那真是太好了。但其实还存在许多需要考虑的问题,最值得注意的就是由于每平方千米冰川需要大约450万美元的覆盖材料,世界上的冰川自两极到赤道带的高山都有分布,总面积约达1600万平方千米,如果全部给盖上"冰川毯子",那该需要多少资金啊!

总而言之,地球是一个极其复杂的系统,对它进行改造可能会出现无法预料的结果,由于技术和资金的限制也使得遏制全球变暖没有一蹴而就的简单方法,但是我们还是要致力于减缓温室效应的研究,因为我们深信,人类的智慧是无穷的,只要时间来得及,我们全人类共同努力,就一定可以战胜任何困难。

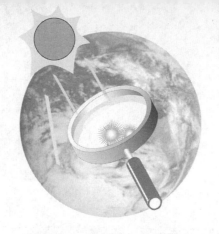

我与全球变化

赵　娜

一、失衡的地球

　　"全球变化（Global Change）"一词首次出现于 20 世纪 70 年代，为人类学家所使用。当时国际社会科学团体使用"全球变化"一词主要是表达人类社会、经济和政治系统愈来愈不稳定，特别是国际安全和生活质量逐渐降低这一特定意义的。

　　到了 20 世纪 80 年代，自然科学家借用并拓展了"全球变化"的概念，将原先的定义延伸至全球环境，即将地球的大气圈、水圈、生物圈、冰冻圈和岩石圈的变化纳入"全球变化"范畴，并突出强调地球环境系统及其变化。地球环境系统的变化是指这一系统中某些关于人类生存的环境要素出现了异常变化，如大气中温室气体增多而导致的全球变暖，森林锐减造成的物种多样性减少，大气成分结构的变化导致臭氧洞、酸雨、紫外辐射增强、土地荒漠化、淡水资源日益短缺等；并且某一要素的变化会造成其他相关要素的变化，一环扣一环，进而使得全球尺度的环境恶化。例如，毁林直接减少了森林面积，在降低生物多样性的同时也导致森林对大气二氧化碳的吸收减少，加剧了全球变暖，全球变暖又直接影响地球生物的生存环境，打破了生物之间的平衡关系，最终的后果就是导致生物灭绝和环境的更加恶化。

　　"全球变化是由于人类活动直接或间接造成的，出现在全球范围内的，异乎寻常的人类生态环境的变化。"人类的整个生态环境包括大气圈、水圈、生物圈、岩石圈（陆面部分）和冰冻圈，能量推动着物质的循环，让整个生物界生生不息。能量流动和物质循环赋予整个环境系统一些反馈和调节的特征，并维系着系统的平衡和稳定。工业革命以前生物圈尚未受到全球范围的干扰，其产出和消耗处于平衡和稳定的状态，地球有一种自我恢

复的能力,受到干扰后能通过自我调节恢复到稳定的状态,当人为或自然的干扰在强度、范围和持续时间上超过一定的阈值,就会破坏这种稳态,造成全球范围的环境变化。

自18世纪中期工业革命以来,世界人口高速增长,社会生产力大大提高,人类开始大规模开发利用石油、煤炭、天然气等能源和矿产资源,并向环境中排放了大量污染物质,大气中的二氧化碳、甲烷、氮氧化物等温室气体含量增加,使全球变暖、海平面上升,沿海的城市及经济发达地区受到潜在的威胁;同时也造成了大气污染、酸雨、土壤污染等各类环境问题;人口增长造成的对粮食需求的增加也迫使土地受到更大压力,此外土地荒漠化、城市扩张和道路的修建也使人类可利用土地逐年减少;臭氧洞的出现使整个生物界暴露在更多的紫外辐射下;过度利用资源导致森林大面积减少、物种加速灭绝、生态系统发生退化,耕地、牧场等土地生产力下降甚至丧失……如同人体一样,人体对一些小病是有一定抵抗能力的,一些人感冒可以通过多喝水和锻炼身体来治愈,但是如果小病累积超过一定程度,人就患上大病,不得不通过医药来治愈。如果人类不及时中止破坏活动对整个生态系统进行恢复的话,那么当自然生态系统崩溃时,地球也就成为不适合人类居住的一颗星球了。

"西塞山前白鹭飞,桃花流水鳜鱼肥。青箬笠,绿蓑衣,斜风细雨不须归。"这首词描写的是江南水乡春汛时捕鱼的情景。如今唐诗宋词里的景色已经很难看到了。

二、地球和人类血脉相连

地球和人类是一体的(图1)。诗人经常把地球比作人类的母亲,她无私地哺育了我们,给我们广阔的生长空间。我们可以把整个地球看做一个活生生的人,她也有自己的器官,不同的器官具有不同的功能。比如森林是她的肺,湿地是她的肾脏,大江大河是她的大动脉,而小河小溪是她的毛细血管网,地球上的动物就是她体内各种各样起催化作用的酶……地球每时每刻都在运动变化。不光围绕太阳公转,地球从内到外都在运动变化

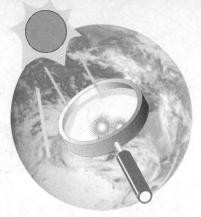

着,进行着物质循环、信息传递,而推动物质循环的就是能量。地球上的一切能量从根本上说都来自太阳,绿色植物把太阳的能量固定下来,通过食物链在地球上传递,而人类通常站在食物链的最末端。

图 1 人类和地球母亲血脉相连(设计:赵娜;绘图:赵亮)

　　人类的健康和地球环境是息息相关,一脉相承的。我国古代人民就知道"水土"和生物之间的关系,并且有"水土不服"的说法。人体通过自身的新陈代谢作用与周围环境进行能量传递和物质交换。人体吸入氧气,呼出二氧化碳。摄入水和营养物质,如蛋白质、脂肪、糖、无机盐、维生素等,排出汗、尿、粪便,从而维持人体的生长、发育和繁殖。人类在完成自身生命活动的同时也无时无刻不在和外界环境发生着物质交换。人体和环境都是由物质组成的,物质的基本单元是化学元素,人体的基本单位是细胞,细胞也是由化学元素组成的。地球化学家们分析了空气、岩石、土壤、海水、河水、地下水、植物体、肉类和人体的血液、肌肉、骨骼及各器官的化学元素含量,发现人体血液和地壳岩石中化学元素的含量具有很大的相关性,例如,人体血液中化学元素的平均含量与地壳岩石中相应化学元素的平均含

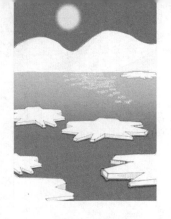

量非常近似,如果把二者的元素含量各做一条折线的话,这两条折线是非常吻合的。

人类赖以生存的自然环境是经过地球母亲亿万年演变而形成的,在一般情况下,人体与环境之间保持一种动态平衡的关系。一旦人体内某些微量元素含量偏高或偏低了,人体和自然界之间本来的动态平衡就受到破坏,人体就会生病。有科学家研究发现,"脾虚患者血液中铜含量显著升高;肾虚患者血液中铁含量显著降低;氟含量过少会发生龋齿病,过多又会发生氟斑牙"。人要想不生病就必须使补充到体内的微量元素排出体外的量达到一种平衡态,这和我国的"五行学说"和"阴阳平衡学说"也是有相通之处的。一般情况下,各种食物如肉类、鱼类、蔬菜、粮食都会含有一定量的微量元素。所以,我们在选择食物的时候不要偏食,要选择食物多样、颜色多样、亲缘关系比较远的食物来搭配,这样微量元素在体内是不会缺乏的,人也就不容易生病。

如果环境遭受污染,一些难以降解的有机物或者重金属就会进入环境,通过"生物的富集"作用在食物链和食物网中传递,最终进入人体,在人体内积累达到一定剂量时,就会破坏体内原有的平衡状态,引起疾病。为此要保护人类的健康,必须全力保护好我们周围的环境。我们玩乐用的多米诺骨牌是一种长方形的牌,如果把许多骨牌立着排成一行,碰倒了第一张,其余的牌就会跟着一张张倒下去,这种连锁反应广泛存在于生物圈内各个生态系统里。如果将每一个生物都看做是多米诺骨牌的第一张牌,那么人类就是最后一张牌,第一张牌可能有无数个,但最后一张牌却只有一个,那就是——人类(图2)。

有森林的地方必定会有水,森林被大片砍伐会导致涵养水源的能力下降,河流变瘦了或者断流了,那么河流的自净能力就会下降,河流遭到污染的风险就会增加;二氧化碳增多了,大气成分变化了,不仅会加剧温室效应,而且大气中有害气体还会随着雨水进入河流或者土壤通过食物链进入人体;荒漠化被称做地球的癌症,癌症易得却难医。人类是地球母亲的孩子,如今母亲生病了,孩子也不会幸免于难。森林被砍伐了,草原被荒漠化

313

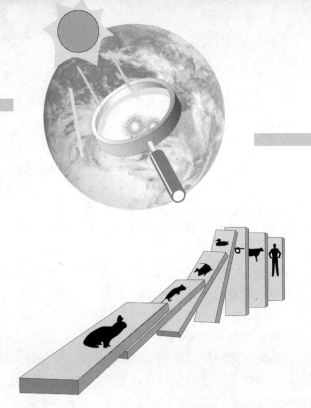

图 2 人类处在多米诺骨牌的"终端"（设计：赵娜；绘图：赵亮）

了，湿地消失了，河流受到污染了，南北极的冰库减少了。人类赖以生存的环境变了，那么最终的受害者还是人类自己。

三、我影响全球变化、减缓全球变化的进程

1. 遏制全球变暖

抑制全球变暖最根本的方法就是减少大气中的温室气体，而主要的温室气体是二氧化碳，二氧化碳是绿色植物进行光合作用的原料，如果增加了森林的覆盖面积，保护好我们的植被，那么全球变暖的速率就会减慢很多。

为此，各国政府做出了很大的努力。比如 1997 年 12 月在日本京都由《联合国气候变化框架公约》参加国第三次会议制定了《京都议定书》。《京都议定书》规定："工业化国家要减少温室气体的排放，减少全球气候变暖和海平面上升的危险，发展中国家没有减排义务。到 2010 年，相对于 1990 年的温室气体排放量全世界总体排放要减少 5.2%，包括 6 种气体，二氧化碳、甲烷、氮氧化物、氟利昂（氟氯碳化物）等。"

美国是全球二氧化碳的主要制造国，也是世界上温室气体排放最多的国家，在减缓全球气候变暖的国际合作中，美国的地位至关重要，战略立场

影响很大。美国曾于 1998 年 11 月签署了《京都议定书》。但是,美国布什政府为了维护短期利益,于 2001 年 3 月单方面退出《京都议定书》,澳大利亚政府也没有通过《京都议定书》。中国于 1998 年 5 月 29 日签署了该议定书。2002 年 8 月 30 日,中国常驻联合国代表王英凡大使向联合国秘书长安南交存了中国政府核准《〈联合国气候变化框架公约〉京都议定书》的核准书。经过近 8 年的磋商和谈判后,《京都议定书》终获 120 多个国家确认履行公约,于 2005 年 2 月 16 日起正式生效。在全人类的利益面前,每个国家都应该拿出自己的诚意来共同保护我们这颗绿色的星球,不能为了自己的利益而损害全人类的利益。

那么作为个人,我们应该怎样应对全球变暖呢?我们可以用实际行动来保护我们的森林,保护好地球母亲的"肺"。

首先,我们去森林公园游玩的时候不要随便损坏一草一木,不要随便在森林里乱丢垃圾,特别注意不要乱扔烟头,也许就是你不经意地扔一个烟头,气候干燥的时候就会发生异常火灾。森林一旦遭受火灾,最直接的危害是烧死或烧伤林木。一方面使森林蓄积量下降,另一方面也使森林生长受到严重影响。森林的生长周期较长,遭受火灾后,其恢复需要很长的时间。特别是高强度大面积森林火灾之后,森林很难恢复原貌,常常被低价林或灌丛取而代之。森林被火烧退化后还非常容易被入侵种入侵,难以恢复。如果反复多次遭到火灾危害,还会成为荒草地,甚至变成裸地。如果一些古木被烧死,那么将永远不会再生。据科学家报道:"1987 年'5·6'特大森林火灾之后,分布在坡度较陡地段的森林严重火烧之后基本变成了荒草坡,生态环境严重破坏,再要恢复森林几乎是不可能的。"

其次,在采伐树木或者薪柴的时候一定要适度,不能乱砍滥伐。或者我们可以去寻求其他的清洁能源如生物质能、风能、太阳能、潮汐能、地热能等来代替薪柴。在农村,条件合适的地方可以建造沼气池,一方面使我们的环境更加清洁,另一方面我们也获得了清洁的能源。

再次,多参与植树活动。我国很多单位或者个人植树的时候轰轰烈烈,护树的时候不问不管,造成很多种植的树木由于没有妥善护理而死亡,

所以,我们要把植树和护树放在同等重要的地位。

最后,我们要拒绝使用一次性筷子。据相关专业人士最保守地估计:"我国每年生产使用的一次性筷子达到 450 亿双,消耗木材 200 万立方米,砍伐树木为 600 万棵。一株生长了 20 年的大树,仅能制成 6000~8000 双筷子。我国每年消耗的 450 亿双一次性筷子,需要耗费木材 133 万立方米,相当于 146 平方千米的森林蓄积量。"一次性筷子其实并不都是干净的,一些不法商贩为了使筷子看起来比较白,用硫磺来熏蒸。除了拒绝使用一次性筷子外,我们还要拒绝使用一次性的纸杯、纸盘等物品。还要尽量节约纸张。"供"取决于"求",如果人类由于节约对纸张的需求减少了,自然就会少砍伐森林了。

另外,我们还要拒绝穿动物毛皮,保护好动物资源。我们知道,在森林生态系统里生活着非常丰富的动物资源,这些动物根据捕食关系形成复杂的食物网,其中某种动物的数量发生波动就会影响到其他动物。如果我们大量捕获狼的话,那么作为狼捕食对象的兔子、鹿等就会大量繁殖起来,这些食草动物一旦数量非常庞大就会取食大量的植物,从而间接影响到森林生态系统的稳定。

值得一提的另外一种重要的温室气体——甲烷,其增温效应仅次于二氧化碳。虽然甲烷在大气中的含量远小于二氧化碳,但其单分子的增温潜势比二氧化碳要大上 20 倍。甲烷的源主要是稻田、沼泽、湿地、堆粪池、垃圾填埋场等,虽然我们对稻田、沼泽等产生甲烷束手无策,但我们可以改进堆粪池和垃圾填埋场等,通过建立沼气池来使甲烷气体回收作为燃料利用。

为了遏制全球变暖,关键就是减少能源的耗费。为此,科学家们也纷纷开动了脑筋,想出了很多节约能源的方法。目前,科学家可以利用 5 大技术大大降低家庭耗能。家庭如同我们整个人类社会的"细胞",每个"细胞"会耗费大量的能量,如果我们减少每个细胞所需的能量,这些节省的能量"积少成多,聚沙成丘",是我们整个人类社会的福音。

试想一下,未来的某天我们住在智能化的房屋里,每个电器都如同小

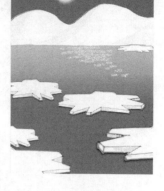

动物一样能对周围环境的变化进行感知。太阳升起来了，走廊的灯"知道"天亮了，自己也该休息了，于是自动关闭电路。大热天，我们都爱使用空调，有时临时有事急匆匆走了，空调"感受"到主人已经出门，于是自我关闭，静静等待主人归来。这样"乖巧体贴"的电器你是不是很期待呢？目前格申菲尔德实验室研发了一种智能型的房屋，他们编了一段电脑程序如同给每个电器装上一个"会思考的大脑"，并且把这些聪明的电器连成一个家庭网络。它们可以通过网络互相感知和对话，如同一群可爱的小宠物一样。它们的任务就是讨主人欢心，让主人住得舒心，同时节约了大量的能源。

"变色龙式"的窗户大家见过么？我们都知道变色龙为了保护自己不被敌人发现，通过改变自己的体色保持和环境色彩一致。而"变色龙式"的窗户是改变自己的颜色来调节进入室内的热量。夏天的时候，天气炎热，为了不使自己的主人饱受酷暑的折磨，这些窗户就"变成"一种能够很好阻挡热量的颜色，这样也减少了自己的兄弟——空调的工作量。到了冬天，它自动调节成能使阳光和热量进入室内的颜色，保持室内如同春天般的温暖。

像烟像雾又像纱的固体绝热材料大家肯定比较陌生，它是迄今为止最轻的固体，看起来像一片固体烟雾，但是它的绝热能力是超级强的。把它安装在我们的房间里，既不占用太多空间，而且能很好保持室内的舒适度。如果把它做成一个盒子，那么保存我们的冰淇淋就非常简单了。

未来的某一天，我们野外探险，发现深山老林里有一个"灯火通明"的小木屋，而怪异的是周围没有见到任何电缆设施。走进一看，原来秘密藏在这个木屋的地下室里。在这个地下室有一个用氢气做原料的燃料电池，而木屋里所有的电器都是由它来供电的。用氢气做燃料不光可以提供大量的电能，而且它唯一的副产品——热水也正好供我们洗热水澡，多么惬意而又环保节能的隐居生活啊。

自从爱迪生发明灯泡以来，灯改变了我们的生活方式。但是，最初的灯泡比较耗费电能，后来发明了节能的荧光灯。而现在荧光灯也会被一种

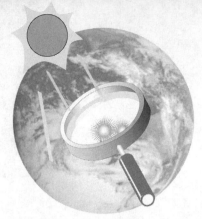

更加节能更加明亮更长寿的灯泡——发光二极管灯泡取代。现在这些灯泡已经被用在商业场所,但是较少进入家庭,原因就是这些灯泡过于昂贵。相信未来有一天,随着地球能源的枯竭,这些灯泡最终会走进千家万户。

2. 不要让我们的土地被荒漠化蚕食

面对土地的荒漠化,我们能做的事情很微小,但是很重要。

首先我们要有环保意识,还要把环保的思想向周围的同学、同事和朋友宣传。在干旱半干旱地区,人们一定要保护好那里的植被,不乱砍滥伐,在适当的时候要封山育林育草。

其次,不吃发菜。在我国宁夏、甘肃、内蒙古等地生长着一种宝贝叫"发菜",也被人称之为"地毛"。发菜是藻类的一种,藻体细长,黑绿色,呈毛发状,由多数单细胞个体连成长串,晴天干燥,遇到雨水便吸水膨大,爬附于荒地、岩石块岩屑周围的土表和草丛中。藻体内含有胶质,胶性可黏附在表土或植物体上,以防止被风吹走。发菜适应性强,抗高温干旱,耐寒,在盐碱瘠薄的地方也能生长;喜湿但不耐长期积水;对土壤要求不高,很贫瘠的地方也能生长。发菜本身含有的营养价值并不是特别高,只是因为"发菜"与"发财"谐音,才备受消费者欢迎。搂发菜对地表的破坏性极大,搂发菜的钉耙齿又密又长,一耙下去,别的植物一并"株连"。"桌上一盘发菜,沙化几亩草地",此言不虚。经科学家调查计算:"产生1.5~2.5两发菜需要搂10亩草场,1.5~2.5两发菜的收入为40~50元,即40~50元的发菜收入破坏了10亩草场,导致草场10年没有效益。以内蒙古草原为例,三年内约有190万农牧民搂发菜,他们涉足的2.2亿亩草原中,1.9亿亩已遭严重破坏,其中6000多万亩重度沙化,失去利用价值,占受破坏草原的31.6%。"点吃发菜的食客有没有意识到,为了讨个吉利"发财"吃"发菜",却招致草原沙化,引来滚滚黄沙。隔断了可持续发展之路,毁了草原资源,断了子孙后路,大家还能"发财"吗?

最后,大家记住要节约用水,养成随手关掉水龙头的习惯。

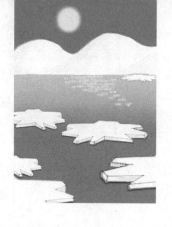

3. 保护生物多样性，让人类永远不会孤独

我们要保护生物资源，保护生物多样性，尊重每一个生命。为了保护生物多样性，国家建立了很多自然保护区，我们在自然保护区游玩的时候注意不要破坏当地的环境，不践踏草坪，不摘花，保护好它们的生活栖息地。还可以在植物园和森林苗圃做志愿者，参加义务植树。不要随意伤害小动物，不要在那里制造很多噪声，以免惊扰了它们。因为它们都是食物链中重要的组成部分，也不要随便养殖外来的物种，以免带来生态入侵问题；更不要吃野生动物，要尽量吃本地物种（水果、蔬菜和动物）并且弄明白什么是本地特产稀有物种，拒绝吃国家保护动物。联合抵制不去购买包含将要灭绝物种部分的产品，如象牙、麝香鹿、海龟壳或藏羚羊的羊毛，如果你发现一个商店在卖这些物品，可以想办法让警察知道，甚至告诉媒体曝光，让法律来惩处他们。买有机的和生态产品，如果它的确是生态产品的话，它一定是不施用农药化肥成长起来的。千万不要把油漆、汽油等有毒的物质倒入排水沟；同样，要使用可再充电的电池，如果你必须用常规电池，用完后把它们放在合适的回收箱中，小小的电池会污染我们的土壤和水体，一个纽扣电池能够污染的水量足够一个人用 60 年。对生活垃圾要分类放在指定地点，尽可能多地回收和再利用任何东西，不要奢侈浪费。避免使用杀虫剂、除草剂，尽量多使用对环境破坏较小的生物农药，因为一些杀虫剂会毒害鸟类，并且几乎所有的杀虫剂都会伤害蝴蝶和毛虫。我们尽量去追求一个简单、简朴的生活方式，不去浪费任何东西。

4. 保护好地球的"保护伞"——臭氧层

臭氧层远在大气的平流层，看不见，摸不着，似乎我们对臭氧层的破坏无能为力，事实上，面对臭氧层的破坏，我们个人也能尽一份自己的力量。

氯氟碳化物是破坏臭氧层的重要元凶。氯氟碳化物到达大气高层后，在紫外辐射照射下分解出自由氯原子，氯原子与臭氧发生反应，使臭氧分解。由于氯原子在发生上述反应后能重新分解出来，所以高空中即使只有

少量氯原子,也会使臭氧层受到严重破坏。而氯氟碳化物是一种制冷剂,广泛应用在冰箱等电器上。我们在购买冰箱的时候要拒绝使用用氯氟碳化物作制冷剂的冰箱,要选用绿色环保冰箱。

另外,工业和交通产生的一些污染气体也会破坏我们的臭氧层。工业上可以通过改进生产工艺来减少污染气体的排放,而我们能做什么呢?最起码的就是大家尽量使用公共交通工具,减少温室气体的排放。而科学家呢,要尽快研发一些清洁能源,减少石油、煤等矿物燃料的使用,以保护我们的臭氧层,保护我们的大气。

虽然作为个人,我们的力量是十分微小的,但是,如果大家团结起来的话,我们的力量就是无穷的。我们要"不以善小而不为,不以恶小而为之",从最简单的事情做起,从不使用一次性筷子开始做起,从节约用水做起,从不破坏花草做起。为了我们这颗珍贵的星球,为了我们美丽的家园,大家携手并进,共同努力(图3)!

图3　人类和生物和谐相处(设计:赵娜;绘图:赵亮)

作为碳汇的植被恢复与重建

彭少麟

一、与碳汇关联的植被恢复与重建

植被恢复与重建是生态环境改善与治理的重要手段，然而近期却常常与碳汇的管理相关联，这还要从《京都议定书》说起。

由于二氧化碳等温室气体对来自太阳的短波辐射具有高度的透过性，而对地球发射出来的长波辐射有高度的吸收性，这就有可能导致大气对流层低层变暖，这一现象称为温室效应。因此，抵御全球气候变暖首先应该减少温室气体排放。《京都议定书》是国际社会承诺削减温室气体排放、遏止地球气温上升的一项国际公约。

《京都议定书》由联合国气候大会于 1997 年 12 月在日本京都防止地球变暖会议上通过，目标是 2008—2012 年间，全球 39 个工业化国家与地区的温室气体排放总量在 1990 年的基础上平均减少 5.2%。其中欧盟削减 8%，美国削减 7%，日本削减 6%。限排气体有六种，分别是二氧化碳、甲烷、氮氧化物以及其他三种用于取代氯氟碳化物的卤烃。《京都议定书》允许采取下列四种"协作"方式：

——购买方式。难以完成削减任务的国家，可以花钱从超额完成任务的国家买进超出的额度。

——净排放量计算方式。从本国实际排放量中扣除森林吸收二氧化碳的量。

——绿色机制方式。采用绿色开发机制，促使发达国家和发展中国家共同减排温室气体。

——集团方式。欧盟内部许多国家可视为一个整体，有的国家削减、有的国家增加，在总体上完成减排任务。

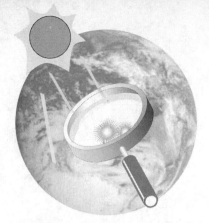

对于一个国家总体的节能减排来说，从履行《京都议定书》的角度，最直接的方法是在"净排放量计算方式"上下工夫。通过植树造林，恢复与重建植被，一方面能够改善与治理环境，另一方面能够更多地吸收二氧化碳，降低二氧化碳的实际排放量（图1）。于是，植被生态恢复成为各国关注的热点。

图1　植被恢复与重建降低二氧化碳的实际排放量（设计：彭少麟；绘图：赵亮）

二、植被恢复与重建作为碳循环过程中的碳汇

1. 碳循环与碳源和碳汇

碳是一切生物体中最基本的成分，有机体干重的45%以上是碳。据估计，全球碳贮存量约为26×10^{15}吨，但绝大部分以碳酸盐的形式禁锢在岩石圈中，其次是贮存在矿物燃料中，再者是贮存在水圈和大气圈中。在碳循环中，围绕这三个碳库而形成大、中、小三个循环圈（图2）。

碳小循环圈主要是由植物的光合作用与生物的呼吸作用形成的。所有生命的碳源均是二氧化碳，生物可直接利用的碳是水圈和大气圈中以二氧化碳形式存在的碳。陆地植物通过光合作用，将大气中的二氧化碳固定在有机物中，包括合成多糖、脂肪和蛋白质而贮存于植物体内。食草动物

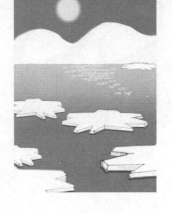

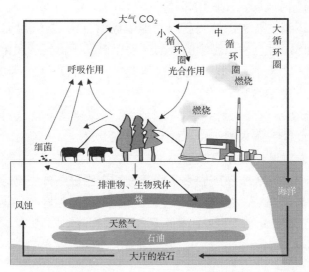

图2　碳循环(设计:彭少麟;绘图:赵亮)

吃了以后经消化合成,通过一个个营养级,再消化再合成。在这个过程中,部分碳又通过呼吸作用回到大气中;另一部分成为动物体的组分,动物排泄物和动植物残体中的碳,则由微生物分解为二氧化碳,再回到大气中。在水体中,同样由水生植物将大气中扩散到水上层的二氧化碳固定转化为糖类,通过食物链经消化合成,再消化再合成,各种水生动植物呼吸作用又释放到大气中。在生态系统中,碳循环的速度是很快的,最快的在几分钟或几小时就能够返回大气,一般会在几周或几个月返回大气。

碳中循环圈主要是指植物的光合产物有部分转化为生物质燃料和矿物燃料,而燃烧过程又使二氧化碳回归于大气中。在自然过程中,这部分循环的碳量是不多的。然而近百年来,由于人类活动对碳循环的影响,一方面大量砍伐森林,世界许多地方也大量消耗薪炭等生物质燃料;另一方面在工业发展与生活过程中大量燃烧消耗矿物燃料,使得大气中二氧化碳的含量呈上升趋势。由于有机体转化为矿物燃料的过程较长,而生物质燃

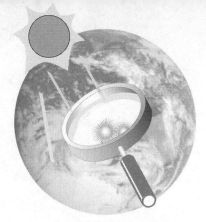

烧的过程较短,所以这一循环的时间跨度有的较短,有的也较长。

碳大循环圈主要是指禁锢在岩石圈中碳酸盐形式的碳与大气中的二氧化碳的循环过程。岩石圈中的碳酸盐可以借助于岩石的风化和溶解、火山爆发等重返大气圈;大气圈的碳又可以由于自然成岩作用或生物的作用,通过水圈(主要是海洋生态系统)而形成碳酸盐岩石,例如石灰岩或珊瑚礁;这些石灰岩或珊瑚礁经过地质年代又可以再露于地表,再由岩石的风化和溶解而回放于大气中,从而形成循环的过程。

从上述碳循环的过程可以看出来,大气二氧化碳的汇主要是由活体植物光合作用固碳和碳酸盐成岩等。而它的源主要是活体生物呼吸、生物质燃料与矿物燃料燃烧、火山爆发产生二氧化碳、碳酸盐岩石风化和溶解等。因此,大气二氧化碳的浓度取决于碳汇与碳源的增加与减少(图3)。

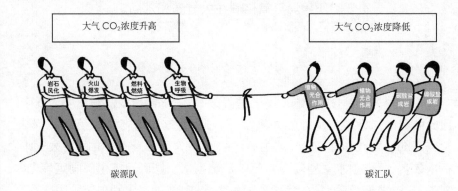

图3 大气二氧化碳的浓度取决于碳汇与碳源(设计:彭少麟;绘图:赵亮)

2. 植被恢复与重建的碳汇意义

从上述碳循环以及碳源和碳汇的分析不难看出,植被恢复与重建具有重要的碳汇意义。

彭少麟教授的研究小组对广东省的植被恢复与重建进行了长期的研究,说明这一工作对减缓大气二氧化碳浓度升高具有重大意义。广东省植被的恢复与重建成果丰硕,森林覆盖率由 1978 年的 26% 提高到 2008 年

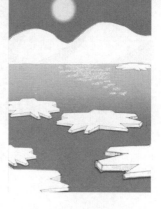

的56%。通过对这些新恢复与重建的人工林(图4)进行长期的追踪研究，彭少麟等在《恢复生态学杂志》(国际刊物)发表论文指出，广东省1978年以来新增加的林地，可以将广东省工业排放的二氧化碳的一半固定于森林中。在新形成的林地中，除了植物生长固碳外，土壤碳库的增加量大于植物生长部分，土壤碳汇能力大于植物碳汇(图5)。土壤碳库的增加包括植物死根与凋落物、土壤动物与微生物、土壤的腐殖层等。彭少麟教授指出，作为碳汇的植被恢复与重建，不同区域的效果是不同的，但无疑其作用是重大的。

　　特别要指出的是，在植被恢复与重建时，不能只关注陆地植被而忽视水生植被。水生植被对碳汇的贡献也是非常重要的。地球水圈是重要的碳贮存库，它的含碳量是大气圈的50倍，更重要的是海洋对于调节大气中的含碳量起着重要的作用。二氧化碳在大气圈和水圈之间的界面上通过

图4　广东省热带亚热带植被的恢复与重建(引自余作岳等1997)

扩散作用而相互交换。根据布朗定律,二氧化碳的移动方向主要取决于在界面两侧的相对浓度,它总是从高浓度一侧向低浓度一侧扩散。如果局部大气中的二氧化碳浓度相对而言较低,就会引起一系列补偿反应,水圈中的二氧化碳就会更多地进入大气圈中;反过来,如果水圈中的二氧化碳在光合作用中被植物利用耗尽,也可以通过大气中的二氧化碳得到补偿。因此,通过恢复水生植被可以大大降低大气的二氧化碳的浓度(图6)。因此,水生植被恢复对碳汇的作用甚至比陆生植被还大。

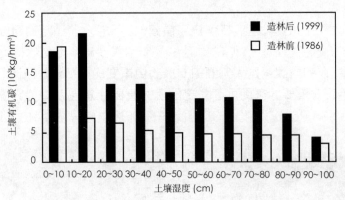

图 5　植被恢复过程土壤有机碳的增加(引自彭少麟 2003)

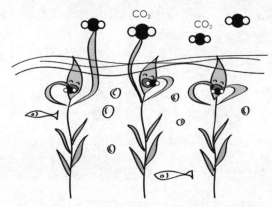

图 6　水生植被降低大气二氧化碳的浓度(设计:彭少麟;绘图:赵亮)

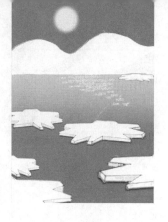

三、植被恢复与重建的行动

植被恢复与重建因能很好地抵御全球气候变暖和改善生态环境而受到世界各国的高度重视。然而,扩大森林面积却可能降低太阳对地球表面辐射的反射影响,绿色植物有可能吸收了热量,加剧气候变暖。但负面作用比较其好处还是次要的。国际生态恢复学会主席鲍尔斯在第18届国际恢复生态学大会的开幕式致辞中很有哲理地指出,变化世界的生态恢复就是恢复世界的未来。

1. 植树

联合国环境署在2006年提出一项旨在抵御全球气候变暖和消除贫困的新计划——种树。这项面向世界公众的植树计划,希望个人、学校和政府都能参与进来。这项计划的样板是一位非洲女性马塔伊,由于她在"可持续发展、民主与和平"方面作出的贡献而获得诺贝尔和平奖。1977年,她创建和启动了"绿带运动",在近30年里,动员贫穷的非洲妇女种植树约3000万棵,在保护生态环境的同时为上万人提供了就业机会。

植树在中国也形成了共识。中国的"植树节"是在春节后,在春暖花开的季节进行植树造林是最佳时间。每年这一节日前后,党和国家领导人总是带头进行植树造林,使国家的年度绿化形成高潮。现在世界各国都采取多种形式鼓励植树,以减缓全球气候变暖和改善生态环境。

2. 恢复与重建森林

除了在能够绿化的土地上进行植树外,有计划地恢复与重建地带性森林植被,提高区域的森林覆盖面积,是减缓全球气候变暖和改善生态环境的更有效措施。现在世界上许多国家均大力实施这一措施,并取得初步成效。在世界范围内,人们普遍担心的森林不断减少的状况已得到遏止。

2007年,由芬兰赫尔辛基大学林业专家率领的跨国小组对世界50个森林生长最茂密的国家进行测量,结果发现在全球50个森林生长最茂盛的国家中,有接近一半国家的森林呈现增长势头,其中包括中国、法国、日

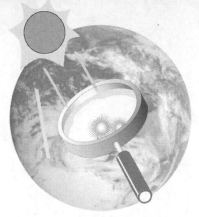

本、俄罗斯、美国、西班牙、乌克兰等 22 个国家。对森林覆盖面积和森林密度等测量指标进行分析表明，按照林木数量计算，西班牙和乌克兰的林木量增长最快；按照森林覆盖面积计算，中国、越南和西班牙的森林覆盖面积扩大得最快；联合林木数量和森林覆盖面积计算，中国和美国的增长速度最快。照目前的趋势发展下去，到 2050 年，全球森林面积有望扩大 10%，约 3 亿公顷，相当于印度的面积。但仍然有相当部分国家，如巴西和印度尼西亚的森林面积仍在缩小。

中国高度重视恢复与重建森林，现阶段具有世界上面积最大的人工林。这些人工林需要进一步加强抚育，使其发育演替为地带性的森林植被，以提高这些森林的生态效益与服务功能。

3. 城市立体绿化

城市森林主要包括远郊森林、近郊森林、城市内林地等，其中城市内林地与绿地的构建有其特殊性。城市需要绿地来改善空气质量，但拥挤的城市寸土寸金，已经没有空间建造更多的公园。于是建筑师和植物学家们想出立体绿化的好办法，通过绿化建筑物的外墙和屋顶，向空间要绿地（图 7）。

图 7　城市的垂直绿化（摄影：彭少麟）

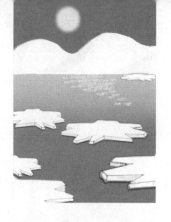

　　人们可能认为植被对建筑物有破坏,因为太潮湿,其实不然,关键在于外墙绿化的科学施工。例如,其中的一种技术是把植被种在一层聚酰胺纤维上,它与墙壁之间由一个金属架和一层聚氯乙烯板隔开,从而解决了潮湿问题。有研究表明,绿色的植物墙还使墙壁免受风吹雨打、严冬酷暑的侵蚀,而且少受强烈紫外辐射的照射,从而对墙壁起到保护作用。

　　绿化建筑物的外墙和屋顶至少有三方面好处。首先,它像一道绿色屏障,可隔热降温。加拿大的一项研究证明,如果多伦多市60%的建筑物顶上都种上绿色植物,整个城市的气温可以下降1～2 ℃。其次,屋顶绿化可以节能,人们可以少用空调,从而减少温室气体排放。第三,它还直接有益于身心健康,可以吸收一氧化碳等有害物质,减少噪声,起到隔音墙的作用。

　　立体绿化在世界各国大有流行的趋势。法国目前每年绿化15万平方米的屋顶,有些正在建设的建筑项目在设计之初就把外墙绿化问题考虑了进去。德国有40%城市都出台相应的措施鼓励屋顶绿化,每年绿化高达1400万平方米。瑞士也从1994年开始要求城市所有大型新建筑物一律都要绿化楼顶。中国从大城市开始,推行立体绿化,以提高城市的居住质量和生态环境。显然,立体绿化对改善环境和居民的身心健康很有好处,对减缓全球气候变暖也有重要的意义。